Philippe Ciuciu

Méthodes markoviennes en analyse spectrale et imagerie radar Doppler

Philippe Ciuciu

Méthodes markoviennes en analyse spectrale et imagerie radar Doppler

Éditions universitaires européennes

Imprint

Cover image: www.ingimage.com

Publisher:
Éditions universitaires européennes
is a trademark of
International Book Market Service Ltd., member of OmniScriptum Publishing Group
17 Meldrum Street, Beau Bassin 71504, Mauritius

Printed at: see last page
ISBN: 978-613-1-56588-5

Zugl. / Agréé par: Orsay, Université Paris-Sud, 2000

ORSAY
n° d'ordre : 6268

UNIVERSITÉ DE PARIS–SUD

CENTRE D'ORSAY

THÈSE

présentée pour obtenir

Le GRADE de DOCTEUR EN SCIENCES

DE L'UNIVERSITÉ PARIS XI ORSAY

par

Philippe CIUCIU

TITRE : MÉTHODES MARKOVIENNES EN ESTIMATION SPECTRALE NON PARAMÉTRIQUE. APPLICATIONS EN IMAGERIE RADAR DOPPLER.

Soutenue **le 5 octobre 2000** devant la commission d'examen

MM.	G. AUBERT	*Président*
	G. DEMOMENT	*Directeur de thèse*
	P. FLANDRIN	*Rapporteur*
	J.-J FUCHS	*Rapporteur*
	J. IDIER	*Encadrant de thèse*
	D. MULLER	*Ingénieur* THOMSON-AIRSYS

À Marie-Line pour son soutien permanent et son endurance,
à ma famille pour ses encouragements.

REMERCIEMENTS

Le travail présenté dans cette thèse à été réalisé au sein du Groupe Problèmes Inverses du Laboratoire des Signaux et Systèmes. Je tiens ici à remercier Pierre BERTRAND l'ancien directeur du L2S pour m'avoir accueilli dans un environnement aussi motivant et formateur. Guy DEMOMENT, directeur du L2S depuis bientôt quatre ans, m'a orienté vers le soleil levant du couloir est-ouest au temps où il gouvernait encore le GPI. C'était tout juste avant son départ pour le versant occidental de cette aile. Je lui suis très reconnaissant de m'avoir laissé dans de bonnes mains, et le remercie pour ses nombreux conseils scientifiques et stratégiques.

Patrick FLANDRIN et Jean-Jacques FUCHS ont eu la tâche d'examiner scrupuleusement ce document et d'en rapporter la teneur. Qu'il soient ici vivement remerciés pour ce travail besogneux.

Que Gilles AUBERT trouve ici l'expression de ma profonde gratitude pour avoir accepté de regarder avec un « œil de matheux » ce travail, et de présider cette assemblée.

Le problème de l'imagerie radar Doppler a constitué le point de départ de mon travail. Cette application a donné lieu à une étroite collaboration avec le service RD/RAN (devenu RD/RDTA) de la société THOMSON-CSF AIRSYS. J'adresse donc de sincères remerciements à ses responsables, Guy DESODT et Daniel MULLER. Merci tout spécialement à ce dernier pour avoir pris le temps de relire scrupuleusement le chapitre sensible du document, et d'avoir accepté de juger mon travail en participant à mon jury. J'ai pu également apprécier la disponibilité et la clairvoyance des explications de Philippe CALVARY lors de ma venue dans le service en juillet 2000. Enfin, merci aussi à Claude ADNET et Fabienne LANCON pour leur coup de main informatique.

Jérôme IDIER a été tout au long de ces trois années, entrecoupées par le service national (j'y reviendrai plus loin), un directeur de thèse exemplaire pour sa rigueur scientifique, sa grande disponibilité, sa vivacité d'esprit et sa vision anticonformiste du traitement du signal. Qu'il trouve ici l'expression de ma sincère reconnaissance. J'espère que de nombreuses autres générations de doctorants pourront profiter de sa vision de la Recherche. Que Guy Le BESNERAIS soit donc remercié pour m'avoir guidé aux « temps de l'ESIEA » vers ce Personnage, et désormais Ami.

Le travail présenté dans ce document doit aussi beaucoup à Jean-François GIOVANNELLI. Les nombreuses discussions que nous avons menées, tant sur le plan scientifique que philosophique, m'ont permis d'avancer dans la bonne direction aux instants cruciaux. Merci Gio pour m'avoir transmis ton côté cartésien (ou pour parler GPIste, ton « côté carré » qui va bien !), ta vision humaine de ce monde, et ton savant dosage du Kfé.

Je remercie aussi l'ensemble des membres du GPI pour la bonne humeur qu'ils ont su manifester y compris dans les « mô »ments difficiles. Une partie de cette ambiance amicale n'est certainement pas étrangère à la détente salvatrice procurée par « quelques » joutes *Xblastiennes*. Merci donc à Ali, Amandine, Andrea pour ses combats avec Christian dignes des plus grands péplums, Carf' pour GPIView, Champ le cappiliculteur, Chuck the third, Hicham (El Guerrouj ?), Marc le laconique, Marcel !, Mimi pour son animation des pauses café, Pierre l'*Ancien* pour son verbe corrosif et sa qualité d'employeur de XFIGer au début de ma thèse, Seb le GIMPiste des *Glorious Poetics Idols*, les Stéphane, Thierry dit le « père Martin », et Vinc' l'exportateur du bimodèle.

N'oublions pas non plus les autres membres du labo : Laurence, Yvette, Monsieur et Madame LETERTRE, ainsi que Kader, seul capitaine du vaisseau LINUX capable d'éviter, à mon avis, le naufrage du Paquebot Info-L2S dans les 40èmes « Strubissants » 50èmes « Hu(rlu)berlants ».

J'adresse aussi un grand merci aux membres du Laboratoire de Neurosciences Cognitives & d'Imagerie Cérébrale, qui m'ont accueilli chaleureusement pendant l'année 1998-99 pour mon service national en qualité de scientifique du contingent ; tout d'abord à son directeur, Bernard RENAULT, pour m'avoir permis de garder le « contact » avec le L2S, ensuite à Jacques MARTINERIE pour son accueil chaleureux et son encadrement, enfin à Line GARNERO pour m'avoir fait « plonger » avec passion dans l'univers des problèmes inverses en neurosciences. Que la génération montante : Laurence, Nitza, Nathalie ... trouve ici son lot de remerciements pour avoir fait de cette année une succession de bons moments.

Enfin, comment pourrais-je conclure sans exprimer ma sincère amitié à Charles, déjà mentionné sous le pseudo de Chuck, et lui adresser mes plus sincères remerciements pour ses relectures scrupuleuses des articles et des versions intermédiaires du manuscrit. Qu'il trouve ici tout le courage et la volonté nécessaires au « bouclage » de cette thèse douloureuse (pour le dos !).

MOTIVATION ET PRÉSENTATION DU DOCUMENT

Les travaux rapportés dans ce manuscrit portent sur les problèmes de l'estimation spectrale et de l'estimation en profondeur et en fréquence, formulés comme des problèmes inverses. Le contexte dans lequel ils sont résolus est celui

- du « temps-court », *i.e.,* on observe un très faible nombre de données,
- de la possession d'informations *a priori* sur la nature du ou des spectres à reconstruire.

Les informations structurelles disponibles sont de trois types distincts : soit la distribution fréquentielle à estimer est de nature *impulsionnelle* (spectre de raies), soit au contraire, elle est *régulière*, soit enfin elle est *mélangée* c'est-à-dire, composée d'un fond régulier et d'entorses parcimonieuses de nature impulsionnelle. À ces informations spectrales, s'ajoute la *continuité temporelle* des signaux analysés lorsqu'il s'agit d'estimer une suite de spectres juxtaposés spatialement dans le sens de la profondeur. Des informations de cette nature sont en effet disponibles dans l'application abordée dans ce document : l'imagerie radar Doppler des fouillis atmosphériques et des objets ponctuels (ou *points brillants*).

L'analyse de raies en milieu bruité a bénéficié d'une littérature foisonnante compte tenu des liens forts existants avec le problème de localisation de sources en traitement d'antenne. Une difficulté spécifique de cette question est la nécessité de séparer différents signaux de fréquences voisines. Les méthodes dites à « haute résolution » (techniques de « sous-espaces », maximum de vraisemblance) ont pour objectif de résoudre cette problématique. Formulées sous l'angle d'une identification paramétrique, elles consistent à estimer le nombre de raies (*détection*) puis à les *localiser* et à en *estimer* la puissance. À faible nombre de données, le manque de robustesse des critères classiques de détection n'est plus à démontrer. L'analyse de l'échec de ces critères de choix dans le cadre de la théorie de l'estimation, conduit à renforcer la structure des modèles sous-tendant les méthodes, et à restreindre l'espace des solutions admissibles. La régularisation, *déterministe* ou *probabiliste*, est un cadre adapté à la mise en œuvre de ces deux tâches. Elle permet d'une part de compenser le déficit informationnel des données par la prise en compte de connaissances *a priori* structurelles, de nature qualitative. D'autre part, elle fournit des principes (statistiques dans le cadre bayésien) guidant le choix d'une solution. L'idée d'une modélisation *paramétrique* régularisée prenant en compte le caractère impulsionnel, est à l'origine du développement de méthodes bayésiennes fusionnant les étapes de détection et de localisation [Dublanchet, 1996; Andrieu et Doucet, 1999], ou du moins intégrant l'estimation du nombre de raies au sein d'une procédure autonome [Bretthorst,

1990a,b; Dou et Hodgson, 1995, 1996]. Ces stratégies sont toutefois coûteuses en temps de calcul.

Plus récemment, d'autres auteurs [Fuchs, 1997; Sacchi et al., 1998] ont adopté une approche *non-paramétrique régularisée* pour estimer des raies dans du bruit en présence de données lacunaires. Ces approches établissent un compromis entre la difficulté du problème résolu et le coût de calcul nécessaire à l'obtention d'une solution impulsionnelle. Deux simplifications marquantes apparaissent. La première consiste à renoncer, au moins dans un premier temps, à l'étape de détection, la seconde à discrétiser sur un grand nombre de points l'axe fréquentiel. La finesse de la grille détermine la *résolution spectrale* de la méthode. Ces simplifications rendent le problème linéaire en paramètres, mais indéterminé. La restauration d'un spectre impulsionnel est alors assurée par minimisation d'un critère pénalisé. De ce point de vue, elles sont beaucoup moins complexes que les approches bayésiennes. Notre contribution se place dans un cadre voisin.

En renonçant aussi à l'étape de détection, nous abordons le problème de la restauration de spectres impulsionnels à fréquence continue comme celui de la synthèse de Fourier [Gull et Daniell, 1978]. Il s'agit précisément d'estimer un *spectre complexe* obtenu par transformée de Fourier à temps discret d'un signal partiellement observé à travers les données. Cette formulation établit un lien très fort avec la question de l'*extrapolation* d'un signal hors de sa fenêtre d'observation. Dans ce cadre, le problème reste linéaire mais devient fonctionnel, puisque la quantité à estimer est une fonction continue de la fréquence. En raison du nombre fini de données, ce problème est aussi indéterminé et entre dans la classe des problèmes *inverses linéaires mal-posés* [Tikhonov et Arsenin, 1977]. Tout comme dans [Fuchs, 1997; Sacchi et al., 1998], une régularisation par pénalisation *circulaire* et *séparable* est introduite sous forme *déterministe*, pour tenir compte du caractère impulsionnel. L'aspect circulaire contraint l'information ajoutée à ne porter que sur les modules des amplitudes spectrales, puisque la connaissance disponible porte sur un spectre, *i.e.*, une quantité positive. La régularisation quadratique fournit des estimateurs simples, mais trop peu résolvants (*cf.* le *périodogramme*). Pour pallier ce défaut, nous choisissons des pénalisations convexes mais non quadratiques. Cette pénalisation est d'abord définie dans un cadre fonctionnel. Le spectre complexe solution s'identifie au minimiseur fonctionnel d'un critère convexe pénalisé. L'estimateur du spectre de puissance est obtenu par prise du module au carré de cette solution. En pratique, les estimées calculées résultent d'une discrétisation fine de l'axe fréquentiel et de l'utilisation d'une technique itérative de descente.

Pour la restauration de spectres réguliers, il est acquis que le faible nombre d'observations rend inadéquates les méthodes classiques (périodogramme, analyse spectrale autorégressive, maximum de vraisemblance), notamment parce que dans les approches paramétriques se repose la question du choix de l'ordre du modèle. Dans le cadre de l'analyse spectrale autorégressive (AR), Kitagawa et Gersch [1985a] ont introduit une mesure fonctionnelle de douceur spectrale portant sur les coefficients AR. Cette contribution se place dans le formalisme bayésien, mais s'interprète aussi comme une méthode de critère. Les coefficients AR recherchés sont en effet obtenus par minimisation d'un critère de moindres carrés régularisés. Ces mêmes auteurs ont par ailleurs introduit une mesure quadratique de continuité temporelle [Kitagawa et Gersch, 1985a]. L'extension proposée dans [Giovannelli, 1995] a permis de fusionner ces deux mesures de douceur au sein d'une même pénalisation pour reconstruire une suite de spectres réguliers.

Le cadre trop limitatif de la régularisation quadratique empêche toutefois de tenir compte de ruptures spectrales ou temporelles dans la suite des spectres. Par ailleurs, les mesures ainsi construites ne sont pas de « vraies » mesures de régularité spectrale et temporelle puisqu'elles ne sont pas directement fonction du spectre, mais seulement des paramètres AR. Ce double constat motive notre contribution dans ce domaine. L'originalité du travail présenté tient à la conservation du cadre méthodologique choisi (synthèse de Fourier) pour estimer des spectres de raies. Pour caractériser un spectre plus régulier, nous retenons cette fois une pénalisation fonctionnelle circulaire de Gibbs-Markov, portant directement sur les dérivées du spectre de puissance. Le choix d'un critère convexe nous amène d'abord à énoncer des résultats sur la convexité des fonctions *circulaires*, puis à considérer uniquement l'estimation d'un spectre sur une grille discrète. De plus, le maintien de la convexité de la pénalisation discrétisée conduit dans un premier temps à une fonction non différentiable en zéro. Deux solutions algorithmiques différentes sont développées pour résoudre le problème calculatoire sous-jacent. Une analyse plus fine montre finalement que convexité et différentiabilité ne sont pas des propriétés *mutuellement exclusives* de la pénalisation discrétisée. Une extension pour restaurer une suite de spectres est apportée à partir d'une pénalisation « doublement markovienne ».

L'étude des méthodes adaptées à la caractérisation en temps-court de distributions spectrales régulières ou impulsionnelles montre que peu d'approches sont capables d'estimer *conjointement* ces deux types de spectres. Des travaux récents vont toutefois dans ce sens [Moal et Fuchs, 1999]. L'estimation des raies y est conduite dans le cadre paramétrique et régularisé décrit précédemment. Le problème de la restauration de la composante spectrale régulière est posé comme celui de l'identification paramétrique (ARMA) d'un bruit coloré de matrice de covariance inconnue. À notre connaissance, cette approche n'a pas été spécifiquement développée dans le contexte temps-court, et nous abordons la question de l'estimation de spectres mélangés de manière différente, en conservant un cadre cohérent avec les développements précédents. Il s'agit de considérer que le spectre ou la suite de spectres recherchés sont la superposition de deux distributions, une à caractère impulsionnel, l'autre lentement variable. Par l'introduction de pénalisations convexes circulaires, séparable d'une part, markovienne d'autre part, nous obtenons une méthode originale d'estimation de spectres mélangés.

Une partie importante des résultats de ce travail ayant été synthétisée sous forme d'articles, le présent document est en partie organisé autour de textes préexistants. Afin d'en préserver l'intégrité, ceux-ci sont proposés avec leur propre bibliographie. L'ensemble des références bibliographiques est rassemblé à la fin du manuscrit.

Le document est organisé comme suit. Le problème de l'estimation spectrale en temps-court est posé au début du chapitre I, dans le cadre de la caractérisation spectrale à l'ordre deux des processus stationnaires. Suit alors une synthèse des méthodes d'estimation en temps-court de spectres régulier et impulsionnel. À la lumière de cette étude, il est possible d'appréhender les limitations de ces approches paramétriques pour restaurer alternativement ou conjointement ces deux formes de distribution. À la fin de ce chapitre sont présentés les choix opérés pour aborder dans un cadre unificateur ces deux problématiques.

Le chapitre II rassemble sous forme d'article nos contributions pour l'estimation d'un spectre ayant les trois formes envisagées. Sur un exemple classique de la littérature [Kay et Marple, 1981], les solutions proposées sont comparées aux résultats fournis par les méthodes standards. Par ailleurs, une solution algorithmique, dite de *Non Différentiabilité Graduelle* est proposée pour la minimisation des critères convexes markoviens non différentiables, construits en vue de l'estimation de spectres réguliers. Cette approche, convergente et efficace, rejette la méthode de relaxation, initialement développée, à l'annexe A. Cette annexe comprend en outre une synthèse bibliographique de quelques classes de méthodes adaptées à l'optimisation des critères précités ; sa lecture n'est donc pas indispensable à la compréhension de la suite. À la fin de ce chapitre, une approximation convexe et continûment différentiable de la pénalisation de Gibbs-Markov est finalement proposée. Les algorithmes standards d'optimisation peuvent donc se substituer aux techniques précédentes.

La vocation du chapitre III est alors de proposer des alternatives aux méthodes de gradient. La première partie de cet article est consacrée à l'algorithme IRLS (pour *Iteratively Reweighted Least Squares*) couramment utilisé en restauration impulsionnelle [Yarlagadda et al., 1985; Sacchi et al., 1998]. En particulier, nous montrons que cette technique itérative de minimisation d'un critère pénalisé non quadratique mais séparable, s'identifie à une méthode de relaxation optimisant une nouvelle fonction de coût, ayant même minimiseur que le critère initial. Le nouveau critère est dit *augmenté* au sens où des variables auxiliaires sont introduites pour le rendre *semi-quadratique*, c'est-à-dire quadratique en les variables de départ, mais non quadratique en les variables auxiliaires. En second lieu, il s'agit de proposer des extensions de cet algorithme pour le calcul des solutions douce et mélangée.

Le chapitre IV présente l'adaptation des méthodes du chapitre II au contexte applicatif de l'imagerie radar Doppler des fouillis atmosphériques et des points brillants. Une évaluation des résultats est effectuée en comparant les solutions proposées avec celles obtenues dans [Giovannelli, 1995]. Des aménagements des algorithmes du chapitre III sont également présentés.

Le chapitre V est consacré à la validation sur données réelles de la méthode d'imagerie spectrale développée pour l'estimation des caractéristiques du fouillis radar et de réflecteurs ponctuels (hélicoptères).

Enfin, conclusions et perspectives sont synthétisées dans le chapitre VI. L'annexe B présente plus en détails quelques développements en vue de l'estimation *non supervisée* d'un spectre, c'est-à-dire ne nécessitant pas d'intervention extérieure pour régler les hyperparamètres du problème. L'annexe C discute des propriétés statistiques des estimateurs spectraux proposés.

CHAPITRE I

ESTIMATION SPECTRALE EN TEMPS COURT

DANS CE chapitre, nous abordons le problème de l'*estimation spectrale en temps-court* qui vise à caractériser spectralement un processus, supposé stationnaire au second ordre, et observé sur une fenêtre temporelle de courte durée. Ce problème est étudié sur deux familles de spectres antagonistes : les spectres de raies et les spectres réguliers. Dans ces deux problèmes, les approches *non-paramétriques* [1] classiques sont souvent délaissées en raison de leur manque de robustesse à faible nombre d'observations. Le problème de l'estimation spectrale est alors posé comme celui de l'identification paramétrique d'un modèle parcimonieux. En pratique, la dimension du modèle est inconnue et doit être estimée. Mais, les critères classiques de choix de l'ordre d'un modèle apparaissent insuffisamment robustes en présence de peu de données.

Des méthodes spécifiques à l'une ou l'autre problématique ont donc été développées pour améliorer cette robustesse. Elles reposent sur la prise en compte d'une connaissance *a priori* sur la nature du spectre à reconstruire. La modélisation de cette information structurelle peut être envisagée dans différents cadres. Dans cet exposé, la régularisation déterministe et les statistiques bayésiennes sont les cadres privilégiés.

La contribution de Kitagawa et Gersch [1985a] est étudiée dans la section I.2 pour l'estimation en temps-court de spectres réguliers : elle sert de base à la compréhension de notre approche pour cette question. Le problème de l'analyse de sinusoïdes en milieu bruité ayant fait l'objet d'un plus grand nombre de travaux, ils sont synthétisés dans la section I.3 en parcourant quelques contributions récentes adaptées au contexte temps-court [Bretthorst, 1990a; Dou et Hodgson, 1995; Dublanchet, 1996; Fuchs, 1997; Sacchi et al., 1998; Andrieu et Doucet, 1999]. À la lumière de cette étude, très peu d'approches semblent fournir un cadre propice à la résolution des deux problématiques. L'objet de

1. Le terme non-paramétrique qualifie le fait que ni le signal observé ni le spectre recherché ne sont modélisés par un vecteur de paramètres de taille petite comparativement au nombre de données disponibles.

la section I.4, consacrée à la formulation retenue dans ce document, est justement de répondre à cette attente.

I.1 Position du problème

Soit $(\mathcal{X}_n)_{n\in\mathbb{Z}}$ un processus complexe, élément de $L^2_{\mathbb{C}} = \{(\mathcal{X}_n)_{n\in\mathbb{Z}} \mid \forall n,\, \mathrm{E}[|\mathcal{X}_n|^2] < +\infty\}$, l'espace de Hilbert des signaux aléatoires à temps discret[2] d'ordre deux, c'est-à-dire de puissance moyenne finie. Supposons par ailleurs que ce processus soit centré et stationnaire à l'ordre deux (ou au *sens large*), alors les quantités $\mathrm{E}[\mathcal{X}_n^*\mathcal{X}_{n+k}]$ sont indépendantes de n et nous définissons sa fonction *d'autocorrélation* par $r_{\mathcal{X}}(k) = \mathrm{E}[\mathcal{X}_n^*\mathcal{X}_{n+k}]$ avec $k \in \mathbb{Z}$. L'acronyme PCSL sera utilisé pour désigner les Processus Centrés Stationnaires au sens Large. La caractérisation à l'ordre deux des PCSL peut alors être formulée sous plusieurs angles. L'analyse de la corrélation constitue la première possibilité ; elle est intimement liée à l'analyse spectrale comme nous allons le voir au prochain paragraphe. Grâce aux propriétés de factorisation spectrale, le paramétrage d'un PCSL par une suite infinie de coefficients autorégressifs (AR), ou de réflexion, constituent deux autres voies d'investigation [Marple, 1987]. Enfin, l'*estimation spectrale* constitue la quatrième possibilité. Cette approche rassemble toutes les méthodes ayant pour vocation la construction d'un estimateur du spectre de puissance à partir des données disponibles sans recourir nécessairement à une estimation statistique. Dans cette terminologie nous incluons donc les techniques de *périodogramme*, même si elles peuvent s'interpréter comme des méthodes d'analyse spectrale.

I.1.1 Analyse spectrale : analyse de corrélation

L'objet de ce paragraphe est de montrer le lien existant (sous certaines hypothèses) entre la fonction d'autocorrélation d'un PCSL et sa densité spectrale de puissance (DSP). Plus précisément, il s'agit de mettre en évidence que la DSP est la représentation spectrale de la fonction d'autocorrélation.

Cette analyse repose sur le théorème de Herglotz (voir [Brémaud, 1993] pour la démonstration) qui assure l'existence d'une *décomposition harmonique unique* pour tout PCSL. Pour de tels processus, il est donc possible de représenter de manière unique la fonction d'autocorrélation $r_{\mathcal{X}}$ sous la forme :

$$r_{\mathcal{X}}(k) = \int_{-1/2}^{1/2} e^{2j\pi\nu k}\mu_{\mathcal{X}}(\,\mathrm{d}\nu), \quad \forall\, k \in \mathbb{Z},$$

où $\mu_{\mathcal{X}}$ est appelée la *mesure spectrale de puissance* du processus aléatoire $(\mathcal{X}_n)_{n\in\mathbb{Z}}$.

Dans ce qui suit, nous supposons d'une part que cette mesure est à densité vis-à-vis de la mesure de Lebesgue, c'est-à-dire qu'il existe une fonction réelle non-négative $P_{\mathcal{X}}(\nu)$,

2. Dans la suite, on suppose que la période d'échantillonnage T_e des signaux vaut 1.

telle que

$$r_{\mathcal{X}}(k) = \int_{-1/2}^{1/2} e^{2j\pi\nu k} P_{\mathcal{X}}(\nu)\,\mathrm{d}\nu.$$

$P_{\mathcal{X}}(\nu)$ est appelée la *densité spectrale de puissance* du signal aléatoire $(x_n)_{n\in\mathbb{Z}}$.

D'autre part, nous considérons le cas où la fonction $r_{\mathcal{X}}$ est élément de l^2, l'espace des signaux déterministes à temps discret et d'énergie finie. Ainsi, $r_{\mathcal{X}}$ admet une transformée de Fourier et nous pouvons écrire la relation de Wiener-Khintchine :

$$P_{\mathcal{X}}(\nu) = \sum_{k\in\mathbb{Z}} r_{\mathcal{X}}(k)\, e^{-2i\pi\nu k}. \tag{I.1}$$

Le problème de l'analyse spectrale est donc celui de la recherche de $P_{\mathcal{X}}(\nu)$ à partir de la seule connaissance d'une suite d'échantillons consécutifs $\boldsymbol{x} = [x_0, x_1, \ldots, x_{N-1}]^{\mathrm{t}}$, extraits d'une réalisation de $(\mathcal{X}_n)_{n\in\mathbb{Z}}$. Une première voie pour le résoudre consiste d'après (I.1), à

(i) estimer la fonction d'autocorrélation $r_{\mathcal{X}}$ à partir de $\boldsymbol{x}$ pour les instants compris entre 0 et k, où $k < N$ reste à choisir ;

(ii) extrapoler l'autocorrélation estimée $\widehat{r}_{\mathcal{X}}$ au-delà du rang k ;

(iii) calculer la transformée de Fourier discrète de $\widehat{r}_{\mathcal{X}}$ pour obtenir une estimée $\widehat{P}_{\mathcal{X}}(\nu)$ de la DSP.

Le problème posé est donc double. Il s'agit tout d'abord de choisir un estimateur de $r_{\mathcal{X}}$, simple à calculer à partir de $\boldsymbol{x}$. Les estimateurs empiriques de corrélation sont les plus fréquemment retenus. De plus, le caractère défini positif de $r_{\mathcal{X}}$ conduit à retenir un estimateur qui préserve cette propriété, c'est-à-dire celui de la corrélation *biaisée*. D'autre part, il faut étendre l'estimée $\widehat{r}_{\mathcal{X}}$ calculée sur les $k+1$ premiers instants à $\mathbb{Z}$. Un critère pouvant guider ce choix est le maintien du caractère défini positif de la suite $(r_{\mathcal{X}}(k))_{k\in\mathbb{Z}}$.

I.1.2 Analyse ou estimation spectrale : le périodogramme

Le périodogramme est l'estimateur de la DSP le plus simple par sa construction. Il repose sur le calcul de la corrélation biaisée jusqu'à $k = N - 1$:

$$\widehat{r}_{\mathcal{X}}(k) = \frac{1}{N} \sum_{n=1}^{N-|k|} x_n^* x_{n+k}, \qquad -N < k < N, \tag{I.2}$$

et sur le choix de la suite nulle pour extrapoler $\widehat{r}_{\mathcal{X}}(k)$ sur $\mathbb{Z}$. De ce fait, La séquence infinie des corrélations est définie positive. La DSP est alors approchée par le *périodogramme* :

$$\widetilde{P}_{\mathcal{X}}(\nu) = \sum_{k\in\mathbb{Z}} \widehat{r}_{\mathcal{X}}(k)\, e^{-2j\pi\nu n} \tag{I.3}$$

$$= \frac{1}{N} \left| \sum_{n=0}^{N-1} x_n\, e^{-2j\pi\nu n} \right|^2. \tag{I.4}$$

Si la relation (I.3) justifie la construction du périodogramme comme une méthode d'analyse spectrale, l'expression (I.4) montre que celui-ci est calculable directement à partir des données, sans passer par une phase d'estimation des corrélations empiriques. Il définit donc à lui seul une méthode d'estimation spectrale.

Par ailleurs, cet estimateur de $P_{\mathcal{X}}(\nu)$ est biaisé à nombre fini d'échantillons puisque

$$\mathrm{E}\left[\widehat{r}_{\mathcal{X}}(k)\right] = \left(1 - \frac{|k|}{N}\right) r_{\mathcal{X}}(k), \tag{I.5}$$

mais *asymptotiquement*, il est non biaisé :

$$\lim_{N \to \infty} \mathrm{E}\left[\widetilde{P}_{\mathcal{X}}\right](\nu) = P_{\mathcal{X}}(\nu).$$

De plus, la suite de variables aléatoires $\widetilde{P}_{\mathcal{X}}(\nu)$ ne converge pas en moyenne quadratique vers la valeur de la densité spectrale $P_{\mathcal{X}}(\nu)$, pour une fréquence ν quelconque, car la variance asymptotique du périodogramme :

$$\lim_{N \to \infty} \mathrm{E}\left[\left(\widetilde{P}_{\mathcal{X}}(\nu) - P_{\mathcal{X}}(\nu)\right)^2\right] \tag{I.6}$$

ne tend pas vers zéro. Ce défaut *asymptotique* est corrigé dès lors qu'une version moyennée est considérée [Daniell, 1946; Bartlett, 1948; Welch, 1967].

De toute façon, ces estimateurs, moyennés ou non, n'offrent pas de bonnes performances à faible nombre d'observations [Kay et Marple, 1981]. La raison est la suivante. Plus le nombre de données est petit, moins il y a d'informations dans la corrélation estimée, et par conséquent, plus grande est l'importance attribuée à l'extrapolation. Or une extrapolation « nulle » n'apporte aucune information complémentaire sur le type de signaux observés.

La *résolution spectrale* d'une méthode est généralement définie par l'écart en fréquence séparant deux raies de même puissance, qu'elle est capable de distinguer [Marple, 1987, Chap.1]. La résolution du périodogramme standard vaut l'inverse du nombre N de données. Les conventions d'usage veulent que le qualificatif « haute résolution » soit utilisé pour désigner les méthodes séparant des raies plus proches que la résolution nominale du périodogramme. Les versions moyennées du périodogramme sont par exemple des techniques *basse résolution*, et la résolution de ce type d'approches est de plus en plus mauvaise lorsque le nombre de données diminue. Il semble donc nécessaire de considérer des alternatives pour l'analyse ou l'estimation spectrale en temps-court.

I.1.3 Alternatives paramétriques

L'intérêt d'approches plus récentes comme les méthodes paramétriques, réside dans le choix d'une extrapolation non nulle. Le nombre k de coefficients de corrélations estimés est alors petit devant N. Si le choix d'un modèle AR est argumenté par Burg [1967] *via* le principe du maximum d'entropie [3], ces approches ont surtout connu un succès important en raison de leur simplicité de mise en œuvre. Par ailleurs, elles conduisent à une

3. ce principe permet de sélectionner la fonction qui extrapole un jeu coefficients de corrélation avec une erreur minimale de prédiction à un pas. [Brémaud, 1991, p. 205]

amélioration très nette des résultats comparativement aux techniques de périodogramme, notamment en terme de résolution spectrale [Marple, 1987; Kay, 1988]. Les méthodes AR font donc partie des techniques HR, mais elles ne sont pas spécifiques à l'analyse de raies. Elles peuvent en effet permettre de caractériser des spectres étalés. Elles sont envisagées dans la section I.2 dans un contexte où peu de données sont disponibles. Le problème du choix de l'ordre du modèle est étudié dans un cadre régularisé [Kitagawa et Gersch, 1985a].

D'autres paramétrisations parcimonieuses peuvent être envisagées pour caractériser à l'ordre deux des processus dont la structure de la DSP est connue. Par exemple, un modèle privilégié pour l'estimation de raies spectrales est la combinaison linéaire de sinusoïdes dans du bruit additif. Un grand nombre de méthodes HR (méthode de Prony étendue [Hildebrand, 1956], méthodes « sous-espaces » [Pisarenko, 1973; Bienvenu et Kopp, 1980], méthodes du maximum de vraisemblance déterministe [Bresler et Macovski, 1986]), développées conjointement dans le cadre de l'analyse spectrale et celui de la localisation de sources présentent une bien meilleure résolution que les techniques de périodogramme. Pour une revue complète sur ces méthodes, le lecteur intéressé pourra consulter l'ouvrage collectif [Marcos, 1998]. Là encore, la plupart des approches paramétriques ont été développées en supposant l'ordre du modèle prédéterminé, c'est-à-dire le nombre de sinusoïdes connu. Par conséquent, à faible nombre d'observations, le problème du choix de l'ordre du modèle se retrouve : l'estimation du nombre de sinusoïdes est soumise à une forte variabilité. Le cadre méthodologique de ces approches est toutefois dans la première partie de la section I.3 dans le but de mieux comprendre les choix proposés par les contributions récentes adaptées au temps-court [Bretthorst, 1990a,b; Dou et Hodgson, 1995, 1996; Dublanchet, 1996; Fuchs, 1997; Andrieu et Doucet, 1999]. De manière générale, ces approches reformulent ce problème comme un problème *inverse mal-posé*, pour introduire sous différentes formes, une régularisation traduisant le caractère impulsionnel de la solution.

I.2 Estimation en temps-court de spectres réguliers

Jusqu'à présent, nous avons exploité la description non-paramétrique (I.1) de la DSP pour en définir un estimateur. Ici, il s'agit d'introduire une description *paramétrique* des statistiques à l'ordre deux du processus $\mathcal{X}$ observé à travers $\boldsymbol{x}$, en supposant qu'il satisfait le modèle **autorégressif** (AR) défini comme suit.

Dans cette approche, le signal $\boldsymbol{x}$ est supposé être une réalisation d'un processus aléatoire $\mathcal{X}$ à temps discret, stationnaire et **autorégressif**, c'est-à-dire engendré par le passage d'un processus aléatoire (u_n) blanc stationnaire dans un filtre linéaire, invariant, de fonction de transfert $H(z)$ « tout pôles ». Le filtre générateur est décrit par l'équation récurrente

$$x_n = \sum_{k=1}^{p} a_k x_{n-k} + u_n, \qquad \text{(I.7)}$$

et sa fonction de transfert en z est

$$H(z) = \frac{1}{1 - A(z)} \quad \text{où} \quad A(z) = \sum_{k=1}^{p} a_k z^{-k}.$$

Les coefficients a_k sont appelés coefficients autorégressifs (AR) et p est l'ordre du modèle. Si la variance de u_n est notée σ_u^2, alors on a :

$$P_{\mathcal{X}}(\nu) = \frac{\sigma_u^2}{|1 - A(\nu)|^2}. \tag{I.8}$$

Le problème de l'analyse spectrale de (x_n) se réduit ainsi à l'estimation de ces $p+1$ coefficients (p paramètres AR et la variance du bruit générateur). De nombreuses variantes existent selon le cadre statistique adopté et les approximations faites [Kay et Marple, 1981].

I.2.1 Méthode de Yule-Walker

Une façon d'aborder ce problème consiste à résoudre l'équation de « Yule-Walker » $\boldsymbol{Ra} = \boldsymbol{r}$, où $\boldsymbol{R}$ est la matrice de corrélation du signal, et $\boldsymbol{r}$ le vecteur des corrélations commençant au retard unité $r_{\mathcal{X}}(1)$, et $\boldsymbol{a}$ le vecteur des coefficients AR. En pratique, les corrélations sont inconnues et il est nécessaire de les estimer à partir des échantillons du signal disponibles. L'expression de la fonction d'autocorrélation (I.2) peut être considérée comme un estimateur mais nous avons vu grâce à (I.5) que celui-ci était biaisé. Le choix d'un estimateur non biaisé est souvent préconisé, bien que le caractère défini positif de la matrice $\boldsymbol{R}$ ne soit pas garanti. Par ailleurs, l'estimateur non biaisé se déduit de (I.5) en remplaçant le coefficient $1/N$ par $1/(N-p)$ dans (I.2). Un problème encore plus délicat est celui du choix de l'ordre p, qui n'est pas prévu dans cette approche.

I.2.2 Choix de l'ordre par maximum de vraisemblance

L'estimation de l'ordre d'un modèle AR peut être réalisée dans le cadre de l'estimation par maximum de vraisemblance (plus précisément au sens des moindres carrés). L'application de ce principe conduit à choisir un ordre maximum pour le modèle (égal à $N-1$ pour la forme pré- et post-fenêtrée) puisque l'ensemble des modèles AR possède une structure emboîtée : le sous-ensemble des signaux AR d'ordre $p+1$ contient celui des AR d'ordre p. Par conséquent, l'incrémentation de l'ordre p assure la croissance de la vraisemblance (au sens large). La conclusion est que cette approche conduit à choisir l'ordre maximal $N-1$ pour le fenêtrage retenu, au détriment de la précision sur l'estimation [Kitagawa et Gersch, 1985a; Giovannelli et al., 1996]. En effet, un ordre élevé favorise l'apparition de pics parasites dans le spectre.

I.2.3 Choix de l'ordre par critères informationnels

Ce constat est à l'origine du développement de critères de vraisemblance compensée issus de la théorie de l'information. Parmi les plus connus, citons l'AIC (pour *Akaike*

Information Criterion) [Akaike, 1974]. Il est fondé sur un principe de parcimonie privilégiant les modèles ayant un petit nombre de paramètres. Il pénalise en effet la vraisemblance par un terme additif qui croît linéairement avec l'ordre du modèle. Toutefois, l'ordre sélectionné par ce critère est indépendant du nombre d'observations considérées (biais asymptotique) et tend toujours à « surparamétrer » le vrai modèle. En général, on lui préfère donc le critère MDL (*Minimum Description Length*) de Rissanen [1978] et Schwartz [1978]. Pour un exposé complet sur l'estimation de l'ordre d'un modèle AR, MA ou ARMA, le lecteur pourra consulter [Marple, 1987].

Les critères AIC et MDL n'ont pas toujours de minimum bien net, surtout en présence de peu de données. De plus, en simulation sur de vrais processus AR, ils conduisent en moyenne à une surestimation systématique de l'ordre. Dans le contexte temps-court, il est donc nécessaire de stabiliser cette solution.

I.2.4 Douceur spectrale : modèle AR-long

La construction d'un modèle de douceur spectrale a pour vocation de compenser l'instabilité introduite par la surestimation de l'ordre de la paramétrisation. Dans un cadre où le signal à analyser est décrit par un vecteur aléatoire gaussien, une approche cohérente consiste à mesurer la douceur de sa DSP *via* une distance entre sa densité de probabilité et celle d'un vecteur gaussien. Pour un exposé complet sur ce sujet, le lecteur pourra consulter [Basseville, 1989].

Nous présentons maintenant l'approche retenue par Kitagawa et Gersch [1985a]. Elle s'inscrit dans une démarche bayésienne mais s'interprète aussi comme une méthode de critère au sens de la régularisation déterministe. Cette approche consiste 1) à garder l'ordre maximal $p = N - 1$ pour ne pas dégrader encore plus l'approximation de la vraisemblance, et 2) à introduire un *a priori* sur les paramètres $\boldsymbol{a}$ et σ_u^2 du modèle autorégressif.

Kitagawa et Gersch [1985a] mesurent la douceur spectrale *via* la mesure de *rugosité* de $A(\nu)$:

$$\mathcal{R}_k = \int_0^1 \left| \frac{\partial^k}{\partial \nu^k} A(\nu) \right|^2 \mathrm{d}\nu \tag{I.9}$$

qui peut se mettre sous la forme :

$$\mathcal{R}_k = (2\pi)^{2k} \boldsymbol{a}^{\mathrm{t}} \boldsymbol{\Delta}_k \boldsymbol{a} \tag{I.10}$$

où $\boldsymbol{\Delta}_k = \operatorname{diag}\left[1^{2k}, 2^{2k}, \ldots, p^{2k}\right]$ est la matrice de douceur spectrale d'ordre k.

Une faible valeur de $\mathcal{R}_k$ caractérise de faibles variations de $A(\nu)$ en moyenne sur $[0, 1]$, c'est-à-dire de faibles variations de la DSP. À la limite lorsque cette quantité s'annule, l'ensemble des coefficients AR s'annule et le spectre devient uniforme.

La solution régularisée est maintenant définie comme le minimiseur [4] d'un critère formé d'un terme de vraisemblance approchée (MC) qui mesure l'adéquation du modèle

4. Pour éviter toute confusion entre la valeur minimale d'une fonction et l'argument que fournit cette valeur, nous parlons de minimiseur plutôt que de minimum.

aux données, et d'une pénalisation de douceur spectrale :

$$\begin{aligned}\widehat{\boldsymbol{a}}(\lambda, k) &= \arg\min_{\boldsymbol{a}} \left\{ (\boldsymbol{x} - \boldsymbol{X}\boldsymbol{a})^{\mathrm{t}}(\boldsymbol{x} - \boldsymbol{X}\boldsymbol{a}) + \lambda \boldsymbol{a}^{\mathrm{t}} \boldsymbol{\Delta}_k \boldsymbol{a} \right\}, \quad \lambda \geqslant 0. \\ &= (\boldsymbol{X}^{\mathrm{t}}\boldsymbol{X} + \lambda \boldsymbol{\Delta}_k)^{-1} \boldsymbol{X}^{\mathrm{t}} \boldsymbol{x}. \end{aligned} \tag{I.11}$$

Dans cette expression, le vecteur $\boldsymbol{x}$ et la matrice $\boldsymbol{X}$ sont construits à partir des observations, et leur taille varie en fonction du fenêtrage retenu (pas de fenêtrage ou forme *covariance*, pré-fenêtrée, post-fenêtrée, pré- et post- ou forme *autocorrélation*) [Kay et Marple, 1981]. Lorsqu'il s'agit d'estimer des spectres doux, il est d'usage de retenir la forme pré- et post-fenêtrée [Giovannelli, 1995]. Celle-ci apparaît plus robuste au détriment de la résolution spectrale, c'est donc en phase avec le type de spectres recherchés. Dans cette forme, la matrice $\boldsymbol{X}$ possède p colonnes et $N - p + 1$ lignes, et le vecteur $\boldsymbol{x}$ possède également $N - p + 1$ lignes.

La solution, estimée au sens des moindres carrés *régularisés*, établit donc un compromis grâce au paramètre de régularisation λ, entre une solution plus fidèle aux données (celle qui minimise le critère de MC) et une solution dont le spectre est le plus doux possible (celle qui est $\mathcal{R}_k$).

En conclusion, disons que cette mesure est en fait une approximation d'une mesure de douceur de la DSP car ce n'est pas une fonctionnelle du spectre AR. En conséquence, certaines perturbations, comme des ruptures inattendues dans la DSP, peuvent être difficiles à prendre en compte dans cette approche. En dépit de cet inconvénient, elle présente l'avantage d'engendrer un terme quadratique en $\boldsymbol{a}$, et donc de conserver une structure simple pour le calcul de la solution stabilisée. Pour une étude complète sur l'amélioration apportée par ce type d'approches, le lecteur pourra en outre consulter [Giovannelli et al., 1996].

I.3 Estimation en temps-court de spectres de raies

I.3.1 Méthodes classiques de l'analyse de sinusoïdes

Dans cette section, nous discutons des approches HR classiques d'estimation de spectres de raies. Elles sont très présentes dans la communauté du traitement du signal, particulièrement dans les applications RADAR et SONAR, témoin l'ouvrage collectif récent qui leur est consacré [Marcos, 1998].

I.3.1.1 Modèle de raies pures

Dans les approches HR, le modèle explicatif des données est celui de la superposition de p exponentielles complexes noyées dans un bruit additif :

$$y_n = \sum_{k=1}^{p} a_k \, e^{j\phi_k} \, e^{2j\pi\nu_k n} + b_n, \qquad n = 0, \ldots, N-1, \tag{I.12}$$

où les quantités a_k, ν_k [5] et ϕ_k désignent respectivement l'amplitude, la fréquence et la phase de chaque exponentielle complexe. En rassemblant toutes les observations y_n dans un vecteur $\boldsymbol{y}$ et en posant $\boldsymbol{\nu} \triangleq \{\nu_1, \ldots, \nu_p\}^{\mathrm{t}}$, la relation (I.12) s'écrit matriciellement :

$$\boldsymbol{y} = \boldsymbol{W}(\boldsymbol{\nu})\,\boldsymbol{a} + \boldsymbol{b} \tag{I.13}$$

où la matrice $\boldsymbol{W}(\boldsymbol{\nu})$ de taille $N \times p$ est obtenue en juxtaposant p vecteurs fréquences

$$\boldsymbol{w}(\nu_k) = \left[1,\, e^{2j\pi\nu_k},\, \ldots,\, e^{2j\pi(N-1)\nu_k}\right]^{\mathrm{t}}, \tag{I.14}$$

tandis que $\boldsymbol{a}$ contient les amplitudes complexes correspondantes :

$$\boldsymbol{a} \triangleq \left[a_1\, e^{j\phi_1},\, a_2\, e^{j\phi_2},\, \ldots,\, a_p\, e^{j\phi_p}\right]^{\mathrm{t}}.$$

I.3.1.2 Méthodologie des approches HR classiques

Le principe des méthodes classiques HR réside dans l'exploitation de la redondance des données $\boldsymbol{y}$ pour identifier les paramètres du modèle (I.12), à savoir $\boldsymbol{\theta}_p = \{\boldsymbol{\nu}_p, \boldsymbol{a}_p\}$. Les premières méthodes HR [Hildebrand, 1956; Pisarenko, 1973; Bienvenu et Kopp, 1980] ont été conçues en supposant prédéterminée la dimension p du modèle d'observation, *i.e.*, le nombre de sinusoïdes. En pratique, cette quantité est inconnue. Les approches HR développées depuis ces premiers travaux prennent en compte l'estimation de cette variable lors d'une étape de *détection*. L'ensemble des paramètres inconnus est donc constitué de p et de $\boldsymbol{\theta}_p$. Plusieurs stratégies sont envisageables pour estimer ces paramètres à partir de $\boldsymbol{y}$. La démarche traditionnelle HR retient une stratégie d'estimation *séquentielle*. La phase (a) d'estimation du nombre de sinusoïdes p précède celle des paramètres $\boldsymbol{\theta}_p$, et est réalisée sur la seule base des observations $\boldsymbol{y}$. La valeur retenue n'est pas remise en cause lors de la deuxième phase qui est constituée

(b) d'une étape de *localisation* (détermination des fréquences $\boldsymbol{\nu}$),

(c) d'une étape d'*estimation* des amplitudes $\boldsymbol{a}$ ou des puissances des sinusoïdes localisées.

Les performances des méthodes HR sont donc conditionnées par la qualité de l'estimation du nombre de sinusoïdes.

I.3.1.3 Étape de détection

Les critères *informationnels* de choix d'ordre évoqués au § I.2.3, ont été adaptés au problème de l'estimation du nombre de sinusoïdes [6] [Wax et Kailath, 1985] (voir aussi [Kay, 1988, p. 374]). Ils sont toutefois plus coûteux à mettre en œuvre pour l'estimation du nombre de sinusoïdes, pour la raison suivante. Comme nous l'avons mentionné au § I.2.3, ils pénalisent l'anti-log-vraisemblance calculée pour les paramètres donnant

5. on suppose $\nu_{k_1} \neq \nu_{k_2}$ pour $k_1 \neq k_2$.
6. ou celui de la recherche de la dimension du sous-espace signal en localisation de sources.

l'estimée du maximum de vraisemblance $\widehat{\boldsymbol{\theta}}_k{}^{\mathrm{MV}}$ par un terme linéaire en les paramètres. Pour choisir $\widehat{p}$ l'ordre qui minimise un tel critère, il est donc nécessaire de calculer les vecteurs $\widehat{\boldsymbol{\theta}}_k{}^{\mathrm{MV}}$pour $k = 1, \ldots, p_{\max}$. Les fréquences $\boldsymbol{\nu}_k$ sont des paramètres *non linéaires* du modèle décrit par $\boldsymbol{\theta}_k$; cette différence essentielle par rapport au choix de l'ordre d'un modèle AR est à l'origine d'une surcharge calculatoire, difficilement acceptable pour une application de taille réelle.

Par ailleurs, ces critères ont fait l'objet depuis leur avènement, de multiples améliorations, ou ont suscité le développement d'approches concurrentes, principalement pour les trois raisons suivantes :

- ils surestiment l'ordre du modèle en présence de peu de données ;
- ils manquent de robustesse lorsque le rapport signal à bruit est trop faible ;
- ils ne tiennent pas compte d'une éventuelle coloration du bruit.

D'autres critères informationnels ont été développés spécifiquement pour l'estimation du nombre de raies. Certains, issus de la méthodologie bayésienne, ont permis d'améliorer la robustesse à faible nombre de données [Djurić, 1996; Bishop et Djurić, 1996]. Par ailleurs, un palliatif largement utilisé en traitement d'antenne consiste à introduire des critères à seuils (test du χ_2) qui permettent de régler la fausse alarme à une valeur souhaitée donc parfaitement contrôlable. Pour un exposé complet sur ces critères issus de la théorie de la décision, le lecteur intéressé pourra consulter [Marcos, 1998, Chap. 6].

Pour ce qui concerne la deuxième limitation, un critère *autonome* [7], de type algébrique, a permis d'améliorer les performances en détection en présence de bruit blanc [Fuchs, 1988]. La prise en compte d'une coloration du bruit lorsque la matrice de covariance $\boldsymbol{R}_b$ de celui-ci est connue nécessite une opération de *blanchiment* pour revenir au cas précédent. Ce blanchiment peut être réalisé en effectuant la décomposition de Cholesky de $\boldsymbol{R}_b$. Par ailleurs, des critères dérivés du MDL ont été développés dans le cadre où l'on dispose d'informations sur le bruit coloré [Wang, 1993]. Enfin, lorsque les propriétés statistiques du bruit sont inconnues, il est nécessaire de les estimer. Certains auteurs retiennent alors une modélisation paramétrique, de type AR [Kavalieris et Hannan, 1994] ou ARMA [Moal et Fuchs, 1999]. Après estimation des coefficients, on peut alors blanchir le bruit par filtrage inverse du filtre du modèle.

I.3.1.4 Localisation et estimation

Une fois l'étape de détection réalisée, deux types d'approches HR classiques coexistent pour réaliser les étapes de localisation et d'estimation :

- les techniques de « sous-espaces » qui s'appuient sur des interprétations géométriques ;
- les techniques de « maximum de vraisemblance » fondées sur une estimation statistique des paramètres $\boldsymbol{\nu}$ et $\boldsymbol{a}$.

Toutes deux supposent le nombre de sinusoïdes prédéterminé.

Les méthodes algébriques de sous-espaces (*décomposition harmonique de Pisarenko [1973]*, MUSIC [Bienvenu et Kopp, 1980], le « propagateur » [Munier et Delisle, 1991],

7. c'est-à-dire développé spécifiquement sur ce problème, à partir du modèle (I.12).

ESPRIT [Roy et al., 1986]) reposent sur la partition de l'espace des observations y en deux sous-espaces orthogonaux, le « sous-espace signal » et le « sous-espace bruit ». Cette partition repose sur une phase d'analyse à l'ordre deux (corrélation) du signal sinusoïdal, plus précisément sur une décomposition en éléments propres de la matrice de covariance des observations. Elles occupent une place de choix dans les approches HR : elles sont en effet largement utilisées pour la localisation de sources en traitement d'antenne, parce que performantes en présence d'un grand nombre d'enregistrements. Une synthèse de ces approches peut être trouvée dans [Marcos, 1998, Chap. 4].

En revanche, elles sont peu adaptées au contexte temps-court dans la mesure où les corrélations empiriques souffrent comme les données brutes d'un déficit d'information pour l'étape de localisation. De plus, ce cadre d'analyse ne permet pas d'intégrer simplement des informations sur la structure du spectre ou des corrélations à estimer.

Ces techniques de sous-espaces séparent la phase de localisation (b) de celle d'estimation (c). Elles traitent donc les trois étapes de manière séquentielle. D'autres méthodes, dites globales, choisissent d'unifier les phases (b) et (c) et d'estimer les fréquences et les amplitudes simultanément. Le coût de calcul de ces approches est évidemment plus élevé. Les techniques basées sur la maximisation de la vraisemblance des observations définissent une sous-classe de ces méthodes globales.

I.3.1.5 Limitations

Les méthodes HR classiques souffrent principalement de deux défauts : le premier est dû à l'absence de coopération entre les phases de détection et de localisation, fragilisant la procédure de détection lorsque peu de données sont disponibles. Des alternatives permettant de pallier cette difficulté sont discutées plus loin.

Le second défaut de ce type d'approches tient au fait qu'elles sont fondées sur des considérations *asymptotiques*. Les propriétés à nombre infini d'observations constituent l'élément déterminant qui motive le choix des estimateurs. La plupart de ces méthodes sont à la fois asymptotiquement non biaisées, à variance minimale, donc atteignent la borne de Cramer-Rao, mais il est difficile de savoir en pratique, si le nombre de données disponibles est suffisant pour que le comportement asymptotique soit atteint.

Dans le but d'améliorer la robustesse de l'étape de détection à faible nombre de données, plusieurs contributions récentes [Bretthorst, 1990b; Dou et Hodgson, 1996; Dublanchet, 1996; Andrieu et Doucet, 1999] choisissent d'estimer la totalité des paramètres, l'ordre p et $\boldsymbol{\theta}_p$ au sein d'une unique procédure. Certains de ces travaux proposent notamment des structures algorithmiques bien adaptées à une coopération en ligne des phases de détection et de localisation. Cette coopération permet naturellement de remettre en cause le nombre p estimé sur la base des fréquences localisées. Comme nous allons le voir au § I.3.2, ces approches s'inscrivent dans le cadre des statistiques bayésiennes pour modéliser le caractère impulsionnel du spectre à reconstruire.

I.3.2 Approches bayésiennes paramétriques

I.3.2.1 Principe de l'approche bayésienne

Le premier choix qui préside à l'élaboration d'un estimateur bayésien est l'attribution d'une distribution de probabilité (d.d.p.) aux observations. Dans le cadre de l'estimation de spectres de raies, il s'agit d'émettre des hypothèses sur la nature du bruit additif $\boldsymbol{b}$ apparaissant dans (I.13). Un principe informationnel tel que le maximum d'entropie [Jaynes, 1978; Bretthorst, 1988] mais surtout un argument de simplicité conduisent en l'absence d'information sur les propriétés statistiques de $\boldsymbol{b}$, à considérer un processus blanc complexe circulaire de loi $\mathcal{N}(0, \sigma_b^2)$ [8]. Si l'on note $\boldsymbol{x} = \{p, \boldsymbol{\theta}_p\}$, alors la vraisemblance des observations $\boldsymbol{y}$ est gaussienne puisque définie par

$$p(\boldsymbol{y} \mid \boldsymbol{x} \; ; \sigma_b^2) = p_b(\boldsymbol{y} - \boldsymbol{W}(\boldsymbol{\nu}_p)\, \boldsymbol{a}_p \mid \boldsymbol{x} \; ; \sigma_b^2). \tag{I.15}$$

En vertu de l'analogie établie parDublanchet [1996] entre l'analyse de raies et la déconvolution impulsionnelle, l'inversion de la relation (I.13) est un problème *inverse mal-posé* [Demoment, 1989], même lorsque l'opérateur $\boldsymbol{W}(\boldsymbol{\nu})$ est supposé connu. Au sens de Hadamard, l'existence, l'unicité et la continuité (ou stabilité) de la solution ne sont pas garanties simultanément. Bien souvent, le caractère mal-posé se traduit par un mauvais conditionnement de l'opérateur à inverser rendant la solution instable. Pour l'analyse de raies, le caractère mal-posé se manifeste sous deux formes distinctes selon que l'on travaille sur une grille fréquentielle discrète, ou sur un *continuum*. Dans la première situation, le problème apparaît *indéterminé* (nous y reviendrons au § I.3.3) mais la version discrétisée W_{NP} de $\boldsymbol{W}(\boldsymbol{\nu})$ est *bien-conditionné* [9], alors que dans la seconde, l'instabilité de la solution s'ajoute à l'indétermination.

Une stratégie classique pour lever l'indétermination et stabiliser la solution consiste à introduire un terme de régularisation [Tikhonov et Arsenin, 1977; Demoment, 1989]. L'idée directrice est de renoncer à trouver la solution exacte à partir de données imparfaites, et définir un nouvel espace de solutions, à partir de la connaissance d'une information supplémentaire décrivant les propriétés d'une « bonne » solution ; pour l'analyse de raies, le caractère impulsionnel définit la classe de solutions admissibles. L'approche bayésienne modélise cette information *a priori* sous la forme d'une d.d.p. paramétrée $p(\boldsymbol{x} \; ; \boldsymbol{\theta}_1)$ en supposant que l'ordre du modèle p varie dans $\{0, \ldots, p_{\max}\}$, avec $p_{\max}$ connu. En d'autres termes, la solution recherchée est *probabilisée* : elle correspond à une réalisation d'un processus aléatoire ayant pour loi $p(\boldsymbol{x} \; ; \boldsymbol{\theta}_1)$. Le choix d'une loi exponentielle est le plus souvent retenu. Il consiste à définir

$$p(\boldsymbol{x} \; ; \boldsymbol{\theta}_1) \propto \exp\left\{-K\mathcal{R}(\boldsymbol{x})\right\}, \qquad K > 0,$$

dans laquelle $\boldsymbol{\theta}_1$ contient les paramètres de ce modèle.

8. ses parties réelles et imaginaires sont décorrélées.

9. la matrice normale $W_{NP}^{\dagger} W_{NP}$ est Toeplitz circulante et ses valeurs propres sont kp^2 et $(k+1)p^2$ lorsque $N \in [kP, (k+1)P[$, [Giovannelli et Idier, 1995].

La règle de Bayes assure alors la fusion des informations provenant des données *via* (I.15) et de celles connues *a priori* selon

$$p(\boldsymbol{x} \mid \boldsymbol{y} \; ; \boldsymbol{\theta}) = \frac{p(\boldsymbol{y} \mid \boldsymbol{x} \; ; \sigma_b^2)\, p(\boldsymbol{x} \; ; \boldsymbol{\theta}_1)}{p(\boldsymbol{y} \; ; \boldsymbol{\theta})}, \tag{I.16}$$

où $\boldsymbol{\theta} \triangleq (\boldsymbol{\theta}_1, \sigma_b^2)$ définit l'ensemble des *hyperparamètres* issus respectivement du modèle *a priori* et de la statistique du bruit (variance σ_b^2). Le dénominateur de (I.16) n'est qu'un terme de normalisation, indépendant de $\boldsymbol{x}$ puisque : $p(\boldsymbol{y} \; ; \boldsymbol{\theta}) = \int p(\boldsymbol{y} \mid \boldsymbol{x} \; ; \sigma_b^2)\, p(\boldsymbol{x} \; ; \boldsymbol{\theta}_1)\, \mathrm{d}\boldsymbol{x}$. Il n'intervient donc pas dans le choix de la solution.

D'un point de vue bayésien, la distribution *a posteriori* $p(\boldsymbol{x} \mid \boldsymbol{y} \; ; \boldsymbol{\theta})$ est la « solution globale » puisqu'elle résume toute l'information sur les valeurs estimées des paramètres, compatibles avec les données et la connaissance structurelle introduite. Cependant, il est en général nécessaire de prendre une décision quant à la valeur à attribuer à l'estimée $\widehat{\boldsymbol{x}}$. Plusieurs estimateurs ponctuels peuvent alors être sélectionnés suivant la règle de décision retenue.

I.3.2.2 Estimateurs bayésiens

L'estimateur le plus fréquemment rencontré dans le cadre bayésien est celui du *maximum a posteriori* (MAP) défini comme l'un des modes de la distribution *a posteriori*,

$$\begin{aligned} \widehat{\boldsymbol{x}}^{\,\mathrm{MAP}} &= \arg\max_{\boldsymbol{x}} p(\boldsymbol{x} \mid \boldsymbol{y} \; ; \boldsymbol{\theta}), \\ &= \arg\min_{\boldsymbol{x}} \left\{ -\ln p(\boldsymbol{y} \mid \boldsymbol{x} \; ; \sigma_b^2) - \ln p(\boldsymbol{x} \; ; \boldsymbol{\theta}_1) \right\} \end{aligned} \tag{I.17}$$

ou de manière équivalente, comme le minimiseur d'un critère composé d'un terme d'adéquation aux données $-\ln p(\boldsymbol{y} \mid \boldsymbol{x} \; ; \sigma_b^2)$ et d'un terme de pénalisation issu de la loi $p(\boldsymbol{x} \; ; \boldsymbol{\theta}_1)$. Après régularisation, les méthodes de maximisation de lois s'interprètent donc comme des méthodes de *critères pénalisés* dans le cadre de la régularisation déterministe [Tikhonov et Arsenin, 1977].

Un estimateur MAP peut s'avérer difficile à calculer, notamment lorsque le critère à optimiser est *multimodal*, ou lorsque l'optimisation conjointe en tous les paramètres est irréalisable. Selon le même principe, il est envisageable de maximiser la loi marginale de chacune des variables au lieu de les maximiser simultanément comme dans le MAP. On obtient alors l'estimateur du MAP marginal noté MAPM et défini composante par composante

$$\widehat{x}_k^{\,\mathrm{MAPM}} = \arg\max_{x_k} p(x_k \mid \boldsymbol{y} \; ; \boldsymbol{\theta}), \qquad k = 1, \ldots, p, \tag{I.18}$$

où $p(x_k \mid \boldsymbol{y} \; ; \theta)$ est la densité marginale *a posteriori* de la k-ième composante de $\boldsymbol{x}$:

$$p(x_k \mid \boldsymbol{y} \; ; \theta) = \int p(\boldsymbol{x} \mid \boldsymbol{y} \; ; \theta)\, \mathrm{d}x_1 \ldots \mathrm{d}x_{k-1}\, \mathrm{d}x_{k+1} \ldots \mathrm{d}x_p\,.$$

Du point de vue de la robustesse [Marroquin et al., 1987], le MAPM semble préférable puisqu'il revient à effectuer séparément p estimations marginales plutôt qu'une estimation globale. Toutefois, ces considérations qui concernent surtout les propriétés *asymptotiques* des estimateurs, peuvent être démenties à faible nombre d'observations.

Enfin, un autre estimateur déduit de la loi *a posteriori* est souvent mis en pratique. Il s'agit de l'estimateur de la *moyenne a posteriori* (MP) défini par

$$\widehat{\boldsymbol{x}}^{\text{MP}} = \mathrm{E}_{\boldsymbol{\theta}}[\boldsymbol{x} \mid \boldsymbol{y}] = \int \boldsymbol{x}\, p(\boldsymbol{x} \mid \boldsymbol{y}\ ;\ \boldsymbol{\theta})\, \mathrm{d}\boldsymbol{x}. \tag{I.19}$$

Dans le cas où $p(\boldsymbol{x} \mid \boldsymbol{y}\ ;\ \boldsymbol{\theta})$ est gaussienne, cet estimateur se confond avec le MAP, mais de manière générale, les deux estimateurs sont distincts. Comme pour le MAP, il est rarement possible de calculer explicitement la MP, qui peut alors être évaluée grâce à un estimateur empirique basé sur l'échantillonnage de $p(\boldsymbol{x} \mid \boldsymbol{y}\ ;\ \boldsymbol{\theta})$:

$$\widetilde{\boldsymbol{x}}_I^{\text{MP}} = \frac{1}{I} \sum_{i=1}^{I} \boldsymbol{x}_i \tag{I.20}$$

où les $\boldsymbol{x}_i$ sont des échantillons indépendants de la loi *a posteriori*. Par l'application de la loi des grands nombres, on peut montrer que cette suite converge vers la solution MP :

$$\widehat{\boldsymbol{x}}^{\text{MP}} = \lim_{I \to +\infty} \widetilde{\boldsymbol{x}}_I^{\text{MP}}. \tag{I.21}$$

Le problème (I.19) se réduit donc à l'échantillonnage de $p(\boldsymbol{x} \mid \boldsymbol{y}\ ;\ \boldsymbol{\theta})$ mais du fait de la taille de $\boldsymbol{x}$, il est difficile voire impossible d'en effectuer plusieurs tirages indépendants. Une possibilité est offerte dans l'annexe B pour contourner cette difficulté, pour des paramètres apparaissant linéairement dans le modèle d'observation.

I.3.2.3 Application à l'analyse de raies

Pour l'analyse de raies, plusieurs modèles probabilistes *a priori* ont été proposés dans la littérature [Bretthorst, 1990a; Dou et Hodgson, 1995; Dublanchet, 1996; Andrieu et Doucet, 1999]. Nous les examinons dans les paragraphes suivants ainsi que les estimateurs bayésiens associés pour mettre en évidence le gain en robustesse qu'ils apportent, notamment à faible nombre de données.

Modèle Bernoulli-gaussien Le modèle Bernoulli-gaussien (BG), introduit initialement en déconvolution impulsionnelle [Kormylo et Mendel, 1978, 1982], a été exploité par [Dublanchet, 1996] pour l'estimation d'une séquence de raies spectrales disposées sur une grille fréquentielle *discrète* [10] constituée de P valeurs distinctes. Le choix de $P \gg N$ où N est le nombre de données, permet d'envisager de dépasser la résolution de Fourier, *i.e.*, celle du périodogramme, et confère à la méthode le caractère HR. Une telle stratégie de discrétisation avait déjà été envisagée dans [Fuchs et Chuberre, 1994] et [Duvaut et Dublanchet, 1995] pour *déconvoluer* respectivement un système de formation de voies [11] et un périodogramme.

10. Signalons toutefois qu'une version étendue de modèle autorise des *dérives fréquentielles*, *i.e.*, les fréquences des sinusoïdes ne sont plus sur la grille.

11. c'est le pendant du périodogramme en traitement d'antenne, où les fréquences sont spatiales.

Le modèle BG se définit par un processus aléatoire composite comprenant :

- un processus ponctuel $\boldsymbol{q}$ qui commande l'apparition des raies ;
- un processus continu $\boldsymbol{s}$ qui contrôle les amplitudes respectives.

Si l'on note $\boldsymbol{x} \triangleq (s_k, q_k)$ ce processus BG, alors les couples de variables aléatoires pour $k \in \{1, \ldots, P\}$ sont indépendants entre eux et identiquement distribués selon :

1 la loi binaire de Bernoulli pour q_k : $\begin{cases} \Pr(q_k = 1) &= \lambda, \\ \Pr(q_k = 0) &= 1 - \lambda. \end{cases}$

2 la loi $\mathcal{N}(0, q\sigma^2)$ pour $(s_k \mid q_k = q)$.

Ce modèle est donc défini à l'aide de deux hyperparamètres $\boldsymbol{\theta}_1 = (\lambda, \sigma^2)$, où $\lambda \in [0, 1[$ définit la probabilité d'apparition d'une impulsion par pas de discrétisation, et σ^2, la variance des amplitudes.

La restauration de la solution $\boldsymbol{x}$ sous la forme composite $(\boldsymbol{s}, \boldsymbol{q})$ nécessite deux opérations : 1) une phase d'identification des positions contenues dans $\boldsymbol{q}$, et 2) une autre d'estimation des amplitudes $\boldsymbol{s}$. Comparativement aux méthodes HR classiques, cette première étape unifie les phases de détection et de localisation pour améliorer la robustesse de l'estimation de l'ordre p. Puisque la loi de la variable s_k est conditionnée par la valeur de q_k, l'étape 2) succède logiquement à 1).

Pour les raisons évoquées au paragraphe précédent, Dublanchet [1996] a proposé une stratégie séquentielle qui consiste à retenir le MAPM comme estimateur du processus ponctuel $\boldsymbol{q}$ puis, à injecter la solution $\widehat{\boldsymbol{q}}$ dans la loi $p(\boldsymbol{s} \mid \boldsymbol{q}, \boldsymbol{y}\ ; \boldsymbol{\theta})$, pour rechercher le MAP suivant $\boldsymbol{s}$. Dans ces conditions, les phases d'estimation des amplitudes et de localisation des impulsions sont séparées comme dans les méthodes HR traditionnelles.

Du point de vue de l'optimisation, l'étape 1) c'est-à-dire la maximisation de la loi marginale $p(\boldsymbol{q} \mid \boldsymbol{y}\ ; \boldsymbol{\theta})$ est réalisée par l'algorithme SMLR (*Single Most Likely Replacement*) [Goutsias et Mendel, 1986; Goussard et al., 1990; Champagnat et al., 1998] d'-exploration combinatoire. Cette étape fournit ainsi un estimateur du nombre de raies en dénombrant les réalisations positives de la séquence de Bernoulli estimée $\widehat{\boldsymbol{q}}$. Elle donne aussi accès aux fréquences discrètes les plus proches des raies recherchées.

L'estimation des amplitudes succède à l'étape de localisation. Ces amplitudes sont déterminées par maximisation de $p(\boldsymbol{s} \mid \boldsymbol{y}, \widehat{\boldsymbol{q}}\ ; \boldsymbol{\theta})$ qui ne pose pas de difficulté en raison du modèle *a priori* gaussien pour $(\boldsymbol{s} \mid \boldsymbol{q})$, et des hypothèses statistiques émises sur le bruit : il admet une solution explicite.

Modèle Poisson-gaussien Le modèle Poisson-gaussien (PG), introduit initialement en déconvolution impulsionnelle par [Kwakernaak, 1980], a été également utilisé par [Dublanchet, 1996] pour l'estimation d'une séquences de raies spectrales disposées cette fois-ci sur un *continuum*. Le modèle PG est aussi un processus composite $(\boldsymbol{q}, \boldsymbol{s})$ où

- les impulsions sont réparties sur un intervalle fermé Δ de longueur l indépendamment les unes des autres, et sont modélisées comme la réalisation d'un processus de Poisson homogène $\boldsymbol{q}$, de densité $\lambda \in \mathbb{R}_+$ uniforme sur Δ. Le nombre total d'impulsions sur l'intervalle Δ, noté $N(\Delta)$, suit la loi de Poisson :

$$\Pr\left[N(\Delta) = p\right] = \frac{\lambda^p l^p}{p!}\, e^{-\lambda l}. \tag{I.22}$$

La densité λ commande la probabilité d'apparition des impulsions, et $\boldsymbol{q}$ définit cette fois un ensemble non ordonné de points.

– la variable $(\boldsymbol{s} \mid \boldsymbol{q})$ représente comme pour le modèle BG les amplitudes des impulsions localisées par $\boldsymbol{q}$. Elle suit la loi $\mathcal{N}(0,\, \sigma^2)$.

Comme dans le modèle BG, la phase de détection est intégrée lors de l'estimation de $\boldsymbol{q}$. Par ailleurs, les estimateurs du MAPM et du MAP sont également retenus pour respectivement, localiser les fréquences des sinusoïdes et en estimer les amplitudes.

Stratégies « totalement bayésiennes » Plusieurs contributions [Bretthorst, 1990a,b; Dou et Hodgson, 1995, 1996; Andrieu et Doucet, 1999] s'inscrivent dans un cadre « totalement bayésien », qui consiste à probabiliser tous les paramètres, y compris la variance inconnue du bruit [12]. Cette approche permet d'estimer tous les paramètres, ou d'intégrer hors du problème une partie de ceux-ci (les paramètres de *nuisance*).

Le modèle *a priori* est en général défini en trois temps. Tout d'abord la loi de $(\boldsymbol{a}_p \mid p,\, \boldsymbol{\nu}_p)$ est supposée gaussienne et centrée. Ensuite, une distribution *a priori* uniforme sur $[0,\, 1[^p$ est assignée aux fréquences $\boldsymbol{\nu}_p$ conditionnellement à p. Enfin, suivant les approches, un *a priori* non informatif uniforme [Bretthorst, 1990b; Dou et Hodgson, 1996] ou au contraire une distribution de type Poisson tronquée [Andrieu et Doucet, 1999] sont retenus pour p.

Sur le plan algorithmique, des techniques d'échantillonnage stochastique (échantillonneur de Gibbs [Geman et Geman, 1984; Winkler, 1995], algorithme de Metropolis et al. [1953], [Hastings, 1970]) sont exploitées pour la simulation des lois *a posteriori* et le calcul des estimateurs bayésiens.

La démarche d'Andrieu et Doucet [1999] semble la plus robuste à faible nombre d'observations parce qu'elle est *globale* : elle repose sur l'échantillonnage de la loi *a posteriori* jointe $p(p,\, \boldsymbol{\theta}_p \mid \boldsymbol{y})$, ce qui assure une réelle coopération entre les phases de détection (choix de p) et de localisation (estimation de $\boldsymbol{\nu}_p$). L'ordre p est alors estimé par le MAPM, qui nécessite de calculer $p(p \mid \boldsymbol{y})$: cette phase requiert un coût de calcul important et est réalisée à l'aide d'une méthode MCMC (pour Monte-Carlo par Chaînes de Markov) à *sauts réversibles* [Green, 1995]. Pour ce qui concerne les paramètres $\boldsymbol{\theta}_p$, ils sont estimés au sens de la MP, comme dans la plupart des stratégies « totalement bayésiennes » [Higdon et al., 1997; Weir, 1997; Fayolle, 1998].

Les techniques bayésiennes présentées offrent une meilleure robustesse en détection que les approches HR classiques, vis-à-vis de la diminution du nombre de données. Toutefois, le prix à payer pour obtenir ces performances est celui d'une augmentation significative du coût de calcul. Dans le but d'alléger la charge calculatoire, des alternatives ont été

12. Pour ce type de paramètre d'échelle, on considère en général une loi inverse gamma parce qu'elle correspond à la loi conjuguée d'une vraisemblance gaussienne pour les observations.

développées récemment, soit directement dans le contexte de l'analyse de raies [Fuchs, 1997; Sacchi et al., 1998; Moal et Fuchs, 1999], soit pour l'estimation de temps d'arrivées d'un signal subissant des multi-trajets [Fuchs, 1999c]. Elles établissent un compromis entre la difficulté du problème résolu et la capacité à restaurer une *bonne* solution *i.e.,* un spectre de raies. Dans la mesure où ces approches vont servir de base à notre formulation du problème, elles sont maintenant évoquées.

I.3.3 Approches déterministes non-paramétriques

I.3.3.1 Problème inverse indéterminé

Le problème de l'analyse de raies a été abordé jusqu'à présent en considérant une phase de détection, préalable ou parfois simultanée aux phases de localisation et d'estimation. Deux simplifications essentielles de la problématique initiale sont introduites dans [Fuchs, 1997; Sacchi et al., 1998]. La première consiste à renoncer, au moins dans un premier temps, à l'étape de détection. Ce choix est explicite dans [Fuchs, 1997], alors qu'il apparaît indirectement dans [Sacchi et al., 1998], pour tendre vers la « haute résolution ». La seconde simplification repose sur l'élimination de la non linéarité vis-à-vis des fréquences. La solution retenue dans [Fuchs, 1997] consiste à discrétiser l'axe fréquentiel sur P points avec $P \gg N$ pour séparer des raies plus proches qu'une résolution de Fourier :

$$[0,\, 1[^p \quad \stackrel{\text{discrétisation}}{\longrightarrow} \quad \mathcal{G}^p \triangleq \{0,\, \ldots,\, l/P,\, \ldots,\, 1-1/P\}^p\,.$$

En première approximation, cela revient à faire l'hypothèse que toutes les fréquences ν_k des sinusoïdes coïncident exactement avec une des fréquences discrètes de la grille :

$$\forall\, k=1,\, \ldots,\, p: \;\exists\, l_k \in \mathbb{N}_P = \{0,\, \ldots,\, P-1\} \quad | \quad \nu_k = l_k/P.$$

Le nouveau modèle d'observation s'écrit

$$\boldsymbol{y} = W_{NP}\boldsymbol{X} + \boldsymbol{b} \tag{I.23}$$

où W_{NP} est la matrice de Fourier de taille $N \times P$, et $\boldsymbol{X}$ est défini par :

$$\forall\, l=1,\, \ldots,\, P, \quad X_l = \begin{cases} a_k & \text{si } \nu_k = l_k/P \\ 0 & \text{sinon.} \end{cases}$$

Ces deux simplifications ont pour conséquence de rendre la relation (I.23) linéaire en paramètres puisque le problème à résoudre devient celui de l'estimation de $\boldsymbol{X}$, dont le vecteur des modules au carré (noté $|\boldsymbol{X}|^2$ pour simplifier) définit l'estimateur du spectre de puissance. Avant d'aborder ce problème, signalons qu'une technique d'interpolation linéaire est proposée dans [Moal et Fuchs, 1999] pour estimer des fréquences de sinusoïdes qui ne sont pas positionnées sur $\mathcal{G}$.

L'inversion de la relation (I.23) ne peut plus être abordée comme un problème d'identification paramétrique, parce qu'il existe une infinité de solutions au problème des moindres carrés

$$\arg\min_{\boldsymbol{X}} \left\{ \mathcal{Q}(\boldsymbol{X}) = \|\boldsymbol{y} - W_{NP}\boldsymbol{X}\|^2 \right\}, \tag{I.24}$$

ou d'ailleurs, à tout autre problème de régression robuste [Huber, 1981; Rey, 1983]. Ce problème apparaît donc indéterminé : sur la seule base des N données on ne peut identifier P paramètres pour $P > N$. La modélisation décrite ici correspond aussi à celle retenue dans [Dublanchet, 1996] pour réinterpréter l'analyse de raies comme un problème de déconvolution de la *transformée de Fourier discrète*. L'inversion de (I.23) est donc un problème *mal-posé*, qu'il convient de régulariser.

I.3.3.2 Nécessité d'un modèle parcimonieux

L'approche retenue par [Fuchs, 1997; Sacchi et al., 1998] s'inscrit dans le cadre des méthodes de critère (régularisation *déterministe* au sens de Tikhonov et Arsenin [1977]). Il s'agit de définir une solution $\widehat{\boldsymbol{X}}$ comme le minimiseur d'un critère pénalisé :

$$\begin{aligned} \widehat{\boldsymbol{X}} &= \arg\min_{\boldsymbol{X}} \left[\mathcal{J}(\boldsymbol{X}) = \mathcal{Q}(\boldsymbol{X}) + \lambda \mathcal{R}(\boldsymbol{X}) \right], \quad \lambda > 0 \qquad \text{(I.25)} \\ \text{avec } \mathcal{R}(\boldsymbol{X}) &= \sum_{l=1}^{P} \varphi(|X_l|^2), \quad R_0(X_l) = \varphi(|X_l|^2) \end{aligned}$$

Le choix de cet estimateur permet d'établir un lien direct avec le MAP. Cette interprétation bayésienne est d'ailleurs disponible dans [Sacchi et al., 1998]. Le terme $\mathcal{R}$ est une fonction de pénalisation, dans laquelle le choix de $R_0 : \mathbb{R}_+ \to \mathbb{R}$ repose sur un principe de parcimonie, privilégiant la structure impulsionnelle du spectre. Nous dirons dans la suite que $\mathcal{R}$ est *circulaire* lorsqu'elle porte une information sur le spectre de puissance $|\boldsymbol{X}|^2$ ou plus généralement sur $|\boldsymbol{X}|$.

Fuchs [1997, 1999c] préconise l'utilisation de la norme l_1 pour $\mathcal{R}$ c'est-à-dire $R_0(x) = |x|$. La norme l_1 garantit la convexité (au sens large) de $\mathcal{R}$ sur $\mathbb{C}^P$. L'unicité de $\widehat{\boldsymbol{X}}$ est toutefois assurée [Fuchs, 1997]. Néanmoins, cette pénalisation présente l'inconvénient d'être non différentiable en zéro. Pour minimiser $\mathcal{J}$, on ne peut procéder à l'aide d'une technique standard de gradient ; la solution retenue dans [Fuchs, 1997] est de recourir à une classe d'algorithmes de programmation quadratique [Bertsekas, 1995], qui travaille sur l'équivalent contraint de (I.25). Des alternatives pour minimiser ce type de critères sont disponibles dans l'annexe A.

Sacchi et al. [1998] raisonnent de manière différente. Ils montrent d'abord que le choix de la norme l_2 conduit à une solution *basse résolution* puisque proportionnelle au périodogramme discrétisé. Cette démonstration a par ailleurs été étendue au cas de l'estimation à fréquence continue dans [Giovannelli et Idier, 1999]. Finalement, Sacchi et al. [1998] retiennent le potentiel $R_0(x) = \ln(1 + |x|^2/\tau^2)$ non convexe sur $\mathbb{R}$, qui procure à la solution attendue la structure impulsionnelle, mais ne garantit pas l'unicité de $\widehat{\boldsymbol{X}}$. Nous proposons dans la suite d'autres choix de fonctions R_0, convexes, continûment différentiable (C^1), et ayant un pouvoir haute résolution. Nous étendons par ailleurs la définition (I.25) de $\widehat{\boldsymbol{X}}$ au cadre de l'estimation d'un spectre à fréquence continue.

L'abandon de l'opération de détection, c'est-à-dire d'une étape de prise de décision conduit à l'apparition de pics parasites dus à la fois au bruit et au manque d'information des données [Sacchi et al., 1998]. Dans [Fuchs, 1997; Moal et Fuchs, 1999], elle est toutefois rétablie par comptage d'éléments non nuls de $\boldsymbol{X}$, ce qui n'est convaincant qu'en présence de beaucoup d'observations. Dans le présent contexte, cette étape pourrait être rétablie en choisissant la fonction *quadratique tronquée* [Blake et Zisserman, 1987] $\varphi(x) = \min(x^2/2, 1)$. Ce potentiel étant non convexe, le problème de non unicité de $\widehat{\boldsymbol{X}}$ réapparaît.

Finalement, par simplifications successives du problème initial de localisation de raies, il est possible de reconstruire des spectres impulsionnels par minimisation d'un critère convexe, y compris dans le contexte temps-court. Notons que ces solutions peuvent comporter un certain nombre de raies parasites si en particulier, un bruit structuré se mélange aux vraies sinusoïdes. Sans recourir à une phase de détection, une solution permettant de concurrencer les approches de bayésiennes décrites précédemment serait d'estimer correctement les composantes spectrales ne correspondant pas à des raies, dans le même cadre méthodologique que celui retenu pour celles-ci.

I.3.4 Conclusion

À la lumière de cette étude, il apparaît que les classes de méthodes d'estimation en temps-court de spectres réguliers ne sont pas celles préconisées pour la caractérisation de raies spectrales en milieu bruité. Notons néanmoins que Moal et Fuchs [1999] proposent une approche *unificatrice* puisqu'elle tient compte d'une coloration inconnue du bruit $\boldsymbol{b}$ apparaissant dans (I.23), en modélisant celui-ci comme un processus ARMA. Néanmoins, les performances se dégradent à faible nombre d'observations puisqu'il faut simultanément estimer les paramètres des sinusoïdes et ceux du modèle de bruit.

Une contribution majeure de ce document est justement de proposer un cadre dans lequel se formulent à la fois les problèmes d'estimation d'un spectre

(a) régulier

(b) impulsionnel

(c) mélangé, c'est-à-dire composé des deux formes précédentes.

Nous donnons les grandes lignes de cette formulation dans la dernière section de ce chapitre, dont l'application aux problèmes de restauration de (a)-(c) fait l'objet du chapitre II.

I.4 Cadre unifié pour l'estimation spectrale régularisée

Les résultats présentés dans cette section sur l'interprétation pénalisée des périodogrammes classique et fenêtré peuvent être trouvés dans [Idier et al., 1997; Giovannelli et

Idier, 1999]. Pour la forme standard, ils sont toutetefois connus depuis longtemps.

I.4.1 Synthèse de Fourier ou extrapolation de signal

Le problème de l'estimation d'un spectre à fréquence continue peut être reformulé comme un problème de synthèse de Fourier

$$\begin{aligned} &\text{Trouver} && X(\nu) \in L^2_{\mathbb{C}}[0,1] && \nu \in [0,1], \\ &\text{t.q.} && x_n = y_n && n \in \mathbb{N}_N = \{0, \ldots, N-1\} && \text{(I.26)} \\ &\text{avec} && x_n = \int_0^1 X(\nu)\, e^{2j\pi\nu k}\, \mathrm{d}\nu, && && \text{(I.27)} \end{aligned}$$

les échantillons de la série temporelle *déterministe* partiellement observée à travers les données $\boldsymbol{y} = [y_0, \ldots, y_{N-1}]^{\mathrm{t}} \in \mathbb{C}^N$. Ici $L^2_{\mathbb{C}}[0,1]$, noté L^2 dans la suite, est l'espace des fonctions à valeurs complexes, de carré sommable et périodique de période unité. Dans la suite, nous notons $\boldsymbol{x}_N = [x_0, \ldots, x_{N-1}]^{\mathrm{t}}$ les échantillons temporels vérifiant (I.27). Il est important de mentionner que les données apparaissant dans (I.26) ne contiennent aucun « bruit », au sens où la formulation non-paramétrique adoptée considère que les données $\boldsymbol{y}$ ne contiennent que de l'information utile pour caractériser un spectre de puissance. Cela signifie que s'il y a en pratique du bruit « de fond », blanc ou coloré, nous allons estimer son spectre tout comme celui des raies.

L'objet du problème est plutôt d'estimer $|X(\nu)|^2$, quantité homogène à une distribution d'énergie. Le problème ainsi posé ne se formule plus dans le cadre statistique présenté en section I.1 puisqu'il n'est plus question d'estimer et d'extrapoler la corrélation d'un processus observé sur un horizon fini. Il s'agit plutôt d'un problème d'*extrapolation* de signal.

I.4.2 Solution inverse généralisée

Cette formulation *continue-discrète* rend impossible l'identification de $X(\nu)$ sur la seule base des observations $\boldsymbol{y}$ puisque ces dernières sont en nombre fini ; le problème est donc mal-posé puisqu'une nouvelle fois indéterminé : tous les prolongements de la suite $\boldsymbol{y}$ qui assurent la convergence de la série de Fourier $X(\nu) = \sum_{k\in\mathbb{Z}} x_k \exp(-2j\pi k\nu)$ sont acceptables puisque compatibles avec les données expérimentales. Pour lever cette indétermination, la littérature du domaine de l'extrapolation de signaux à temps discret ét à bande limitée [13] nous suggère de retenir la solution *inverse généralisée*, c'est-à-dire la solution de norme *minimale* d'un critère de moindres carrés [Jain et Ranganath, 1981; Sanz et Huang, 1983, 1984; Sanz, 1984].

13. Même en connaissant le support spectral du signal recherché, l'extrapolation d'un signal à temps discret et à bande limitée demeure un problème indéterminé, contrairement au cas continu où des solutions existent pour annuler l'erreur d'extrapolation [Gerchberg, 1974; Papoulis, 1975].

En suivant cette idée, mais sans faire d'hypothèse sur l'occupation spectrale du signal à analyser, cette solution est obtenue ici en résolvant

$$\min_{x \in l^2} \sum_{n \in \mathbb{Z}} |x_n|^2 \quad \text{s.c.} \quad \boldsymbol{x}_N = \boldsymbol{y}.$$

où $s.c.$ désigne sous-contraintes. Notons $\widehat{x}^{IG}$ cette solution ; elle est explicite puisque le problème se sépare : $\widehat{x}_n^{IG} = y_n$ pour $n \in \mathbb{N}_N$; $\widehat{x}_n^{IG} = 0$ sinon. D'après le théorème de Placherel-Parseval, la transformée de Fourier à temps discret de $\widehat{x}^{IG}$ s'identifie à la solution inverse généralisée de (I.26) définie par

$$\widehat{X}^{IG}(\nu) = \arg\min_{X(\nu) \in L^2} \int_0^1 |X(\nu)|^2 \, \mathrm{d}\nu \quad \text{s.c.} \quad \boldsymbol{x}_N = \boldsymbol{y}.$$

On a donc

$$\widehat{X}^{IG}(\nu) = \sum_{n=0}^{N-1} y_n \, e^{-2j\pi\nu n}$$

qui donne après quadration, le *périodogramme* discrétisé, à un coefficient près :

$$\widetilde{P}(\nu) \triangleq \frac{1}{N} \left| \sum_{n=0}^{N-1} x_n \, e^{-2j\pi\nu n} \right|^2 = \frac{1}{N} |X(\nu)|^2 .$$

Lorsque l'on considère des PCSL, la formulation proposée admet une interprétation statistique, celle du périodogramme établie en section I.1. Toutefois, comme nous l'avons vu, à faible nombre d'observations, il ne faut pas retenir cette solution pour lever l'indétermination du problème (I.26). C'est également ce qu'observe Kolba et Parks [1983], ou Potter et Arun [1989]. En supposant connues des informations sur la distribution d'énergie du signal dans le domaine temporel, ces auteurs montrent que la prise en compte de cette connaissance améliore significativement l'extrapolation, ainsi que l'estimation du spectre.

I.4.3 Interprétation pénalisée

En vertu de la relation de passage (multiplicateurs de Lagrange) entre une formulation contrainte et son *équivalent* pénalisé, la solution

$$\widehat{X}^{\lambda}(\nu) = \arg\min_{X \in L^2_{\mathbb{C}}[0,1]} \|\boldsymbol{x}_N - \boldsymbol{y}\|^2 + \lambda \int_0^1 |X(\nu)|^2 \, \mathrm{d}\nu, \qquad \lambda > 0 \tag{I.28}$$

a pour limite $\widehat{X}^{IG}$ lorsque $\lambda \to 0^+$ puisque

$$\widehat{X}^{\lambda}(\nu) = \frac{\widehat{X}^{IG}(\nu)}{1+\lambda}. \tag{I.29}$$

Le périodogramme s'interprète donc comme la limite du carré du module de la solution d'un problème de moindre carrés régularisés, à un coefficient près. Par ailleurs, il faut noter que pour un paramètre λ fixé, les échantillons temporels associés à $\widehat{X}^\lambda(\nu)$ par (I.27) ne vérifient pas exactement (I.26). Ce problème n'étant plus formulé sous contraintes, les échantillons temporels $\widehat{x}^\lambda$, associés à $\widehat{X}^\lambda(\nu)$, ne satisfont plus exactement les données $\boldsymbol{y}$ sur la fenêtre d'observation. Un terme de moindres carrés maintient toutefois un critère de fidélité aux données.

I.4.4 Spectres impulsionnels

L'interprétation (I.28)-(I.29) permet de faire le lien avec les approches déterministes évoquées au § I.3.3, dans le cadre de l'analyse de raies. C'est d'ailleurs dans ce cadre que se présente la contribution de [Sacchi et al., 1998] pour l'estimation à fréquence discrète de spectres impulsionnels. Ici, il est possible de reconstruire un spectre impulsionnel à *fréquence continue*, en retenant une pénalisation circulaire (fonction du module) plus résolvante que la norme L^2. La norme L^1 paraît bien adaptée, ainsi que la fonctionnelle

$$\mathcal{R}(|X|) = \int_0^1 R_0\left(|X(\nu)|\right) \mathrm{d}\nu,$$

définie à partir d'une fonction convexe $R_0(x)$, croissant moins vite à l'infini que x^2, pour favoriser l'apparition de raies. Un point clé des développements du chapitre II pour la restauration de spectres impulsionnels va concerner la détermination de conditions *nécessaires et suffisantes* de convexité de $\mathcal{R}(|X|)$ vis-à-vis de X. En effet, la convexité de R_0 n'implique pas celle de $R_0(|.|)$.

Sous réserve d'unicité établie au chapitre II, le spectre complexe solution est défini par

$$\widehat{X}^\lambda(\nu) = \underset{X \in L^2}{\arg\min} \left[\mathcal{J}(X) = \|\boldsymbol{x}_N - \boldsymbol{y}\|^2 + \lambda \mathcal{R}(|X|)\right], \tag{I.30}$$

et par quadration nous obtenons l'estimateur du spectre de puissance $\widehat{X}^\lambda(\nu)$.

La mise en œuvre pratique va résulter d'une discrétisation du critère $\mathcal{J}$ sur une grille fréquentielle régulière. Notons $\mathcal{J}^{(h)}$ la version discrétisée de $\mathcal{J}$ à la résolution $h = 1/P$ et $\widehat{\boldsymbol{X}}_h^\lambda \in \mathbb{C}^P$ le vecteur minimisant $\mathcal{J}^{(h)}$, deux questions d'asymptotique se posent alors :

(i) la convergence dans L^2 de $\sum_p \widehat{X}_p^\lambda \chi_{[ph,\,(p+1)h]}(p\,h)$ vers $\widehat{X}^\lambda(\nu)$ lorsque $h \to 0$ si l'on note $\chi_D(x)$, la fonction indicatrice du domaine D ;

(ii) les propriétés statistiques asymptotiques (biais, variance) de l'estimateur $\widehat{\boldsymbol{X}}_h^\lambda$ lorsque le nombre de données $N \to +\infty$.

La première question n'a pas été abordée dans le cadre de cette thèse, toutefois dans un cas convexe comme celui qui nous occupe, il nous semble raisonnable de penser qu'elle puisse être établie à partir des éléments suivants :

- la suite des critères convexes discrétisés $\mathcal{J}^{(h)}$ vérifie : $\lim_{h\to 0} \mathcal{J}^{(h)} = \mathcal{J}$;
- chaque minimiseur $\widehat{\boldsymbol{X}}_h^\lambda$ est unique ;
- la fonction minimisante $\widehat{X}^\lambda(\nu)$ est unique.

Par ailleurs, il semble que les outils de la Γ-convergence soient adaptés à cette démonstration [Chambolle et Dal Maso, 1999].

La seconde question sera en partie abordée à l'annexe C, mais l'essentiel de nos travaux portent sur l'estimation en temps-court.

Nous nous intéressons maintenant à la prise en compte dans ce même cadre d'une information de douceur spectrale. La solution développée dans la suite de ce document repose sur l'interprétation pénalisée du périodogramme fenêtré.

I.4.5 Périodogramme fenêtré

L'interprétation du périodogramme standard passant par la minimisation d'un critère pénalisé a été étendue au cas des périodogrammes *fenêtrés* dans [Idier et al., 1997; Giovannelli et al., 2000]. Rappelons que ces derniers s'obtiennent sous la forme :

$$\widetilde{P}_{\omega}(\nu) \triangleq \frac{1}{N} \left| \sum_{n=0}^{N-1} \omega_n y_n \, e^{-2j\pi\nu n} \right|^2$$

où $\boldsymbol{\omega} = [\omega_0, \ldots, \omega_{N-1}]^{\mathrm{t}}$ est une fenêtre temporelle de forme précise pour réduire la variance du périodogramme au détriment de sa résolution (voir [Marple, 1987, pp. 136–144] pour un exposé complet sur les différents types de fenêtres et leurs propriétés). Le résultat établi est le suivant.

Sur la base des développements présentés au § I.2.4, un mesure fonctionnelle de douceur spectrale, proche de (I.9), est définie par

$$\mathcal{R}_Q(X) = \int_0^1 \sum_{q=0}^{Q} \alpha_q \left| \frac{\mathrm{d}^q X}{\mathrm{d}\nu^q}(\nu) \right|^2 \mathrm{d}\nu \tag{I.31}$$

sur l'espace de Sobolev $H^Q_{\mathbb{C}}[0,\,1] = H^Q \subset L^2$ ($H^0 = L^2$), où les coefficients $\alpha_q \in \mathbb{R}_+$. La fonctionnelle $\mathcal{R}_Q$ mesure les variations des dérivées d'une fonction de ν. Toutefois, tout comme pour (I.9), il ne s'agit pas exactement d'une mesure de douceur spectrale puisqu'elle n'est pas fonction d'une distribution *positive* comme $|X(\nu)|^2$ ou $|X(\nu)|$ mais de la quantité complexe $X(\nu)$. Autrement dit, par cette approche on introduit une information sur les phases qui ne correspond pas à la connaissance *a priori* disponible. Après présentation du résultat liant un périodogramme fenêtré et un minimiseur de critère pénalisé par $\mathcal{R}_Q$, nous donnons une motivation essentielle de cette thèse, la construction de « vraies » mesures de douceur spectrale.

En définissant

$$\widehat{X}^{\lambda}_{\omega}(\nu) = \underset{X \in H^Q}{\arg\min} \left[\mathcal{J}(X) = \|\boldsymbol{x}_N - \boldsymbol{y}\|^2 + \lambda \mathcal{R}_Q(X) \right], \tag{I.32}$$

on montre que $\widehat{X}^{\lambda}_{\omega}(\nu)$ vérifie

$$\widehat{X}^{\lambda}_{\omega}(\nu) = \sum_{n=0}^{N-1} \omega_n y_n \, e^{-2j\pi\nu n} \tag{I.33}$$

où les coefficients de la fenêtre ω satisfont

$$\omega_n = 1/(1 + \lambda e_n)$$

pour

$$e_n = \sum_{q=0}^{Q} \alpha_q (2\pi n)^{2q}, \qquad n \in \mathbb{N}_N.$$

Autrement dit, on obtient

$$\widetilde{P}_\omega(\nu) = |\widehat{X}_\omega^\lambda(\nu)|^2/N,$$

ce qui là encore confère une interprétation statistique, celle du périodogramme fenêtré, à la formulation synthèse de Fourier si l'on modélise les données comme un fragment de trajectoire d'un PCSL. Plusieurs exemples ont été proposés dans [Idier et al., 1997; Giovannelli et Idier, 1999] pour relier notamment une pénalisation $\mathcal{R}_Q$ de la dérivée première ($Q = 1$, $\alpha_0 = 0$, $\alpha_1 = 1$ soit $\omega_n = 1/(1 + 4\pi^2 n^2 \lambda)$) avec une fenêtre de Cauchy.

I.4.6 Spectres réguliers

Les extensions non quadratiques directes du périodogramme fenêtré, qui consistent à remplacer dans (I.31) $|.|^2$ par une fonction R_1 paire, convexe et du type de R_0, ne fournissent pas davantage une mesure satisfaisante de douceur spectrale. C'est la raison pour laquelle, nous nous intéressons dans cette thèse à des pénalisations circulaires de Gibbs-Markov [Geman et Geman, 1984; Bouman et Sauer, 1993] des dérivées de $|X(\nu)|$:

$$\mathcal{R}_Q(|X|) = \int_0^1 \sum_{q=0}^{Q} \alpha_q R_q\left(\frac{d^q}{d\nu^q}|X(\nu)|\right) \mathrm{d}\nu, \tag{I.34}$$

où les potentiels R_q sont convexes, et pas tous identiques nécessairement. Le choix de ($Q = 1$, $\alpha_0 = 0$, $\alpha_1 = 1$) conduit à mesurer les fluctuations de la dérivée première uniquement. Il semble particulièrement simple et bien adapté à la restauration de zones spectrales régulières. Toutefois, même pour une fonction R_1 convexe, la fonction $R_1(\mathrm{d}|X(\nu)|/\mathrm{d}\nu)$ n'a aucune garantie de convexité vis-à-vis de X : nous donnons les justifications au théorème 2 du chapitre II pour le cas discret. Par conséquent, l'existence d'un minimiseur dans L^2 n'est pas assurée.

Une partie importante de ce travail consiste à étudier s'il existe des mesures de douceur spectrale convexes. Les motivations sont d'une part la garantie d'existence et d'unicité du minimiseur défini par (I.32) et (I.34), et d'autre part la simplification de la phase d'optimisation de $\mathcal{J}$. Compte tenu de la difficulté du problème, nous restreignons notre étude au cas ($Q = 1$, $\alpha_0 = 1$, $\alpha_1 = \mu$), où $\mu \in \mathbb{R}_+^*$. Le terme de régularisation séparable R_0 a pour vocation de « convexifier » la pénalisation $\mathcal{R}_Q$; cette solution établit donc un compromis sur la douceur restituée puisque R_0 favoriser les composantes impulsionnelles.

Ce problème a d'abord été abordé sous forme discrétisée, puis par passage à la limite lorsque le pas h tend vers zéro. Des résultats originaux sur la convexité des fonctions *circulaires* sont établis au chapitre II pour le cas discret. Ils permettent d'assurer que la pénalisation définie à la résolution $h = 1/P$, par

$$\mathcal{R}(|\boldsymbol{X}_h|) = h \sum_{p=0}^{P-1} \left[R_0(|X_p|) + \mu R_1 \left(\frac{|X_{p+1}| - |X_p|}{h} \right) \right]$$

est convexe sous une certaine condition fonction de h, du choix de R_0 et de μ. Toutefois les résultat de l'annexe II.E présenté à la fin du chapitre II montre que cette condition dégénère en imposant $\mu = 0$, lorsque $h \to 0$. Autrement dit, l'existence de $\widehat{X}^{\lambda}(\nu)$ pour $\mu > 0$ n'est pas garantie. C'est une raison suffisante pour ne pas adopter en pratique une stratégie multirésolution qui consiste à rechercher sur une suite de grilles fréquentielles « emboîtées » un spectre régulier, si l'on tient à conserver un critère convexe.

Dans les développements qui suivent, en 1-D au chapitre II comme en 2-D aux chapitres IV et V, notre point de vue consiste à considérer uniquement le cadre discret. Nous analysons notamment l'effet de la contrainte de convexité sur la régularité du spectre reconstruit.

I.4.7 Conclusion

Dans ce chapitre, nous avons mis en évidence qu'il était possible de considérer les deux problèmes d'estimation envisagés dans cette thèse, au sein d'un même cadre, celui de la synthèse de Fourier. L'objet de la suite est d'etendre cette formulation pour reconstruire des spectres mélangés.

CHAPITRE II

HIGH-RESOLUTION SPECTRAL ESTIMATION USING A CIRCULAR GIBBS-MARKOV MODEL

Philippe CIUCIU, Jérôme IDIER, and Jean–François GIOVANNELLI [1]

Abstract: Formulated as a linear inverse problem, spectral analysis is particularly underdetermined when only short data sets are available. Regularization by penalization is an appealing nonparametric approach to such ill-posed problems. Following Sacchi *et al.* [Sacchi et al., 1998], we first address line spectra recovering in this framework. Then, we extend the methodology to situations of increasing difficulty: the case of smooth spectra, and the case of *mixed* spectra, *i.e.*, peaks embedded in smooth spectral contributions. The practical stake of the latter case is very high since it encompasses many problems of target detection and localization from remote sensing.
The stress is put on adequate choices of penalty functions: following [Sacchi et al., 1998], *separable* functions are retained to retrieve peaks, whereas Gibbs-Markov potential functions are introduced to encode spectral smoothness. Finally, mixed spectra are obtained from the conjunction of contributions, each one bringing its own penalty function.
Spectral estimates are defined as minimizers of strictly convex criteria. In the cases of smooth and mixed spectra, we obtain nondifferentiable criteria. We adopt a *graduated nondifferentiability* approach to compute an estimate. The performances of the proposed techniques are tested using Kay and Marple reference data set [Kay and Marple, 1981].
Keywords: Spectral analysis; regularization; high-resolution; spectral smoothness; mixed spectra.

II.1 Introduction

THE PROBLEM of spectral analysis has been receiving considerable attention in the signal processing community since it arises in various fields of engineering and applied physics, such as spectrometry, geoscience [Sacchi et al., 1998], biomedical Doppler echography [Giovannelli et al., 1996], radar, etc. In particular, our primary field of interest is short-time estimation of atmospheric sounding or wind profiling, possibly superimposed on a small set of targets, from radar Doppler data [Sauvageot, 1982].

1. *Submitted to* IEEE Transaction on Signal Processing. Philippe CIUCIU, Jérôme IDIER and Jean–François GIOVANNELLI (emails: name@lss.supelec.fr) are with the Laboratoire des Signaux et Systèmes (CNRS – SUPÉLEC – UPS) SUPÉLEC, Plateau de Moulon, 91192 Gif-sur-Yvette Cedex, France.

A survey of classical methods for spectral analysis can be found in [Kay and Marple, 1981]. When the problem at hand is the restoration of *smooth spectra* (SS), basic nonparametric methods based on discrete Fourier transform (DFT) such as periodograms are often taken up. Such techniques usually involve a windowing or an averaging step which requires a sufficiently large data set. By contrast, estimation of *line spectra* (LS) is more often dealt with parametric methods, such as Pisarenko's harmonic decomposition [Pisarenko, 1973], Prony's approaches [Hildebrand, 1956; McDonough and Huggins, 1968], or autoregressive (AR) methods [Ulrych and Clayton, 1976; Kay and Marple, 1981; Kay, 1988]. These techniques are known for their ability to separate close harmonics. Consequently, they are referred to as *high-resolution* methods [Kay and Marple, 1981].

In the more difficult case of *mixed spectra* (MS), *i.e.,* small sets of harmonics embedded in smooth spectral components, no satisfying techniques exist according to [Kay and Marple, 1981; Marple, 1987; Kay, 1988]. The main aim of the present paper is to contribute to fill the gap, within a nonparametric framework related to a recent contribution due to Sacchi *et al.* [Sacchi et al., 1998]. One important conclusion drawn in the latter was that enhanced nonparametric methods can reach high-resolution, which somewhat contradicts the state of the art sketched in [Kay and Marple, 1981].

Following [Sacchi et al., 1998], we relate the unknown spectral amplitudes to the available observations through DFT, and the number of Fourier coefficients to be estimated is larger than the length of the data sequence. The current problem is therefore underdetermined. Then, we resort to regularization by penalization to balance the lack of information provided by data with an available prior knowledge, such as spikyness or spectral regularity.

Three penalty functions are designed for solving the LS, SS and MS issues, respectively (see Section II.3). Following [Sacchi et al., 1998], a *separable* function is retained for line spectra (Subsection II.3.2). To deal with smooth spectra estimation, our construction is inspired by Gibbs-Markov edge-preserving models for image restoration [Künsch, 1994; Brette and Idier, 1996; Charbonnier et al., 1997] (see Subsection II.3.3). Finally, mixed spectra are obtained from the conjunction of contributions, each one bringing its own penalty function (Subsection II.3.4).

In all cases, the spectral estimate is defined as the minimizer of a strictly convex criterion, which is chosen nonquadratic to avoid oversmoothing effects [Sacchi et al., 1998; Giovannelli and Idier, 1999]. In the cases of smooth and mixed spectra, we obtain a nondifferentiable criterion, and we adopt a *graduated nondifferentiability* approach to perform the practical computation of an estimate. Practical computation of spectral estimates is tackled in Section II.4. Finally, the performances of our spectral estimates are tested in Section II.5 using a reference data set proposed by Kay and Marple [Kay and Marple, 1981]. Concluding remarks and perspectives are drawn in Section II.6.

In the general setting of the paper, complex discrete data are processed to estimate spectral coefficients for normalized frequencies between 0 and 1. In the case of real data, it is shown in Appendix II.D that the estimated spectra are even *by construction.*

II.2 Problem statement

Following contributions such as [Cabrera and Parks, 1991; Sacchi et al., 1998], we formulate spectral analysis as a linear underdetermined inverse problem. Given discrete time observations $\boldsymbol{y} = [y_0, y_1, \ldots, y_{N-1}]^{\mathrm{t}}$, the goal is to recover the energy distribution of data between frequencies 0 and 1. The harmonic frequency model is usually considered for this task. In such a model, the distribution of spectral amplitudes $X(\nu)$ is continuous with respect to (w.r.t.) frequencies ν. Then, the inverse discrete-time Fourier transform links the unknown spectral function $X(\nu) \in L^2_{\mathbb{C}}[0,1]$ to a complex time series $(x_n)_{n\in\mathbb{Z}}$ (of finite energy) according to

$$x_n = \int_0^1 X(\nu)\, e^{2j\pi\nu n}\, d\nu,\ n \in \mathbb{Z}. \tag{II.1}$$

The time series $(x_n)_{n\in\mathbb{Z}}$ is partially observed:

$$x_n = y_n, \qquad n \in \mathbb{N}_N \triangleq \{0, 1, \ldots, N-1\}.$$

Within this setting, spectral estimation amounts to extrapolating the time series $(x_n)_{n\in\mathbb{Z}}$ outside the observation window [Sacchi et al., 1998]. Such an approach departs from the statistical formulation, which consists in estimating a power spectral density function, *i.e.*, the Fourier transform of the correlation function of an underlying second order stationary process.

Akin to [Sacchi et al., 1998], a discrete approximation of (II.1) is considered. It corresponds to the juxtaposition of a large number of sinusoids, say $P \gg N$, at equally sampled frequencies $\nu_p = p/P$, $p \in \mathbb{N}_P$. Then, the discrete counterpart of (II.1) reads

$$y_n = \sum_{p=0}^{P-1} X_p\, e^{2j\pi\nu_p n},\ n \in \mathbb{N}_N, \tag{II.2}$$

where $X_p \in \mathbb{C}$ are unknown spectral amplitudes. Let $w_0 = \exp(2j\pi/P)$, so that $W_{NP} = [w_0^{np}]_{n\in\mathbb{N}_N}^{p\in\mathbb{N}_P}$ is a $N \times P$ Fourier matrix, and an equivalent formulation of (II.2) is

$$\boldsymbol{y} = W_{NP}\boldsymbol{X}, \tag{II.3}$$

where $\boldsymbol{X} = [X_0, X_1, \ldots, X_{P-1}]^{\mathrm{t}}$. Since $N \ll P$, system (II.3) is underdetermined, and there exists an infinite number of solutions. The problem is to incorporate structural information to raise the underdeterminacy in an appropriate manner.

II.3 Methodology

II.3.1 General setting

Sacchi *et al.* [Sacchi et al., 1998] have proposed a penalized approach, where an estimator of spectral amplitudes is defined as

$$\widehat{\boldsymbol{X}} \text{ minimizes } \mathcal{J}(\boldsymbol{X}) \text{ in } \mathbb{C}^P, \tag{II.4}$$

with

$$\mathcal{J} = \mathcal{Q} + \lambda\mathcal{R}, \tag{II.5}$$

$$\mathcal{Q}(\boldsymbol{X}) = \|\boldsymbol{y} - W_{NP}\boldsymbol{X}\|^2, \tag{II.6}$$

and the power spectrum estimator easily deduces as the squared modulus of the components of $\widehat{\boldsymbol{X}}$.

The hyperparameter $\lambda > 0$ controls the trade-off between the closeness to data and the confidence in a structural prior embodied in $\mathcal{R}$. In [Sacchi et al., 1998], it is suggested to choose $\lambda \searrow 0$, (at least in the *accurate data case*), in which case $\widehat{\boldsymbol{X}}$ becomes the constrained minimizer of $\mathcal{R}(\boldsymbol{X})$ subject to (II.3).

In [Sacchi et al., 1998], the chosen penalty function reads

$$\mathcal{R}(\boldsymbol{X}) = \sum_{p=0}^{P-1} \log(1 + |X_p|^2 / 2\tau^2). \tag{II.7}$$

Let us remark that such a function is

– separable, *i.e.,* it is a sum of scalar functions, (II.8a)

– shift-invariant:

$$\mathcal{R}(X_0, X_1, \cdots, X_{P-1}) = \mathcal{R}(X_1, \cdots, X_{P-1}, X_0), \tag{II.8b}$$

– symmetry-invariant:

$$\mathcal{R}(X_0, X_1, \cdots, X_{P-1}) = \mathcal{R}(X_{P-1}, \cdots, X_1, X_0), \tag{II.8c}$$

– circular:

$$\mathcal{R}(X_0, \cdots, X_{P-1}) = \mathcal{R}(|X_0|, \cdots, |X_{P-1}|). \tag{II.8d}$$

The reference [Sacchi et al., 1998] adopts the classical Bayesian interpretation of $\widehat{\boldsymbol{X}}$ as a maximum *a posteriori* estimate. As a random vector, $\boldsymbol{X}$ is given a prior neg-log-density proportional to $\mathcal{R}(\boldsymbol{X})$, which amounts to choosing a product of circular Cauchy density functions as the *a priori* model. In such a probabilistic framework, properties of $\mathcal{R}$ can be restated as properties of the complex random vector $\boldsymbol{X}$: it is white according to (II.8a), stationary according to (II.8b), reversible according to (II.8c), and phases are uniformly distributed according to (II.8d).

Considering a circular model is rather natural, since no phase information is available. Stationarity and reversibility are also fair assumptions, unless some specific frequency domain shape information is known *a priori* (see [Cabrera and Parks, 1991] and references therein). Finally, choosing an independent prior seems justified as far as line spectra estimation is concerned. In the present paper, this framework is generalized to other kinds of spectra. More specifically, a stationary Gibbs-Markov model in the frequency domain will be introduced to incorporate spectral smoothness (see Subsection II.3.3).

From the computational viewpoint, (II.7) may not be the better choice, since $\log(1 + x^2)$ is not a convex function on $\mathbb{R}_+$: $\widehat{\boldsymbol{X}}$ is not necessarily unique, and minimizing (II.5) using a local method such as the *Iterative Reweighted Least Squares* (IRLS) algorithm used in [Sacchi et al., 1998] may provide a local minimizer instead of a global solution. In the present paper, we restrict the choice to *strictly convex* penalty functions $\mathcal{R}$, in order to ensure that $\mathcal{J}$ is also strictly convex. As a consequence, $\mathcal{J}$ admits no local minima. Moreover, the minimizer $\widehat{\boldsymbol{X}}$ is unique and continuous w.r.t. the data [Bouman and Sauer, 1993]; this guarantees the well-posedness of the regularized problem [Tikhonov and Arsenin, 1977]. Finally, many deterministic descent methods (such as gradient-based methods, but also the IRLS algorithm [Yarlagadda et al., 1985; Idier, 1999]) will be ensured to converge toward $\widehat{\boldsymbol{X}}$ if $\mathcal{R}$ is

$$\text{– continuously differentiable } (C^1), \tag{II.9a}$$

$$\text{– strictly convex,} \tag{II.9b}$$

$$\text{– "infinite at infinity", } \textit{i.e.,} \lim_{\|\boldsymbol{X}\| \to \infty} \mathcal{R}(\boldsymbol{X}) = \infty. \tag{II.9c}$$

The construction of penalty functions that fulfill (II.9) forms the guideline of the next three subsections, in the LS, SS and MS cases, respectively.

II.3.2 Line Spectra

We are naturally led to penalty functions $\mathcal{R}_{\text{L}}$ that satisfy (II.8)-(II.9) (the subscript "L" stands for *line*). It is not difficult to see that (II.8) imposes the following form for $\mathcal{R}_{\text{L}}$:

$$\mathcal{R}_{\text{L}}(\boldsymbol{X}) = \sum_{p=0}^{P-1} R_0(\rho_p), \tag{II.10}$$

with $\rho_p = |X_p|$ and $R_0 : \mathbb{R}_+ \mapsto \mathbb{R}$. Then, the following proposition characterizes those functions R_0 that ensure the convexity of $\mathcal{R}_{\text{L}}$.

Proposition 1
Let $f : \mathbb{C} \mapsto \mathbb{R}$ be a circular function. Then, f is (resp. strictly) convex if and only if its restriction on $\mathbb{R}_+$ is a (resp. strictly) convex, nondecreasing (resp. increasing) function.

Proof 1
This property corresponds to the scalar case ($m = 1$) of Theorem 2 (Subsection II.3.3), which is proved in Appendix II.B.

From Proposition 1, it is apparent that $\mathcal{R}_{\text{L}}(\boldsymbol{X})$ is not convex if $R_0(\rho) = \log(1 + \rho^2/2\tau^2)$. Moreover, it can be then proved that $\mathcal{J}$ is not convex either. Thus, we prefer an alternate *convex* function R_0 that would enhance spectral peaks like the Cauchy prior does. We have borrowed such penalty functions from the field of *edge-preserving* image restoration [Green, 1990; Künsch, 1994; Brette and Idier, 1996; Vogel and Oman, 1996;

Li and Santosa, 1996; Charbonnier et al., 1997]. More precisely, we propose to resort to the following set of functions:

$$\mathcal{S} = \Big\{f : \mathbb{R}_+ \mapsto \mathbb{R} \text{ convex, increasing, } C^1, f'(0^+) = 0,$$
$$0 < \lim_{x\to 0^+} f'(x)/x < \infty, \lim_{x\to\infty} f'(x) < \infty\Big\}.$$

If $R_0 \in \mathcal{S}$, the global criterion $\mathcal{J}$ clearly fulfills (II.9). On the other hand, functions in $\mathcal{S}$ behave quadratically around zero and linearly at infinite:

$$0 < \lim_{x\to 0^+} f(x)/x^2 < \infty, \ \ 0 < \lim_{x\to\infty} f(x)/x < \infty.$$

This is a relevant behavior for erasing small variations, and also for preserving large peaks that would be oversmoothed by quadratic penalization.

Some functions of $\mathcal{S}$, such as the *fair* function $R_0(\rho) = \rho/\tau_0 - \ln(1 + \rho/\tau_0)$ [Rey, 1983; Brette and Idier, 1996] or Huber's function $R_0(\rho) = \rho^2/2\tau_0 + \tau_0/2$ if $\rho < \tau_0$, ρ, sinon [Huber, 1981], are also long since known in the field of robust statistics [Huber, 1981; Rey, 1983]. In practical simulations (see Section II.5.2), we have selected the *hyperbolic* potential $R_0(\rho) = \sqrt{\tau_0^2 + \rho^2}$ in $\mathcal{S}$.

II.3.3 Smooth spectra

II.3.3.1 Complex Gibbs-Markov regularization

In the field of signal and image restoration, Gibbs-Markov potential functions are often used as roughness penalty functions [Bouman and Sauer, 1993; Künsch, 1994; Geman and Yang, 1995; Brette and Idier, 1996; Vogel and Oman, 1996; Li and Santosa, 1996; Charbonnier et al., 1997]. Adopting this approach in the case of spectral regularity, one might think of simply penalizing differences between complex coefficients, using

$$\mathcal{R}_\mathrm{s}^1(\boldsymbol{X}) = \sum_{p=0}^{P-1} R_1(|\boldsymbol{d}_p^\mathrm{t}\boldsymbol{X}|), \tag{II.11}$$

where each $\boldsymbol{d}_p$ denotes a first-order difference vector: $\boldsymbol{d}_p = \mathbf{1}_{p+1} - \mathbf{1}_p$ for any $p > 0$ and $\boldsymbol{d}_{P-1} = \mathbf{1}_0 - \mathbf{1}_{P-1}$, where $\mathbf{1}_p$ is the pth canonical vector. In (II.11), the subscript "s" stands for *smooth*. Then, provided that R_1 is convex and nondecreasing on $\mathbb{R}_+$, it is not difficult to deduce that $\mathcal{R}_\mathrm{s}^1$ is convex from Proposition 1. When R_1 is quadratic, the estimated spectrum is a windowed periodogram, *i.e.,* a low-resolution solution [Giovannelli and Idier, 1999]. In Section II.5.3, we have performed simulations using the hyperbolic function $R_1(\rho) = \sqrt{\tau_1^2 + \rho^2}$ in order to obtain solutions of higher resolution. The corresponding results are actually disappointing (*e.g.,* Fig. II.3). Empirically, we observe that the penalty term (II.11) corresponds to spectral smoothness only roughly, while it produces hardly controlable artefacts. In fact, (II.11) is not a circular function of $\boldsymbol{X}$, and phases coefficients enter elementary contributions $R_1(|X_p - X_{p-1}|)$ in a manner. Now, let us examine the consequences of restricting to circular penalty terms.

II.3.3.2 Circular Gibbs-Markov regularization

One could consider a circular penalty term such as

$$\mathcal{R}_s^2(\boldsymbol{X}) = \sum_{p=0}^{P-1} R_1(\boldsymbol{d}_p^t \boldsymbol{\rho}), \tag{II.12}$$

with $\boldsymbol{\rho} = [|X_0|, |X_1|, \cdots, |X_{P-1}|]^t$. It is readily seen that such an expression satisfies all conditions (II.8), save separability. Unfortunately, $\mathcal{R}_s^2$ is not convex if R_1 is an even, convex function. This negative result is a straightforward consequence of Corollary 1, stated below. Therefore, we propose to retain a slightly more general circular expression

$$\mathcal{R}_s(\boldsymbol{X}) = \sum_{p=0}^{P-1} \left(\mu R_1(\boldsymbol{d}_p^t \boldsymbol{\rho}) + R_2(\rho_p)\right), \tag{II.13}$$

where parameter $\mu \geqslant 0$ tunes the amount of spectral smoothness and $R_2 : \mathbb{R}_+ \mapsto \mathbb{R}$. Expression (II.13) still satisfies conditions (II.8b)-(II.8d).

In the following, a necessary and sufficient condition for the convexity of $\mathcal{R}_s$ is given. For this purpose, the definition of *coordinatewise nondecreasing* function is a prerequisite. We also provide a useful theorem regarding the composition of convex functions.

Definition 1
A function $f : \mathbb{R}_+^m \mapsto \mathbb{R}$ *is said* coordinatewise nondecreasing *if and only if* $\forall\, i \in \{1, \ldots, m\}$*:*

$$\forall\, \boldsymbol{x} \in \mathbb{R}_+^m,\ \forall\, t \geqslant 0, \quad f(\boldsymbol{x}) \leqslant f(\boldsymbol{x} + t\boldsymbol{1}_i).$$

The function f *si said* coordinatewise increasing *if the latter inequalities are strict.*

Theorem 1
Let $f : \mathbb{R}_+^m \mapsto \mathbb{R}$ *be a convex, coordinatewise nondecreasing (resp. increasing) function, and let* $\boldsymbol{g} : \mathbb{R}^n \mapsto \mathbb{R}_+^m$ *a function such that each component* $g_k : \mathbb{R}^n \mapsto \mathbb{R}_+$ *is (resp. strictly) convex. Then,* $f \circ \boldsymbol{g}$ *is (resp. strictly) convex on* $\mathbb{R}^n$*.*

Proof 2
see Appendix II.A.

Theorem 2
Let $f : \mathbb{C}^m \mapsto \mathbb{R}$ *be a circular function. Then,* f *is (resp. strictly) convex if and only if its restriction on* $\mathbb{R}_+^m$ *is a (resp. strictly) convex coordinatewise nondecreasing (resp. increasing) function.*

Proof 3
see Appendix II.B.

Because $R_1(\boldsymbol{d}_p^{\mathrm{t}}\boldsymbol{\rho})$ is not a coordinatewise nondecreasing function of $\boldsymbol{\rho}$, (II.12) is not convex, according to Theorem 2. In the case of (II.13), application of Theorem 2 yields the following result.

Corollary 1
Let $R_1 : \mathbb{R} \mapsto \mathbb{R}$ and $R_2 : \mathbb{R}_+ \mapsto \mathbb{R}$ be C^1 functions that satisfy the following assumptions:

$$
\begin{aligned}
&- R_1 \text{ is even and convex,} && \text{(II.14a)}\\
&- R_2 \text{ is (resp. strictly) convex and}\\
&\quad \text{nondecreasing (resp. increasing),} && \text{(II.14b)}\\
&- \mu \leqslant \mu_{\text{sup}} = R_2'(0^+)/2R_1'(\infty). && \text{(II.14c)}
\end{aligned}
$$

Then, function $\mathcal{R}_s$ defined by (II.13) is (resp. strictly) convex.

Proof 4
See Appendix II.C.

Inequality (II.14c) gives an upper bound on the smoothness level that can be introduced while maintaining convexity of $\mathcal{R}_\mathrm{S}$. It is important to notice that $\mu_{\text{sup}} > 0$ imposes $R_2'(0^+) > 0$. In the rest of the paper, we have selected the simplest potential R_2 that satisfies $R_2'(0^+) > 0$, *i.e.*, $R_2(\rho) = \rho$. Combined with the hyperbolic potential $R_1(\rho) = \sqrt{\tau_1^2 + \rho^2}$, such a choice yields that $\mathcal{R}_\mathrm{S}$ is convex if $\mu \leqslant 1/2$.

The condition $R_2'(0^+) > 0$ means that $R_2(|\cdot|)$ is not differentiable on $\mathbb{C}$ at zero, so $\mathcal{R}_\mathrm{S}$ is nondifferentiable. Although conditions (II.14) are only sufficient, we have the intuition that convexity and differentiability are actually incompatible properties of $\mathcal{R}_\mathrm{S}$ as defined by (II.13). In Section II.4, we propose to minimize a close approximation of $\mathcal{R}_\mathrm{S}$ that conciliates convexity and differentiability, so that a converging approximation of $\widehat{\boldsymbol{X}}$ can be easily computed.

II.3.4 Mixed spectra

A *mixed* spectrum consists of both frequency peaks and smooth spectral components, so we propose to split up vector $\boldsymbol{X}$ as the sum of two unknown vectors: $\boldsymbol{X}_\mathrm{L}$ for the frequency peaks, and $\boldsymbol{X}_\mathrm{S}$ for the smoother components. The resulting fidelity to data term $\mathcal{Q}_\mathrm{M}$ reads:

$$\mathcal{Q}_\mathrm{M}(\boldsymbol{X}) = \|\boldsymbol{y} - W_{NP}(\boldsymbol{X}_\mathrm{L} + \boldsymbol{X}_\mathrm{S})\|^2 = \left\|\boldsymbol{y} - W_{NP}\boldsymbol{X}\,[1,1]^\mathrm{t}\right\|^2,$$

where $\boldsymbol{X} = [\boldsymbol{X}_\mathrm{L} \mid \boldsymbol{X}_\mathrm{S}]$ is a $P \times 2$ complex matrix. The subscript "M" stands for *mixed.*

Then, it is only natural to introduce $\mathcal{R}_\mathrm{L}$ (defined by (II.10)) and $\mathcal{R}_\mathrm{S}$ (defined by (II.13)) as specific penalty terms for $\boldsymbol{X}_\mathrm{L}$ and $\boldsymbol{X}_\mathrm{S}$, respectively. The resulting criterion $\mathcal{J}_\mathrm{M}$ reads

$$\mathcal{J}_\mathrm{M}(\boldsymbol{X}) = \mathcal{Q}_\mathrm{M}(\boldsymbol{X}) + \lambda_\mathrm{L}\mathcal{R}_\mathrm{L}(\boldsymbol{X}_\mathrm{L}) + \lambda_\mathrm{S}\mathcal{R}_\mathrm{S}(\boldsymbol{X}_\mathrm{S}), \tag{II.15}$$

which is a nondifferentiable function w.r.t. vanishing components of $\boldsymbol{X}_{\mathrm{S}}$, if $R_2'(0^+) > 0$. On the other hand, $\mathcal{J}_{\mathrm{M}}$ is (resp. strictly) convex w.r.t.$\boldsymbol{X}$ if $\mathcal{R}_{\mathrm{L}}$ and $\mathcal{R}_{\mathrm{S}}$ are (resp. strictly) convex. Then, the global minimizer is uniquely defined by

$$\widehat{\boldsymbol{X}}_{\mathrm{M}} = \left[\widehat{\boldsymbol{X}}_{\mathrm{L}} \mid \widehat{\boldsymbol{X}}_{\mathrm{S}}\right] = \arg\min_{\boldsymbol{X}} \mathcal{J}_{\mathrm{M}}(\boldsymbol{X}),$$

In the Bayesian framework adopted in [Sacchi et al., 1998], it is not difficult to see that $(\widehat{\boldsymbol{X}}_{\mathrm{L}}, \widehat{\boldsymbol{X}}_{\mathrm{S}})$ corresponds to the joint MAP solution obtained from a prior neg-log-density proportional to $\lambda_{\mathrm{L}}\mathcal{R}_{\mathrm{L}}(\boldsymbol{X}_{\mathrm{L}}) + \lambda_{\mathrm{S}}\mathcal{R}_{\mathrm{S}}(\boldsymbol{X}_{\mathrm{S}})$. Finally, the estimated power spectrum is taken as the squared modulus of the components of $\widehat{\boldsymbol{X}}_{\mathrm{L}} + \widehat{\boldsymbol{X}}_{\mathrm{S}}$.

II.4 Optimization stage

II.4.1 Graduated nondifferentiability

Nondifferentiable (*i.e., nonsmooth*) convex criteria can neither be straightforwardly minimized by gradient-based algorithms, since the gradient is not defined everywhere, nor by coordinate descent methods [Glowinski et al., 1976, p.61]. Nonetheless, there exist several ways to efficiently minimize such criteria [Bertsekas, 1975; Glowinski et al., 1976; Lemaréchal, 1980; Kiwiel, 1986]. Here, we resort to the so-called *regularization method* [Bertsekas, 1975; Glowinski et al., 1976; Acar and Vogel, 1994; Nashed and Scherzer, 1997]. In the following, it is rather referred to as a *graduated nondifferentiability* (GND) approach, in order to avoid the possible confusion with the notion of regularization for ill-posed problems. The principle is to successively minimize a discrete sequence of convex differentiable approximations that converge toward the original nonsmooth criterion.

We have adopted the GND approach because it is flexible, easy to implement, and also mathematically convergent. Under suitable conditions, the series of minimizers converges to the solution of the initial nonsmmoth programming problem [Bertsekas, 1975; Glowinski et al., 1976; Acar and Vogel, 1994; Nashed and Scherzer, 1997]. More specifically, we have the following result, based on [Glowinski et al., 1976, pp. 21-22].

Proposition 2
Let $\mathcal{J} : \mathbb{C}^P \mapsto \mathbb{R}$ fulfill (II.9b)-(II.9c), but not (II.9a), and $\mathcal{J}_\varepsilon$ ($\varepsilon > 0$) be a series of approximations of $\mathcal{J}$ that fulfills the three conditions (II.9). If $\mathcal{J}_\varepsilon$ converges toward $\mathcal{J}$ in the following sense:

$$\begin{cases} \forall \boldsymbol{X}, \lim_{\varepsilon\to 0} \mathcal{J}_\varepsilon(\boldsymbol{X}) = \mathcal{J}(\boldsymbol{X}), \\ \lim_{\varepsilon\to 0} \mathcal{J}_\varepsilon(\widehat{\boldsymbol{X}}_\varepsilon) \geqslant \mathcal{J}(\widehat{\boldsymbol{X}}), \end{cases} \tag{II.16}$$

where

$$\widehat{\boldsymbol{X}} = \arg\min_{\boldsymbol{X}\in\mathbb{C}^P} \mathcal{J}(\boldsymbol{X}), \quad \widehat{\boldsymbol{X}}_\varepsilon = \arg\min_{\boldsymbol{X}\in\mathbb{C}^P} \mathcal{J}_\varepsilon(\boldsymbol{X}),$$

then

$$\lim_{\varepsilon\to 0} \widehat{\boldsymbol{X}}_\varepsilon = \widehat{\boldsymbol{X}}.$$

Remark 1
In more general settings, convergence results akin to Proposition 2 can be obtained using the theory of Γ-convergence, which is a powerful mathematical tool to study the limiting behavior of the minimizer of a series of functions [Alberti, 1999].

The remaining part of the section is devoted to the case of smooth spectra, *i.e.*, to the minimization of $\mathcal{J}_S$ defined by (II.5), (II.6) and (II.13). Extension to the minimization of $\mathcal{J}_M$ is straightforward.

II.4.2 Differentiable approximation of convex Gibbs-Markov penalty function

Practically, it is a prerequisite to build a differentiable convex approximation $\mathcal{R}_{S,\,\varepsilon}$ of the penalty term $\mathcal{R}_S$, such that the series

$$\mathcal{J}_\varepsilon = \mathcal{Q} + \lambda \mathcal{R}_{S,\,\varepsilon} \tag{II.17}$$

satisfies the conditions of Proposition 2. Our construction of $\mathcal{R}_{S,\,\varepsilon}$ is based on the hyperbolic differentiable approximation of the magnitude function $|\cdot|$:

$$\varphi_\varepsilon : \mathbb{C} \mapsto \mathbb{R}_+, \quad \varphi_\varepsilon(x) = \sqrt{\varepsilon^2 + |x|^2}, \tag{II.18}$$

where $\varepsilon > 0$. Such an approximation is known to satisfy conditions (II.16) [Glowinski et al., 1976, pp. 21-22], and has been already used in the field of image restoration [Vogel and Oman, 1996; Li and Santosa, 1996]. It is also called the *standard mollifier procedure* [Vogel and Oman, 1996].

Let $q_p = \varphi_\varepsilon(X_p) = \varphi_\varepsilon(\rho_p)$ denote the above differentiable approximation of ρ_p and $\boldsymbol{q} = [q_0, q_1, \ldots, q_{P-1}]^{\mathrm{t}}$. Then the resulting modified smoothness penalty term $\mathcal{R}_{S,\,\varepsilon}$ satisfies (II.9) whereas $\mathcal{R}_S$ only satisfies (II.9b)-(II.9c), according to the following consequence of Theorem 1 and of Corollary 1.

Corollary 2
Let R_1 meet the weak form of conditions (II.14) in Corollary 1, along with $R_2(\rho) = \rho$. Then, the modified penalty term

$$\mathcal{R}_{S,\,\varepsilon}(\boldsymbol{X}) = \sum_{p=0}^{P-1} \left(\mu R_1(\boldsymbol{d}_p^{\mathrm{t}}\boldsymbol{q}) + q_p\right) \tag{II.19}$$

is a strictly convex function of $\boldsymbol{X}$.

Proof 5
Let us remark that $\mathcal{R}_{S,\,\varepsilon} = \mathcal{R}_S \circ \boldsymbol{\varphi}$, where $\boldsymbol{\varphi} = (\varphi_\varepsilon, \ldots, \varphi_\varepsilon)$ and $\mathcal{R}_S$ is defined by (II.13) with $R_2(\rho) = \rho$. Then, the proof is an application of Theorem 1, with $\boldsymbol{g} = \boldsymbol{\varphi}$ and $f = \mathcal{R}_S$, given that (i) each φ_k is strictly convex, (ii) according to Corollary 1, the restriction of $\mathcal{R}_S$ on $\mathbb{R}_+^m$ is convex and coordinatewise increasing[2].

2. Rigorous application of Corollary 1 only provides that the restriction of $\mathcal{R}_S$ on $\mathbb{R}_+^m$ is nondecreasing. A careful inspection of Appendix II.C is needed to check that the strict result actually holds.

II.4.3 Minimization of $\mathcal{J}_\varepsilon$

According to the principle of GND, for a finite sequence $\varepsilon_1 > \varepsilon_2 > \cdots > \varepsilon_K > 0$, the minimizers $\widehat{\boldsymbol{X}}_{\varepsilon_k}$ are recursively computed. At the kth iteration, a standard iterative descent algorithm is used to compute $\widehat{\boldsymbol{X}}_{\varepsilon_k}$. At iteration $k+1$, $\widehat{\boldsymbol{X}}_{\varepsilon_k}$ is used as the initial solution, and the process is repeated until $k = K$. Practical considerations regarding the stopping criterion, the updating rule of ε_k and the number K of iterations are reported in Section II.5.

For any $\varepsilon > 0$, the computation of $\widehat{\boldsymbol{X}}_\varepsilon$ can be obtained with many mathematically converging descent algorithms, since $\mathcal{J}_\varepsilon$ fulfills (II.9). Practically, several numerical strategies are studied and compared in [Ciuciu and Idier, 1999]:

- A pseudo-conjugate gradient (PCG) algorithm with a one-dimensional search is implemented.
- It is shown that the IRLS method proposed in [Sacchi et al., 1998] does not extend beyond the case of separable penalty functions.
- An original *Residual Steepest Descent* (RSD) [Yarlagadda et al., 1985] method is developed. It can also be seen as a deterministic *half-quadratic* algorithm based on Geman and Yang's construction [Geman and Yang, 1995; Idier, 1999].

For a small value of ε_K, GND coupled to PCG is more efficient than a single run of PCG at $\varepsilon = \varepsilon_K$. This point is illustrated in Section II.5. In [Ciuciu and Idier, 1999], the same conclusion is drawn concerning GND coupled to RSD.

II.5 Experiments

II.5.1 Practical considerations

Following [Sacchi et al., 1998], the performances of the proposed methods are tested using Kay and Marple reference data set [Kay and Marple, 1981], which allows easy comparison with preexistent approaches. The data sequence is real, of length $N = 64$, and consists of three sinusoids at fractional frequencies 0.1, 0.2 and 0.21, superimposed on an additive colored noise sequence. The SNR of each harmonic is 10, 30, and 30 dB, respectively, where the SNR is defined as the ratio of the sinusoid power to the total power in the passband of the colored noise process. The passband of the noise is centered at 0.35. The true spectrum appears in Fig II.1.

Given the real nature of data and the symmetry properties studied in Appendix II.D, the spectra are only plotted on a half period $[0, 0.5]$. The different estimates have been computed using $P = 512$. In practice, taking $P > 512$ does not markedly improve the resolution.

In the present study, hyperparameter values have been empirically selected after several trials, as those that visually work "the best". We are currently working on automatic hyperparameter selection.

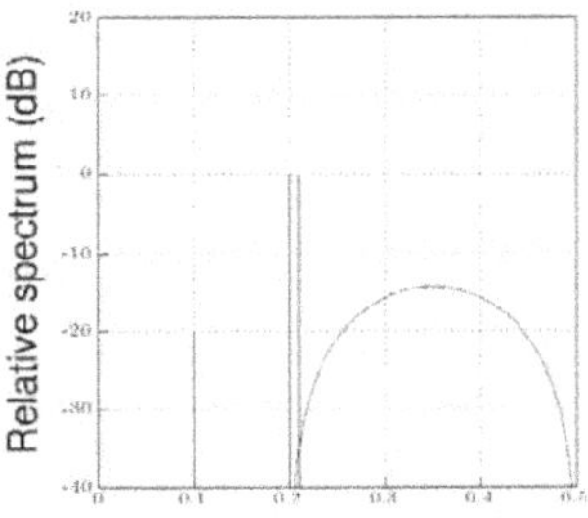

Figure II.1: *True spectrum*

As regards numerical implementation of PCG, the following conjunction has been selected as stopping criterion:

$$\left|\mathcal{J}(\boldsymbol{X}^i) - \mathcal{J}(\boldsymbol{X}^{i-1})\right| / \mathcal{J}(\boldsymbol{X}^i) < \alpha_1$$
$$\left\|\boldsymbol{X}^i - \boldsymbol{X}^{i-1}\right\|_* / \left\|\boldsymbol{X}^i\right\|_* < \alpha_2,$$
$$\left\|\nabla \boldsymbol{X}^i\right\|_* < \alpha_3,$$

where $\boldsymbol{X}^i$ denotes the solution at the ith iteration of the minimization stage, and $*$ is 1 or 2. Following Vogel and Oman [Vogel and Oman, 1996], we have rather chosen the l_1 norm, and the thresholds have been set to $(\alpha_1, \alpha_2, \alpha_3) = (10^{-7}, 10^{-5}, 10^{-6})$.

The same stopping criterion has been adopted for RSD, except that the third condition has not been tested.

II.5.2 Estimation of LS

The spectrum estimates depicted in Fig. II.2 minimize penalized criteria with a separable penalty function: Fig. II.2(a) corresponds to the quadratic potential $R_0(\rho) = \rho^2$, and Fig. II.2(b) corresponds to the hyperbolic potential $R_0(\rho) = \sqrt{\tau_0^2 + \rho^2}$ for $(\lambda, \tau_0) = (0.06, 0.002)$.

As shown in [Sacchi et al., 1998; Giovannelli and Idier, 1999], quadratic regularization yields the zero-padded periodogram of the data sequence, up to a multiplicative constant. Since the nominal resolution of a 64-point sequence is 0.015, close sinusoids at 0.2 and 0.21 are not resolved. Moreover, this estimate is dominated by sidelobes that mask important features of the signal. In the following, the DFT of the zero-padded data sequence has been used to initialize all iterative minimization procedures.

The line spectra estimate depicted in Fig II.2(b) is very similar to the spectral estimate computed with the Cauchy-Gauss model [Sacchi et al., 1998, Fig. 6], and also to the result given by the Hildebrand-Prony method [Kay and Marple, 1981, Fig. 16(h)]: the sinusoids are retrieved at the exact frequencies but with powers different from the original ones. Nonetheless, the power ratio (20 dB) is preserved between the three harmonics. On the other hand, the broadband part of the spectrum is not recovered. It is replaced by several spectral lines. This problem is also encountered in [Sacchi et al., 1998; Cabrera and Parks, 1991] and in high-resolution parametric methods discussed by Kay and Marple [Kay and Marple, 1981].

From a computational standpoint, the IRLS method of [Sacchi et al., 1998] has been used as minimization tool. It is known to be convergent in the present situation [Yarlagadda et al., 1985; Idier, 1999]. The solution is reached in about five to ten seconds on a standard Pentium II PC.

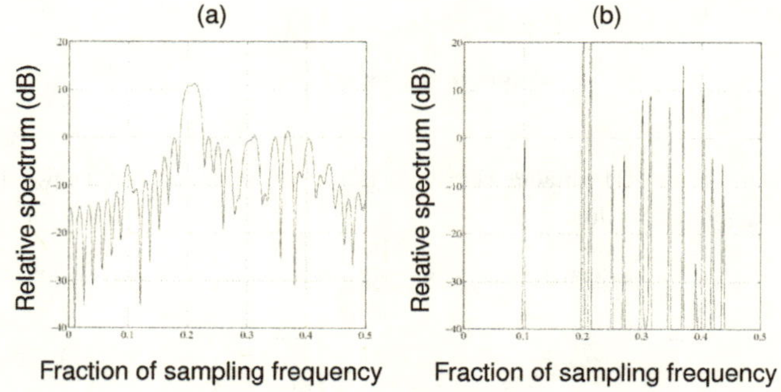

Figure II.2: *Spectra reconstructed with separable regularization. (a): zero-padded periodogram, (b) line spectra reconstructed with the hyperbolic potential,* $(\lambda, \tau_0) = (0.06, 0.002)$.

II.5.3 Estimation of SS

II.5.3.1 Complex regularization

Fig. II.3 shows the spectrum estimate computed from a convex penalized criterion with the noncircular penalty function $\mathcal{R}_s^1$ defined by (II.11). It has been obtained with $\tau_1 = 0.1$ and $\lambda = 0.6$. Although the latter value corresponds to a high level of regularization, there remain some artefacts, the reversal of the lowest sinusoid being the main defect. To our opinion, such results definitely disqualify noncircular penalty functions.

II.5.3.2 Regularization of the power spectrum

The three spectrum estimates depicted in Fig. II.4 are obtained with a penalty function $\mathcal{R}_{s,\,\varepsilon}$ defined by (II.19). Three hyperparameters $(\lambda, \mu, \tau_1) \in \mathbb{R}_+^3$ need to be adjusted, let alone the target value ε_K for the closest approximation $\mathcal{J}_{\varepsilon_K}$ of $\mathcal{J}$. The results of Fig. II.4 have been computed with $(\lambda, \tau_1) = (0.05, 0.001)$.

First, let us begin with general comments on Fig. II.4. Akin to Fig II.2(b), the three results nearly produce no sidelobes, compared to the periodogram. None of the three

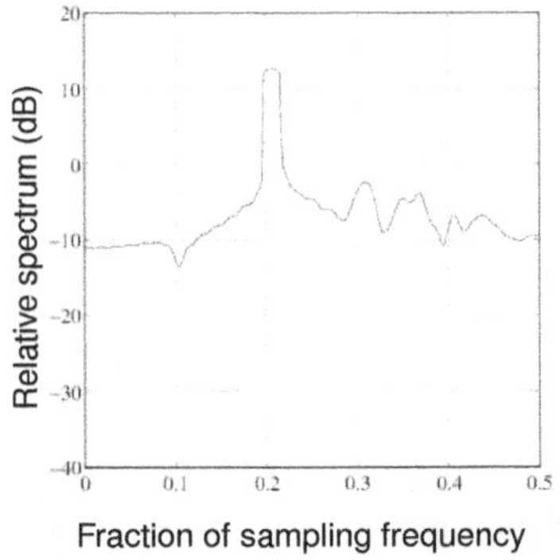

Figure II.3: *Smooth spectrum reconstructed with a complex Gibbs-Markov penalty function. Parameters have been fixed to* $(\lambda, \tau_1) = (0.6, 0.1)$.

result allow to separate the two close harmonics, although a narrow-band component around frequency 0.2 is clearly distinguished. Similarly, the lowest sinusoid at frequency 0.1 is recovered under a broaden format. This is not surprising, since smoothness has been incorporated through the penalty function.

In Fig. II.4(a)-(b), the value of μ has been chosen to correspond to the bound of convexity of $\mathcal{R}_{s,\varepsilon}$: $\mu = \mu_{\text{sup}} = 0.5$, according to Section II.3.3.2, and different values of ε_K have been compared. A small parameter value $\varepsilon_K = 0.001$ yields a rather inadequate blocky result, as shown in Fig. II.4(b). The discontinuities are due to the quasi-nondifferentiability of $\mathcal{R}_{s,\varepsilon}$. The rougher approximation depicted in Fig. II.4(a) ($\varepsilon_K = 0.9$) provides a smoother estimate. However, it is not smooth enough compared to the broadband part of the true spectrum. Increasing μ beyond the bound of convexity is necessary to get smoother results. The spectrum of Fig. II.4(c) has been computed with $\mu = 5$ and $\varepsilon_K = 0.9$. It provides a more regular broadband response, quite close to the smooth part of the true spectrum. Among the estimators tested in [Kay and Marple, 1981], the maximum likelihood estimate (Capon method) shown in [Kay and Marple, 1981, Fig. 16(l)] provides a somewhat similar result. We retain such a tuning as a good candidate for the smooth part of the mixed model.

As regards practical aspects of minimization, the three results correspond to contrasted situations.

- In the case of Fig. II.4(a), $\varepsilon_K = 0.9$ yields a criterion that is sufficiently far from nondifferentiability to be efficiently minimized in a single run of PCG (*i.e.*, $K = 1$), spending about 25 seconds of CPU time.
- Fig. II.4(b) has been obtained after three iterations of GND based on PCG: $(\varepsilon_1, \varepsilon_2, \varepsilon_3) = (0.1, 0.01, 0.001)$, which globally took about 35 seconds of CPU time. In comparison, a single run at $\varepsilon_K = 0.9$ takes about 65 seconds, as depicted in Fig. II.5.
- The value $\mu = 5$ corresponding to Fig. II.4(c) does not ensure that the criterion is

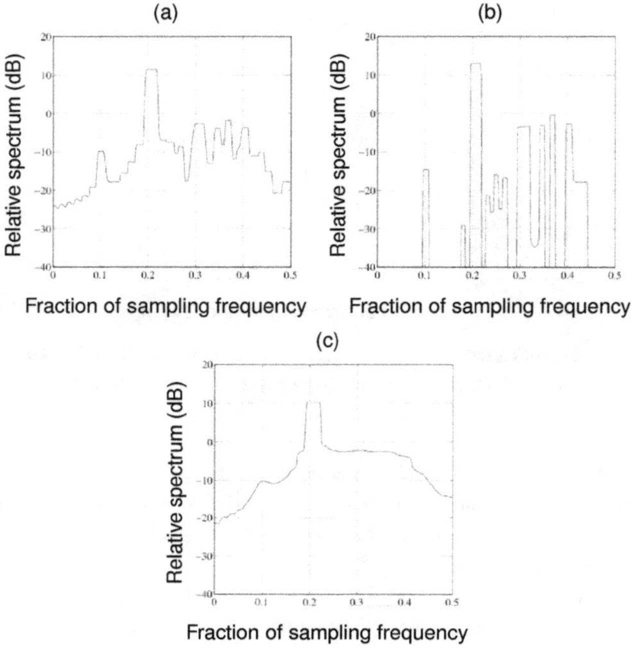

Figure II.4: *Smooth spectra reconstructed with a circular Gibbs-Markov penalty function,* $(\lambda, \tau_1) = (0.05, 0.001)$; *(a) convex case where* $\mu = \mu_{\text{sup}} = 0.5$, $\varepsilon_K = 0.9$, *(b) convex case where* $\mu = \mu_{\text{sup}} = 0.5$, $\varepsilon_K = 0.001$, *(c) nonconvex case where* $\mu = 5$, $\varepsilon_K = 0.9$.

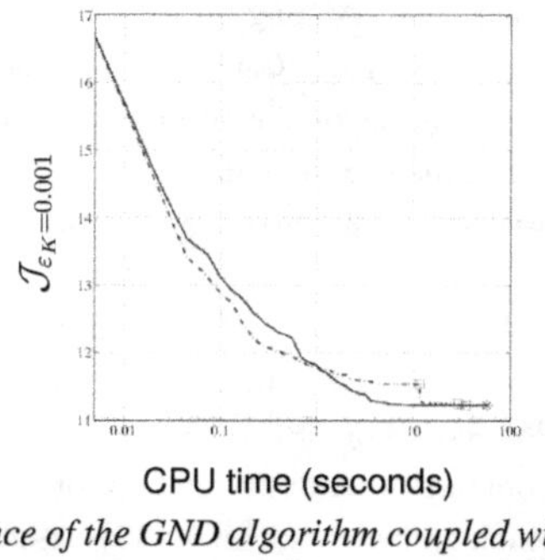

Figure II.5: *Performance of the GND algorithm coupled with PCG, in the SS case: the solid line corresponds to the minimization of* $\mathcal{J}_{0.001}$ *in a single run, dashed-dotted lines to the GND process coupled to PCG.*

convex. Hence, it is possibly multimodal. For this reason, we gradually increase the value of μ, following the *graduated non convexity* (GNC) approach [Blake and Zisserman, 1987; Nikolova et al., 1998]. The principle is very similar to the GND technique described in Section II.4. The empirically chosen law of evolution for μ is simply $\mu_k = k \times \mu_{\text{sup}}$, so the initial criterion $\mathcal{J}_{\mu_1}$ is convex, as prescribed by the GNC approach.

II.5.4 Estimation of MS

The spectrum estimates depicted in Fig. II.5.4 are obtained from the minimization of a differentiable approximation of the penalized criterion $\mathcal{J}_{\text{M}}$ defined by (II.15):

$$\mathcal{J}_{\text{M},\varepsilon}(\boldsymbol{X}) = \mathcal{Q}_{\text{M}}(\boldsymbol{X}) + \lambda_{\text{L}}\mathcal{R}_{\text{L}}(\boldsymbol{X}_{\text{L}}) + \lambda_{\text{S}}\mathcal{R}_{\text{S},\,\varepsilon}(\boldsymbol{X}_{\text{S}}). \tag{II.20}$$

The regularizing terms $\mathcal{R}_{\text{L}}$ (II.10) and $\mathcal{R}_{\text{S},\,\varepsilon}$ (II.19) depend on τ_0 and on $(\mu, \tau_1, \varepsilon_K)$, respectively. Given the results presented in the two previous subsections, we have retained $\tau_0 = 0.002, \tau_1 = 0.001, \varepsilon_K = 0.9$, and we have tested the two settings $\mu = \mu_{\text{sup}} = 0.5$ and $\mu = 5$.

Two additional hyperparameters $(\lambda_{\text{L}}, \lambda_{\text{S}})$ appear in (II.20). It is *a priori* suited to choose the same order of magnitude for the values of λ_{L} and λ_{S}, otherwise the over-penalized term would yield a vanising component. The values $\lambda_{\text{L}} = 0.005$ $\lambda_{\text{S}} = 0.0033$ have been retained.

Fig. II.5.4(a) corresponds to $\mu = \mu_{\text{sup}}$, so the minimized criterion is strictly convex. The result has been computed with PCG. It clearly shows that the mixed model is able to resolve close sinusoids, while the broadband response is much closer from the SS estimate of Fig. II.4(a) than from the LS estimate of Fig. II.2(b). However, the broadband response is not smooth enough, and the small sinusoidal component is not as sharp as expected.

Fig. II.5.4(b) corresponds to $\mu = 5$, so the minimized criterion is not convex and possibly multimodal. The result has been computed with GNC based on PCG. The three spectral lines have sharp responses at the sinusoid frequencies and the power ratio between the different harmonics is preserved. Moreover, its smooth part is very close to the broadband component of the true spectrum. It is clearly the most satisfactory result among all estimates proposed in this paper. It also outperforms classical solutions computed on the same data set in [Kay and Marple, 1981].

II.6 Concluding remarks

In the context of short-time estimation, we have proposed a new class of nonlinear spectral estimators, defined as minimizers of strictly convex energies. Firstly, we have addressed separable penalization introduced in [Sacchi et al., 1998] for enhancing spectral lines.

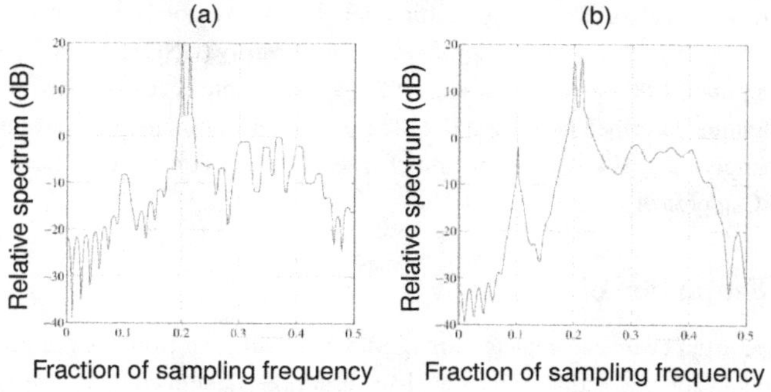

Figure II.6: *Mixed spectra. (a): convex case* $\mu = 0.5$*; (b) nonconvex extension* $\mu = 5$.

Then, a substantial part of the paper has been devoted to smooth spectra restoration. We have introduced circular Gibbs-Markov penalty functions inspired from common models for signal and image restoration. However, the fact that penalization applies to moduli of complex quantities introduces specific difficulties. A rigourous mathematical study has been conducted, in order to build criteria gathering the expected properties such as differentiability, strict convexity, and the ability to discriminate spectra in favor of the smoothest.

Finally, since many practical spectral analysis problems involve both line spectral lines and smooth components, we have proposed an original form of mixed criterion to superimpose the two kinds of components. We argue that this approach provides a very sharp tool for the detection of isolated objects embedded in broadband events. One possible application is the tracking of planes using a Dopler radar instrument, since the informative data is often embedded on meteorological clutter at low SNR. We are currently testing specific extensions to additionnaly take spatial or temporal continuity into account.

After the present study, some issues remain open. On the one hand, we observed in Section II.5 that minimizing a convex criterion did not always yield a sufficiently smooth estimate. In practice, we resorted to graduated nonconvexity to overcome the limitation found in the convex analysis framework. By now, it is hard to tell whether the latter takes root in fundamental reasons, or if we simply failed in finding the "good" convex penalty function.

On the other hand, the proposed penalty functions are quite sophisticated. In practice, several hyperparameters have to be tuned, which is not always a simple task. In situations such as Doppler radar processing, we expect that hyperparameter values can be selected once for all using training data. Otherwise, we are currently working on automatic hyperparameter selection based on stochastic sampling of the likelihood function using Monte Carlo Markov Chains methods [Robert, 1997].

II.A Proof of Theorem 1

The stated sufficient condition is acknowledged in the scalar case [Rockafellar, 1970, Theorem 5.1].

Firstly, let us prove the implication in the large sense. For any $\boldsymbol{x}, \boldsymbol{y} \in \mathbb{C}^m, \boldsymbol{x} \neq \boldsymbol{y}$, and any $\alpha \in (0,1)$, let $\boldsymbol{t} = \alpha\boldsymbol{x} + \bar{\alpha}\boldsymbol{y}$ and $\bar{\alpha} = 1 - \alpha$. Each g_k is convex:

$$g_k(\boldsymbol{t}) \leqslant \alpha g_k(\boldsymbol{x}) + \bar{\alpha} g_k(\boldsymbol{y}). \tag{II.21}$$

Then, using repeatedly the fact that f is a coordinatewise nondecreasing function, we deduce

$$f(\boldsymbol{g}(\boldsymbol{t})) \leqslant f(\alpha\boldsymbol{g}(\boldsymbol{x}) + \bar{\alpha}\boldsymbol{g}(\boldsymbol{y})), \tag{II.22}$$

$$\leqslant \alpha f(\boldsymbol{g}(\boldsymbol{x})) + \bar{\alpha} f(\boldsymbol{g}(\boldsymbol{y})), \tag{II.23}$$

where the latter inequality holds because f is convex.

In order to prove the strict formulation, remark that there is at least one k such that $x_k \neq y_k$, so the corresponding inequality (II.21) becomes strict because g_k is strictly convex. Then, the strict counterpart of inequalities (II.22) and (II.23) also holds since f is coordinatewise increasing (remark that the strict convexity of f is unnecessary here).

II.B Proof of Theorem 2

B.1 Sufficient condition

Let $f : \mathbb{R}_+^m \mapsto \mathbb{R}$ be a (resp. strictly) convex and coordinatewise nondecreasing (resp. increasing) function, and let $\boldsymbol{g} : \mathbb{C}^m \mapsto \mathbb{R}_+^m$ be the mapping of the moduli: $\forall \boldsymbol{x} \in \mathbb{C}^m$, $\boldsymbol{g}(\boldsymbol{x}) = (|x_1|, |x_2|, \ldots, |x_m|)$. We have to prove that $f \circ \boldsymbol{g}$ is (resp. strictly) convex.

In the large sense, this result is an immediate consequence of Theorem 1, for $n = 2m$. However, the strict counterpart of Theorem 1 does not apply, since $|\cdot|$ is not a *strictly* convex function. We need a more specific derivation, which is actually generalizable to any function $\boldsymbol{g}$ with *hemivariate* [Ortega and Rheinboldt, 1970] convex components.

Let us consider the proof of Theorem 1. If f is strictly convex, (II.23) readily becomes strict provided that $\boldsymbol{g}(\boldsymbol{x}) \neq \boldsymbol{g}(\boldsymbol{y})$. Otherwise, assume $\boldsymbol{g}(\boldsymbol{x}) = \boldsymbol{g}(\boldsymbol{y})$, so that (II.23) reads $f(\boldsymbol{g}(\boldsymbol{t})) \leqslant f(\boldsymbol{g}(\boldsymbol{x}))$. Since $\boldsymbol{x} \neq \boldsymbol{y}$, there exists at least one k such that $x_k \neq y_k$. Then, $|x_k| = |y_k|$ implies $|t_k| < |x_k|$, since t_k belongs to the cord (x_k, y_k) of the centered circle of radius $|x_k|$. Since f is coordinatewise increasing, it follows that $f(\boldsymbol{g}(\boldsymbol{t})) < f(\boldsymbol{g}(\boldsymbol{x}))$, which is the expected strict counterpart of inequality (II.23).

B.2 Necessary condition

Let $f : \mathbb{C}^m \mapsto \mathbb{R}$ be a strictly convex, circular function. Its restriction on $\mathbb{R}_+^m$ is obviously strictly convex. We have to prove that it is also coordinatewise increasing.

Let $\mathbf{1}_k$ be the kth canonical vector in $\mathbb{R}^m$ and let $\widetilde{f}_{\boldsymbol{x},k}(t) = f(\boldsymbol{x} + (t - x_k)\mathbf{1}_k)$ the restriction of f to the line $\{\boldsymbol{u}, u_n = x_n, \forall n \neq k\}$ for any $t \in \mathbb{R}, \boldsymbol{x} \in \mathbb{R}^m$. Firstly, let us prove that all such restrictions $\widetilde{f}_{\boldsymbol{x},k}$ are even functions, *i.e.*, that $\widetilde{f}_{\boldsymbol{x},k}(-t) = \widetilde{f}_{\boldsymbol{x},k}(t)$.

$$\forall n \in \mathbb{N}_m, \; |x_n + (t - x_k)(\mathbf{1}_k)_n| = \begin{cases} |x_n| & \text{if } n \neq k, \\ |t| & \text{if } n = k. \end{cases}$$

Consequently, $|x_n + (-t - x_k)(\mathbf{1}_k)_n| = |x_n + (t - x_k)(\mathbf{1}_k)_n|$, and hence $f(\boldsymbol{x} - (t + x_k)\mathbf{1}_k) = f(\boldsymbol{x} + (t - x_k)\mathbf{1}_k)$ since f is circular. Therefore, $\widetilde{f}_{\boldsymbol{x},k}$ is even.

Since $\widetilde{f}_{\boldsymbol{x},k}$ is even and strictly convex on $\mathbb{R}$, it is increasing on $\mathbb{R}_+$, as shown below: $\forall s, t, \; 0 < s < t$, let $\alpha = (s + t)/2t$, so that $s = \alpha t + (1 - \alpha)(-t)$. Since $\alpha \in (0, 1)$ and $\widetilde{f}_{\boldsymbol{x},k}$ is strictly convex, $\widetilde{f}_{\boldsymbol{x},k}(s) < \alpha \widetilde{f}_{\boldsymbol{x},k}(t) + (1 - \alpha)\widetilde{f}_{\boldsymbol{x},k}(-t) = \widetilde{f}_{\boldsymbol{x},k}(t)$ because $\widetilde{f}_{\boldsymbol{x},k}$ is even.

As a conclusion, all restrictions $\widetilde{f}_{\boldsymbol{x},k}$ are increasing on $\mathbb{R}_+$, *i.e.*, f is coordinatewise increasing on $\mathbb{R}_+^m$.

II.C Proof of Corollary 1

First, let us decompose $\mathcal{R}_\text{s}$ according to $\mathcal{R}_\text{s}(\boldsymbol{X}) = \frac{1}{2}\sum_{p=0}^{P-1} S(X_p, X_{p+1})$, with

$$S(X_1, X_2) = S(\rho_1, \rho_2) = R_2(\rho_1) + R_2(\rho_2) + 2\mu R_1(\rho_1 - \rho_2), \tag{II.24}$$

and let us prove that conditions (II.14) imply the convexity of S on $\mathbb{C}^2$, which is a sufficient condition for the convexity of $\mathcal{R}_\text{s}$ on $\mathbb{C}^P$. Apply Theorem 2 to S. On one hand, S is convex on $\mathbb{R}_+^2$ as a sum of convex functions of (ρ_1, ρ_2). It is even strictly convex if R_2 is strictly convex.

On the other hand, let us prove that S is coordinatewise nondecreasing or even increasing as a function of (ρ_1, ρ_2) if conditions (II.14) hold. Since R_1 is even, $S(\rho_1, \rho_2) = S(\rho_2, \rho_1)$, so we need only to study the behavior of S as a function of ρ_1, say. Since R_1 is even and convex on $\mathbb{R}$, it is nondecreasing on $\mathbb{R}_+$ (the strict counterpart of this result is shown at the end of Appendix II.B). As a sum of nondecreasing functions of ρ_1, it is obvious that S is nondecreasing if $\rho_1 \geqslant \rho_2$. If $\rho_1 < \rho_2$, the condition $\partial S/\partial \rho_1 \geqslant 0$ reads

$$\forall \rho_1, \rho_2 > 0, \; \rho_1 < \rho_2, \;\; R_2'(\rho_1) \geqslant 2\mu R_1'(\rho_2 - \rho_1),$$

which is equivalent to (II.14c) since R_1' and R_2' are nondecreasing. Finally, if R_2 is strictly convex, S is shown to be coordinatewise increasing along the same lines.

II.D The real data case

The purpose of this appendix is to show that the proposed spectral estimation method (in either versions, LS, SS and MS) automatically preserves the Hermitian structure of the spectrum when real data are processed, so that the estimated power spectrum is symmetric.

Let us denote $\widehat{\boldsymbol{X}} = \mathcal{H}(\widehat{\boldsymbol{X}})$ the expected Hermitian property of $\widehat{\boldsymbol{X}}$, with

$$\mathcal{H}(X_0, X_1, \ldots, X_{P-1}) \triangleq (X_0^*, X_{P-1}^*, \ldots, X_1^*).$$

Equivalently, $\boldsymbol{X} = \mathcal{H}(\boldsymbol{X})$ means that the inverse DFT $\boldsymbol{x} = \text{IDFT}^{-1}(\boldsymbol{X})$ is a real vector. Convexity of the minimized criterion plays a basic role in the fulfillment of the Hermitian property of $\widehat{\boldsymbol{X}}$, as stated in the following proposition.

Proposition 3
Consider a real data set $\boldsymbol{y} \in \mathbb{R}^N$, and a penalty function $\mathcal{R} : \mathbb{R}_+^P \mapsto \mathbb{R}$ that fulfills (II.8b)-(II.8d) and (II.9b)-(II.9c). Firstly, the criterion $\mathcal{J}$ defined by (II.5)-(II.6) possesses the Hermitian symmetry $\mathcal{J}(\mathcal{H}(\boldsymbol{X})) = \mathcal{J}(\boldsymbol{X}), \forall \boldsymbol{X} \in \mathbb{C}^P$. Secondly, the unique minimizer of $\mathcal{J}$ satisfies $\widehat{\boldsymbol{X}} = \mathcal{H}(\widehat{\boldsymbol{X}})$.

Proof 6
Let us consider a non-Hermitian complex vector $\boldsymbol{X} \in \mathbb{C}^P$, i.e., $\boldsymbol{X} \neq \mathcal{H}(\boldsymbol{X})$. Introduce $\boldsymbol{x} = \text{IDFT}^{-1}(\boldsymbol{X})$, so that

$$\begin{aligned} \mathcal{Q}(\boldsymbol{X}) &= \sum_{n=0}^{N-1} |y_n - x_n|^2, \\ \mathcal{Q}(\mathcal{H}(\boldsymbol{X})) &= \sum_{n=0}^{N-1} |y_n - x_n^*|^2. \end{aligned}$$

Obviously, $\mathcal{Q}(\mathcal{H}(\boldsymbol{X})) = \mathcal{Q}(\boldsymbol{X})$ since $|y - x| = |y - x^*|$, $\forall y \in \mathbb{R}$, $x \in \mathbb{C}$. On the other hand, the modulus of the components of $\mathcal{H}(\boldsymbol{X})$ reads $(|X_0^*|, |X_{P-1}^*|, \ldots, |X_1^*|) = (|X_0|, |X_{P-1}|, \ldots, |X_1|)$, which proves that $\mathcal{R}(\mathcal{H}(\boldsymbol{X})) = \mathcal{R}(\boldsymbol{X})$ since $\mathcal{R}$ is shift-invariant (II.8b), symmetry-invariant (II.8c) and circular (II.8d). Finally, the identity $\mathcal{J}(\mathcal{H}(\boldsymbol{X})) = \mathcal{J}(\boldsymbol{X})$ gathers the two results. The first part of the proof is completed.

Now, consider the middle point

$$\boldsymbol{Z} = \big(\boldsymbol{X} + \mathcal{H}(\boldsymbol{X})\big)/2, \tag{II.25}$$

which obviously satisfies $\mathcal{H}(\boldsymbol{Z}) = \boldsymbol{Z}$. Since $\mathcal{J}$ is strictly convex,

$$\mathcal{J}(\boldsymbol{Z}) < \big(\mathcal{J}(\boldsymbol{X}) + \mathcal{J}(\mathcal{H}(\boldsymbol{X}))\big)/2 = \mathcal{J}(\boldsymbol{X}).$$

As a consequence, $\widehat{\boldsymbol{X}} = \mathcal{H}(\widehat{\boldsymbol{X}})$.

Proposition 3 directly applies to the LS and SS cases (including differentiable approximations considered in Subsection II.4.2), while a straightforward generalization is needed in the MS case: along the same lines, it can be proved that $\mathcal{J}_{\text{M}}(\boldsymbol{X}_{\text{L}}, \boldsymbol{X}_{\text{S}}) =$

$\mathcal{J}_{\text{M}}(\mathcal{H}(\boldsymbol{X}_{\text{L}}), \mathcal{H}(\boldsymbol{X}_{\text{S}}))$ in $\mathbb{C}^P \times \mathbb{C}^P$ and that $(\mathcal{H}(\widehat{\boldsymbol{X}}_{\text{L}}), \mathcal{H}(\widehat{\boldsymbol{X}}_{\text{S}})) = (\widehat{\boldsymbol{X}}_{\text{L}}, \widehat{\boldsymbol{X}}_{\text{S}})$, if both penalty functions $\mathcal{R}_{\text{L}}$ and $\mathcal{R}_{\text{S}}$ fulfill (II.8b)-(II.8d) and (II.9b)-(II.9c).

The remaining question concerns the situation where the criterion is nonconvex, as encountered in [Sacchi et al., 1998] or in GNC experiments, reported in Section II.5. Then, it does not seem possible to show that all minimizers (global or local) are Hermitian. However, the Hermitian symmetry of the criterion itself still holds (the corresponding part of the proof of Proposition 3 remains valid). This property has two favorable consequences:

- If $\mathcal{J}$ is unimodal, *i.e.*, it has one global minimizer $\widehat{\boldsymbol{X}}$ and no local minimizer, then $\mathcal{H}(\widehat{\boldsymbol{X}}) = \widehat{\boldsymbol{X}}$. Since strict convexity implies unimodality, this is an alternate argument for the second part of the proof of Proposition 3.
- The gradient of $\mathcal{J}$ is Hermitian: $\mathcal{H}(\nabla\mathcal{J}(\boldsymbol{X})) = \nabla\mathcal{J}(\boldsymbol{X})$, so gradient-based algorithms can be expected to propagate Hermitian symmetry along iterations from a Hermitian initialization point. We have also checked the same property for the IRLS algorithm used in [Sacchi et al., 1998].

II.E Addendum : régularisation fonctionnelle de Gibbs-Markov

Nous avons établi dans ce chapitre des conditions suffisantes de convexité de la pénalisation discrète de Gibbs-Markov

$$\mathcal{R}(\boldsymbol{X}_h) = h \sum_{p=0}^{P-1} \left(\mu R_1(\boldsymbol{d}_p^{\text{t}}\boldsymbol{q}/h) + q_p\right)$$

où $h = 1/P$ montre la dépendance en la discrétrisation sur P points de l'axe des fréquences. Il est intéressant d'examiner les conditions (II.14), et particulièrement l'inégalité portant sur μ, lorsque le pas de discrétisation $h \to 0$. L'idée de ce passage à la limite est d'analyser la convexité d'un version modifiée de la pénalisation fonctionnelle $\mathcal{R}_Q$ définie en (I.34) :

$$\widetilde{\mathcal{R}}_Q(|X|) = \int_0^1 \left\{ R_2\left(\varphi_\varepsilon(X(\nu))\right) + \mu R_1\left(\frac{d}{d\nu}\varphi_\varepsilon(X(\nu))\right)\right\} \mathrm{d}\nu, \qquad \text{(II.26)}$$

où la fonctionnelle $\varphi_\varepsilon : \mathrm{H}^1 \to \mathrm{H}^1$ généralise la fonction définie en (II.18). Pour mémoire, H^1 désigne l'espace de Sobolev d'ordre 1 des signaux périodiques, de période unité.

En faisant apparaître la dépendance en h dans l'inégalité portant sur μ, on obtient

$$\forall\, h > 0, \quad \mu \leqslant h/2 \max_{q \in \mathbb{R}_+} R_1'(q/h) \ \leqslant\ h/2R_1'(\infty),$$

soit après passage à la limite $\mu \leqslant 0$. Une discrétisation de plus en plus fine de la grille fréquentielle conduit à la limite à un coefficient de douceur spectrale μ nul. Autrement dit, la pénalisation fonctionnelle (II.26) n'est pas convexe pour $\mu > 0$. On ne peut donc garantir l'existence dans H^1 d'une solution définie comme le minimiseur du critère pénalisé $\mathcal{J} = \mathcal{Q} + \lambda\widetilde{\mathcal{R}}_Q$.

References

R. Acar and C.R. Vogel. Analysis of bounded variation penalty methods for ill-posed problems. *Inverse Problems*, 10:1217–1229, 1994.

Giovanni Alberti. *Variational Models for Phase Transitions, an Approach via Gamma-Convergence*. in Differential Equations and Calculus of Variations. Springer, G. Buttazzo et al. edition, 1999.

D. Bertsekas. Nondifferentiable optimization approximation. In *Mathematical Programming Studies*, volume 3, pages 1–25. Balinski, M.L. and Wolfe, P., North-Holland: Amsterdam, 1975.

Andrew Blake and A. Zisserman. *Visual reconstruction*. The MIT Press, Cambridge, 1987.

Charles A. Bouman and Ken D. Sauer. A generalized Gaussian image model for edge-preserving MAP estimation. *IEEE Trans. Image Processing*, IP-2(3):296–310, July 1993.

Stéphane Brette and Jérôme Idier. Optimized single site update algorithms for image deblurring. In *Proc. IEEE ICIP*, pages 65–68, Lausanne, Switzerland, September 1996.

Sergio D. Cabrera and Thomas W. Parks. Extrapolation and spectral estimation with iterative weighted norm modification. *IEEE Trans. Signal Processing*, SP-39(4):842–851, April 1991.

Pierre Charbonnier, Laure Blanc-Féraud, Gilles Aubert, and Michel Barlaud. Deterministic edge-preserving regularization in computed imaging. *IEEE Trans. Image Processing*, IP-6(2):298–311, February 1997.

Philippe Ciuciu and Jérôme Idier. A Half-Quadratic block-coordinate descent method for spectral estimation. Technical Report, GPI–LSS, 1999.

Donald Geman and Chengda Yang. Nonlinear image recovery with half-quadratic regularization. *IEEE Trans. Image Processing*, IP-4(7):932–946, July 1995.

Jean-François Giovannelli, Guy Demoment, and Alain Herment. A Bayesian method for long AR spectral estimation: a comparative study. *IEEE Trans. Ultrasonics Ferroelectrics and Frequency Control*, 43(2):220–233, March 1996.

Jean-François Giovannelli and Jérôme Idier. Bayesian interpretation of periodograms. submitted to *IEEE Trans. Signal Processing*, GPI–LSS, 1999.

R. Glowinski, J. L. Lions, and R. Trémolières. *Analyse numérique des inéquations variationnelles, tome 1 : Théorie générale, Méthodes mathématiques pour l'informatique*. Dunod, Paris, 1976.

Peter J. Green. Bayesian reconstructions from emission tomography data using a modified EM algorithm. *IEEE Trans. Medical Imaging*, MI-9(1):84–93, March 1990.

B. P. Hildebrand. *Introduction to numerical analysis*. McGraw-Hill, New York, 1956.

Peter J. Huber. *Robust Statistics*. Wiley, John, New York, 1981.

Jérôme Idier. Convex half-quadratic criteria and interacting auxiliary variables for image restoration. Technical Report submitted to *IEEE Trans. Image Processing*, GPI–LSS, 1999.

Steven M. Kay. *Modern Spectral Estimation.* Prentice-Hall, Englewood Cliffs, 1988.

Steven M. Kay and Stanley Lawrence Marple. Spectrum analysis – a modern perpective. *Proc. IEEE*, 69(11):1380–1419, November 1981.

K. C. Kiwiel. *Methods of descent for nondifferentiable optimization.* Lecture notes in Mathematics. Springer Verlag, New York, NY, 1986.

Hans R. Künsch. Robust priors for smoothing and image restoration. *Annals of Institute of Statistical Mathematics*, 46(1):1–19, 1994.

C. Lemaréchal. *Nondifferentiable optimization*, pages 149–199. Dixon, L. C. W. and Spedicato, E. and Szeg:o, G. P., Boston: Birkhauser, non linear optimization edition, 1980.

Yuying Li and Fadil Santosa. A computational algorithm for minimizing total variation in image restoration. *IEEE Trans. Image Processing*, 5:987–995, 1996.

S. Laurence Marple. *Digital Spectral Analysis with Applications.* Prentice-Hall, Englewood Cliffs, 1987.

R. N. McDonough and W. H. Huggins. Best least-squares representation of signals by exponentials. *IEEE Trans. Automat. Contr.*, AC-13:408–412, August 1968.

M. Z. Nashed and Otmar Scherzer. Stable approximation of nondifferentiable optimization problems with variational inequalities. *American Mathematical Society*, 204:155–170, 1997.

Mila Nikolova, Jérôme Idier, and Ali Mohammad-Djafari. Inversion of large-support ill-posed linear operators using a piecewise Gaussian MRF. *IEEE Trans. Image Processing*, 7(4):571–585, April 1998.

J. Ortega and W. Rheinboldt. *Iterative Solution of Nonlinear Equations in Several Variables.* Academic Press, New York, 1970.

V. Pisarenko. The retrieval of harmonics from a covariance function. *J. of the Royal Astronomical Society*, 33:347–360, 1973.

William J.J. Rey. *Introduction to robust and quasi-robust statistical methods.* Springer-Verlag Berlin Heidelberg New York Tokyo, 1983.

Christian Robert. *Simulations par la méthode MCMC.* Economica, Paris, 1997.

R. Tyrell Rockafellar. *Convex Analysis.* Princeton University Press, 1970.

Maurizio D. Sacchi, Tadeusz J. Ulrych, and Colin J. Walker. Interpolation and extrapolation using a high-resolution discrete Fourier transform. *IEEE Trans. Signal Processing*, SP-46(1):31–38, January 1998.

Henri Sauvageot. *Radar météorologie. Télédetection active de l'atmosphère.* Eyrolles, Paris, 1982.

A. Tikhonov and V. Arsenin. *Solutions of Ill-Posed Problems.* Winston, Washington DC, 1977.

Tadeusz J. Ulrych and Rob W. Clayton. Time series modelling and maximum entropy. *Physics of the Earth and Planetary Interiors*, 12:188–200, 1976.

R. V. Vogel and M. E. Oman. Iterative methods for total variation denoising. *SIAM J. Sci. Comput.*, 17(1):227–238, January 1996.

Rao Yarlagadda, J. Bee Bednar, and Terry L. Watt. Fast algorithms for l_p deconvolution. *IEEE Trans. Acoust. Speech, Signal Processing*, ASSP-33(1):174–182, February 1985.

CHAPITRE III

A HALF-QUADRATIC BLOCK-COORDINATE DESCENT METHOD FOR SPECTRAL ESTIMATION

Philippe CIUCIU and Jérôme IDIER [1]

Abstract: In the context of short-time spectral estimation, [Sacchi et al., 1998; Ciuciu et al., 2000] derived a new class of nonlinear spectral estimators defined as minimizers of penalized criteria. Circular, separable penalizations have been proposed for line spectra (LS) recovering. Circular Gibbs-Markov penalty functions [Ciuciu et al., 2000] was retained for smooth spectra (SS) restoration, and a combination of both contributions [Ciuciu et al., 2000] has turned out to be adequate for estimation of *"mixed" spectra* (MS) *i.e.,* frequency peaks superimposed on more regular spectral components.
Sacchi *et al.* [Sacchi et al., 1998] resorted to the *Iteratively Reweighted Least Squares* (IRLS) algorithm for the minimization stage in the LS case. Throughout this paper, IRLS is first interpreted as a block-coordinate descent (BCD) method performing the minimization of a *half-quadratic* (HQ) objective function. The latter, derived from Geman and Reynolds's construction [Geman and Reynolds, 1992], has the same minimizer as the initial criterion but depends on more variables. Second, we show that this construction of HQ criteria is not available for Gibbs-Markov penalizations. Therefore, we propose to extend the pioneering work of Geman and Yang [Geman and Yang, 1995] that leads to a suitable HQ objective function for any kind of penalization encountered in [Ciuciu et al., 2000]. The BCD algorithm in use for minimizing the HQ criteria is actually an original *Residual Steepest Descent* (RSD) procedure [Yarlagadda et al., 1985]. Convergence of RSD is guaranteed in any convex case. A comparison between the proposed RSD algorithm, IRLS when available, and a pseudo-conjugate gradient algorithm is addressed in any case.
Keywords: Spectral estimation; half-quadratic regularization; Iteratively Reweighted Least Squares; Residual Steepest Descent; block-coordinate descent method; multivariate convex conjugacy operation; Legendre transform.

III.1 Introduction

III.1.1 Penalized criteria

NONPARAMETRIC short-time spectral estimation consists in retrieving an estimate of the power spectrum from a short set of observations using the discrete Fourier transform (DFT) [Sacchi et al., 1998; Ciuciu et al., 2000]. The goal is to estimate a large

1. *To be submitted to* IEEE Transaction on Signal Processing. Philippe CIUCIU and Jérôme IDIER (emails: name@lss.supelec.fr) are with the Laboratoire des Signaux et Systèmes (CNRS – SUPÉLEC – UPS) SUPÉLEC, Plateau de Moulon, 91192 Gif-sur-Yvette Cedex, France.

number of Fourier coefficients $\boldsymbol{x} \in \mathbb{C}^P$ of a time series, partially observed through the data $\boldsymbol{y} \in \mathbb{C}^N$. Consequently, the available samples are related to unknowns through

$$\boldsymbol{y} = W_{NP}\boldsymbol{x}, \tag{III.1}$$

where $W_{NP} = [w_0^{np}]$ stands for the $N \times P$ inverse Fourier matrix, with $w_0 = \exp(2j\pi/P)$, $n \in \mathbb{N}_N$, $p \in \mathbb{N}_P$ and $\mathbb{N}_k = \{0, 1, \ldots, k-1\}$. Since $N \ll P$, system (III.1) is underdetermined, and there exists an infinite number of solutions for (III.1), *i.e.,* of minimizers of $\mathcal{Q}(\boldsymbol{x}) = \|\boldsymbol{y} - W_{NP}\boldsymbol{x}\|^2$. To cope with the ill-posedness of this problem, penalized approaches have been proposed [Ciuciu et al., 2000; Giovannelli and Idier, 1999; Sacchi et al., 1998; Cabrera and Parks, 1991]. In particular, [Ciuciu et al., 2000; Sacchi et al., 1998] have defined a nonlinear estimator of the spectral amplitudes as

$$\widehat{\boldsymbol{x}} = \arg\min_{\boldsymbol{x} \in \mathbb{C}^P} \mathcal{J}(\boldsymbol{x}), \tag{III.2}$$

where

$$\mathcal{J}(\boldsymbol{x}) = \mathcal{Q}(\boldsymbol{x}) + \lambda \mathcal{R}(\boldsymbol{x}). \tag{III.3}$$

The hyperparameter $\lambda > 0$ controls the trade-off between the closeness to data, measured by $\mathcal{Q}$, and the confidence in structural prior modeled by $\mathcal{R}$. The power spectrum estimator easily deduces as the squared modulus of the components of $\widehat{\boldsymbol{x}}$.

The reference [Sacchi et al., 1998] adopts the classical Bayesian interpretation of $\widehat{\boldsymbol{x}}$ as a maximum *a posteriori* estimate, derived from an independent and circular Cauchy prior model. The Cauchy density function is a *heavy-tailed* probability distribution. For this reason, it is well-suited for restoration of parcimonious frequency peaks. It is also suggested to choose $\lambda \searrow 0$, (at least in the *accurate data case*), in which case $\widehat{\boldsymbol{x}}$ is the constrained minimizer of $\mathcal{R}$ subject to (III.1).

In [Ciuciu et al., 2000], the methodology is generalized in order to encompass the smooth and "mixed" spectra (resp. SS and MS) problems. In any case, $\mathcal{R}$ is

– circular: $\mathcal{R}(\boldsymbol{x}) = \mathcal{R}(\boldsymbol{\rho})$ with $\rho_p = |x_p|$ and $\boldsymbol{\rho} \in \mathbb{R}_+^P$. (III.4a)

– strictly convex, (III.4b)

– continuously differentiable (C^1), (III.4c)

– "infinite at infinity", *i.e.,* $\lim_{\|\boldsymbol{x}\| \to \infty} \mathcal{R}(\boldsymbol{x}) = \infty$. (III.4d)

As a consequence, $\mathcal{J}$ is strictly convex as a sum of convex and strictly convex terms. Then, the minimizer $\widehat{\boldsymbol{x}}$ is unique and continuous w.r.t. the data [Bouman and Sauer, 1993]; this guarantees the well-posedness of the regularized problem [Tikhonov and Arsenin, 1977]. Constraints (III.4b)-(III.4d) make the computation of $\widehat{\boldsymbol{x}}$ feasible by many deterministic descent method (such as gradient-based methods, IRLS, etc).

The main contribution of this paper is to propose a special class of block-coordinate descent (BCD) methods and to show that it is competitive with a pseudo-conjugate gradient (PCG) algorithm in SS and MS cases, and is even more efficient for LS recovering.

III.1.2 Half-quadratic BCD methods

A BCD optimization tool is a multivariate extension of a coordinate descent method, *i.e.,* it minimizes a criterion w.r.t. blocks of variables [Bertsekas, 1995]. BCD methods have recently become popular [Charbonnier et al., 1994; Vogel and Oman, 1996; Charbonnier et al., 1997; Vogel and Oman, 1998; Delaney and Bresler, 1998] in image restoration or reconstruction, in conjonction with the *half-quadratic* (HQ) formulation of regularized criteria [Geman and Reynolds, 1992; Geman and Yang, 1995].

On one hand, to make the paper self-contained, we first recall the basic principles of HQ regularization. Then, we provide useful details that refer to convex duality [Rockafellar, 1970] (see Section III.2). Starting from a nonquadratic criterion $\mathcal{J} = \mathcal{Q} + \lambda\mathcal{R}$, HQ regularization amounts to deriving a new objective function $\mathcal{K}$, depending on additional variables $\boldsymbol{b}$, such that

$$\mathcal{K}(\boldsymbol{x},\boldsymbol{b}) = \mathcal{Q}(\boldsymbol{x}) + \lambda\mathcal{S}(\boldsymbol{x},\boldsymbol{b}), \tag{III.5a}$$

$$\text{with} \quad \inf_{\boldsymbol{b}} \mathcal{S}(\boldsymbol{x},\boldsymbol{b}) = \mathcal{R}(\boldsymbol{x}). \tag{III.5b}$$

Hereafter, half-quadratic means that $\mathcal{S}$, and then $\mathcal{K}$, are quadratic in $\boldsymbol{x}$ when $\boldsymbol{b}$ is fixed and not jointly quadratic in $(\boldsymbol{x},\boldsymbol{b})$. Since $\mathcal{K}$ is quadratic in $\boldsymbol{x}$, its minimization w.r.t. $\boldsymbol{x}$ only requires to solve a linear system. Moreover, the optimization step w.r.t. $\boldsymbol{b}$ is straightforward thanks to explicit duality relations [Rockafellar, 1970]. Under technical conditions [Charbonnier et al., 1997; Aubert and Vese, 1997; Idier, 1999], $\mathcal{K}$ and $\mathcal{J}$ have the same global minimizer. Then, a BCD method applied to $\mathcal{K}$, called a *HQ BCD algorithm* in the following, can be more attractive than a coordinate descent algorithm working on $\mathcal{J}$.

On the other hand, IRLS is a Reweighted Least Squares technique that has been recently applied to the case of LS recovering [Sacchi et al., 1998]. Following [Idier, 1999], it is shown in Section III.2.1 that IRLS identifies with the so-called ARTUR algorithm [Charbonnier et al., 1997]. The latter is a HQ BCD method derived from Geman and Reynolds's construction [Geman and Reynolds, 1992]. This interpretation provides simple convergence criteria of IRLS given the existing results for ARTUR [Charbonnier et al., 1997; Idier, 1999].

In Section III.3, it is established that IRLS/ARTUR has no natural extension to cope with SS and MS cases, in the sense that mathematical conditions for deriving $\mathcal{S}^{\text{GR}}$ are not fulfilled. Consequently, the main contribution of this paper is devoted to propose another HQ development, adapted to these situations. The latter generalizes Geman and Yang's work [Geman and Yang, 1995]. The resulting HQ BCD method is nothing but a modified RSD algorithm, already used in seismic deconvolution [Yarlagadda et al., 1985], and also referred to as LEGEND in computed imaging [Charbonnier et al., 1994]. For the LS case, the presentation of the HQ regularizing term $\mathcal{S}^{\text{GY}}$ is reported to Section III.2.2. For SS and MS restoration, the augmented versions $\mathcal{S}^{\text{GY}}$ of the penalization functions $\mathcal{R}$ encountered in [Ciuciu et al., 2000] are exhibited in Section III.3 and Section III.4, respectively. Then, the minimization of the augmented criterion $\mathcal{K}^{\text{GY}}$ is performed with an original RSD algorithm. Following [Idier, 1999], sufficient properties of $\mathcal{K}^{\text{GY}}$ are derived to guaranty convergence towards $\widehat{\boldsymbol{x}}$ of the RSD procedure.

Finally, the last concern addressed in Section III.5 is to increase the speed of convergence of the proposed RSD method according to an over-relaxation scheme on $\boldsymbol{x}$ and $\boldsymbol{b}$. Then, RSD is compared to ARTUR/IRLS in the LS case, and to a PCG algorithm in all cases. Concluding remarks are drawn in Section III.6.

III.2 HQ solutions to LS restoration

III.2.1 HQ interpretation of IRLS

In [Sacchi et al., 1998; Ciuciu et al., 2000], a *shift-invariant circular separable* penalization is considered for LS estimation:

$$\mathcal{R}_{\mathrm{L}}(\boldsymbol{x}) = \sum_{p=0}^{P-1} R_0(\rho_p), \tag{III.6}$$

where $R_0 : \mathbb{R}_+ \mapsto \mathbb{R}_+$, and the subscript "L" stands for *Line*. Different choices have been investigated for selecting R_0. Sacchi *et al.* [Sacchi et al., 1998] have selected a log-Cauchy function, $R_0(\rho) = \ln(1+\rho^2/2\tau_0^2)$, whereas in [Ciuciu et al., 2000] it is chosen among the following set of functions:

$$\mathcal{D} = \Big\{ f : \mathbb{R}_+ \mapsto \mathbb{R} \text{ convex, increasing, } C^1, f'(0^+) = 0, 0 < \lim_{x\to 0^+} \frac{f'(x)}{x} < \infty,$$
$$\lim_{x\to\infty} f'(x) < \infty \Big\}.$$

With $R_0 \in \mathcal{D}$, the global criterion $\mathcal{J}$ clearly fulfills (III.4c). On the other hand, functions in $\mathcal{S}$ behave quadratically around zero and linearly at infinite:

$$0 < \lim_{x\to 0^+} f(x)/x^2 < \infty, \quad 0 < \lim_{x\to\infty} f(x)/x < \infty.$$

This is a relevant behavior for erasing small variations, and also for preserving large peaks that would be oversmoothed by quadratic penalization.

In [Sacchi et al., 1998], IRLS is implemented to minimize $\mathcal{J}(\boldsymbol{x})$. Firstly, a *reweighting* diagonal matrix $\boldsymbol{Q}$ of size $P \times P$ is introduced. Its diagonal entries are defined by

$$\forall p \in \mathbb{N}_P, \quad Q_{pp} = 2\rho_p / R_0'(\rho_p). \tag{III.7}$$

Such a definition is extended by continuity for the case $\rho_p = 0$. Taking derivatives of $\mathcal{J}$ and equating to zero gives the implicit solution (see [Sacchi et al., 1998] for details):

$$\begin{aligned} \widehat{\boldsymbol{x}} &= \left(W_{NP}^{\dagger} W_{NP} + \lambda \boldsymbol{Q}^{-1}\right)^{-1} W_{NP}^{\dagger} \boldsymbol{y}. \\ &= \boldsymbol{Q} W_{NP}^{\dagger} (\lambda I_N + W_{NP} \boldsymbol{Q} W_{NP}^{\dagger})^{-1} \boldsymbol{y}, \end{aligned} \tag{III.8}$$

where I_N stands for the $N \times N$ identity matrix. Since $\boldsymbol{Q}$ depends on $\boldsymbol{x}$, (III.8) is a nonlinear system, which can be solved iteratively using IRLS. Threefold iterations are repeated until convergence, after choosing $\boldsymbol{x}^{(0)}$:

- $IRLS_1$: Compute matrix $\boldsymbol{Q}^{(i)}$ from $\boldsymbol{x}^{(i)}$,
- $IRLS_2$: Solve the $N \times N$ Toeplitz system :

$$\left(\lambda I_N + W_{NP}\boldsymbol{Q}^{(i)}W_{NP}^{\dagger}\right)\boldsymbol{z}^{(i)} = \boldsymbol{y}, \tag{III.9}$$

- $IRLS_3$: Compute the DFT $\boldsymbol{x}^{(i+1)} = \boldsymbol{Q}^{(i)}W_{NP}^{\dagger}\boldsymbol{z}^{(i)}$,

where $IRLS_2$ can be implemented with a fast solver like Levinson's recursion. As it appears in [Yarlagadda et al., 1985], Byrd and Payne [Byrd and Payne, 1979] showed that the IRLS algorithm is globally convergent for convex functions R_0 that satisfy fairly weak conditions, *i.e.*, $R_0'(\rho)/\rho$ must be nonincreasing and bounded on $\mathbb{R}_+$. Since the log-Cauchy potential involved in [Sacchi et al., 1998] is not convex, IRLS is not ensured to converge to the global minimizer $\widehat{\boldsymbol{x}}$.

The purpose of the following is to identify the IRLS algorithm with a HQ BCD method. To this end, the HQ extension $\mathcal{S}_{\mathrm{L}}^{\mathrm{GR}}$ of the penalization $\mathcal{R}_{\mathrm{L}}$ is introduced.

Under the theoretical setting of [Idier, 1999], the stress is put on functions R_0 that satisfy the following hypotheses:

$$\begin{array}{l} - R_0 \text{ is even, } C^0 \text{on } \mathbb{R} \text{ and } C^1 \text{on } \mathbb{R}^*,\\ - R_0(\sqrt{\cdot}) \text{ is strictly concave on } \mathbb{R}_+,\\ - \lim\limits_{\rho\to\infty} R_0(\rho)/\rho^2 = 0. \end{array} \tag{III.10}$$

The log-Cauchy potential as well as the functions in $\mathcal{S}$ fulfill (III.10). Then, it can be shown from convex duality that R_0 reads

$$R_0(\rho) = \inf_{b\in\mathbb{R}_+}\left(b\rho^2 + \psi(b)\right), \tag{III.11}$$

where

$$\psi(b) = \sup_{\rho\in\mathbb{R}_+}\left(R_0(\rho) - b\rho^2\right)$$

is convex and C^1 on $\mathbb{R}_+^*$. Such a derivation of HQ energy was first introduced by Geman and Reynolds in [Geman and Reynolds, 1992], without explicit reference to convex duality.

Let

$$\mathcal{S}_{\mathrm{L}}^{\mathrm{GR}}(\boldsymbol{x},\boldsymbol{b}) = \sum_{p=0}^{P-1}\left(b_p\left|x_p\right|^2 + \psi(b_p)\right), \tag{III.12}$$

be the augmented regularizing term with $\boldsymbol{b} \in \mathbb{R}_+^P$. Then, (III.11) implies (III.5b) for $\mathcal{S} = \mathcal{S}_{\mathrm{L}}^{\mathrm{GR}}$, and the new objective function $\mathcal{K}_{\mathrm{L}}^{\mathrm{GR}}$, defined by (III.5a) and $\mathcal{S} = \mathcal{S}_{\mathrm{L}}^{\mathrm{GR}}$, also reads

$$\mathcal{K}_{\mathrm{L}}^{\mathrm{GR}}(\boldsymbol{x},\boldsymbol{b}) = \boldsymbol{x}^{\dagger}\Lambda(\boldsymbol{b})\boldsymbol{x} - 2\Re(\boldsymbol{x}^{\dagger}W_{NP}^{\dagger}\boldsymbol{y}) + \Psi(\boldsymbol{b}), \tag{III.13}$$

where $\Re$ is the real part operator and

$$\begin{aligned} \Lambda(\boldsymbol{b}) &= W_{NP}^{\dagger}W_{NP} + \lambda\mathrm{diag}\left[\boldsymbol{b}\right]\\ \Psi(\boldsymbol{b}) &= \sum_{p=0}^{P-1}\psi(b_p). \end{aligned}$$

The HQ BCD algorithm devoted to the minimization of $\mathcal{K}_{\text{L}}^{\text{GR}}$ is referenced to as *BCD-GR* in the following. It proceeds by alternating two steps per iteration. On one hand, the auxiliary variables $\boldsymbol{b}$ are noninteracting, so the calculation of the minimizer $\widehat{\boldsymbol{b}}(\boldsymbol{x})$ of $\mathcal{K}_{\text{L}}^{\text{GR}}$ can be parallelized. According to (III.12), the updated value for each component $\widehat{b}_p$ is given by

$$\widehat{b}(x_p) = (\psi')^{-1}(-\rho_p^2) = \frac{R_0'(\rho_p)}{2\rho_p} = Q_{pp}^{-1}. \tag{III.14}$$

The last but one equality in (III.14) is obtained from convex duality [Rockafellar, 1970].

On the other hand, computing the minimizer $\widehat{\boldsymbol{x}}(\boldsymbol{b})$ of $\mathcal{K}_{\text{L}}^{\text{GR}}$ amounts to solving the $P \times P$ Toeplitz system

$$\widehat{\boldsymbol{x}}(\boldsymbol{b}) = \Lambda(\boldsymbol{b})^{-1} W_{NP}^{\dagger} \boldsymbol{y},$$

which can be rewritten as (III.8) since $\boldsymbol{Q} = \operatorname{diag}[\boldsymbol{b}]^{-1}$ according to (III.14).

After setting $\boldsymbol{x}^{(0)}$, BCD-GR repeats the following iterative scheme until convergence:

- *BCD-GR/L*$_1$: Minimization of $\mathcal{K}_{\text{L}}^{\text{GR}}$ w.r.t. $\boldsymbol{b}$:

$$\boldsymbol{b}^{(i)} = \widehat{\boldsymbol{b}}(\boldsymbol{x}^{(i-1)}) = \left[\ldots, \widehat{b}(x_k^{(i-1)}), \ldots\right]^{\text{t}}, \; k \in \mathbb{N}_P,$$

  where $\widehat{b}(\cdot)$ is given by (III.14).
- *BCD-GR/L*$_2$: Minimization of $\mathcal{K}_{\text{L}}^{\text{GR}}$ w.r.t. $\boldsymbol{x}$:

$$\boldsymbol{x}^{(i)} = \widehat{\boldsymbol{x}}(\boldsymbol{b}^{(i)}),$$

  where $\widehat{\boldsymbol{x}}(\cdot)$ is given by (III.8).

Given the definition of $\boldsymbol{Q}$, *BCD-GR/L*$_1$ clearly corresponds to $IRLS_1$, whereas *BCD-GR/L*$_2$ may be implemented by $IRLS_2$–$IRLS_3$. Finally, both algorithms, IRLS and BCD-GR (or ARTUR), are equivalent.

This result yields simple convergence criteria of IRLS using well-known results on convergence of BCD methods [Bertsekas, 1995; Ortega and Rheinboldt, 1970]; indeed, provided that R_0 is strictly convex, [Charbonnier et al., 1997; Idier, 1999] have proved the convergence of ARTUR to the global minimizer $\widehat{\boldsymbol{x}}$ of $\mathcal{J}$. Such a result is slightly less restrictive than convergence conditions of IRLS derived by Byrd and Payne [Byrd and Payne, 1979].

Hereafter, another HQ development is shown off for two major reasons. First, Geman and Reynolds's construction does not apply to Gibbs-Markov energies $\mathcal{R}_{\text{s}}$ for which (III.5b) holds. Second, calculating $\widehat{\boldsymbol{x}}(\boldsymbol{b})$ with IRLS requires to solve a $N \times N$ Toeplitz system, and the associated normal matrix $\Lambda(\boldsymbol{b}^{(i)})$ is modified during the iterations. By contrast, the new HQ construction needs to solve a $P \times P$ circulant system, whose normal matrix is constant in the course of the run. Then, the computation of $\widehat{\boldsymbol{x}}$ is perfomed in the Fourier domain.

III.2.2 Generalization of Geman and Yang's construction

III.2.2.1 Principle

First, the *scalar* construction of HQ criteria introduced by Geman and Yang in [Geman and Yang, 1995] is recalled (see also LEGEND in [Charbonnier et al., 1994]). For the restoration of a real-valued image $\boldsymbol{x}$, observed through $\boldsymbol{y} = \boldsymbol{H}\boldsymbol{x} + noise$, the following nonquadratic cost function is considered

$$\mathcal{J}(\boldsymbol{x}) = \|\boldsymbol{y} - \boldsymbol{H}\boldsymbol{x}\|^2 + \lambda \sum_{c \in \mathcal{C}} \phi(\boldsymbol{d}_c^{\mathrm{t}} \boldsymbol{x}), \quad \boldsymbol{x} \in \mathbb{R}^K,$$

where $\boldsymbol{d}_c \in \mathbb{R}^K$ are known vectors, such as finite differences, and $\mathcal{C}$ is a finite set ($|\mathcal{C}| = M$). Geman and Yang resort to the scalar convex conjugate [Rockafellar, 1970] of the function $x^2/2 - \phi(x)$ in order to get:

$$\phi(x) = \inf_{b \in \mathbb{R}} \left(\frac{1}{2}(x-b)^2 + \zeta(b) \right), \tag{III.15}$$

where

$$\zeta(b) = \sup_{x \in \mathbb{R}} \left(-\frac{1}{2}(x-b)^2 + \phi(x) \right).$$

From (III.15), it is straightforward to derive a new objective function $\mathcal{K}^{\mathrm{GY}}(\boldsymbol{x}, \boldsymbol{b})$ with $\boldsymbol{b} = (b_c) \in \mathbb{R}^M$, defined by:

$$\mathcal{K}^{\mathrm{GY}}(\boldsymbol{x}, \boldsymbol{b}) = \|\boldsymbol{y} - \boldsymbol{H}\boldsymbol{x}\|^2 + \lambda \sum_{c \in \mathcal{C}} \left(\frac{1}{2}(\boldsymbol{d}_c^{\mathrm{t}} \boldsymbol{x} - b_c)^2 + \zeta(b_c) \right).$$

$\mathcal{K}^{\mathrm{GY}}$ is HQ since the argument $\boldsymbol{d}_c^{\mathrm{t}} \boldsymbol{x}$ of each contribution $\phi(.)$ is a *linear* function of $\boldsymbol{x}$. Then, Geman and Yang proposed to minimize $\mathcal{K}^{\mathrm{GY}}$ rather than $\mathcal{J}$, since $\inf_{\boldsymbol{b} \in \mathbb{R}^M} \mathcal{K}^{\mathrm{GY}}(., \boldsymbol{b}) = \mathcal{J}(.)$.

In the spectral estimation framework, the penalization function $\mathcal{R}$ nonlinearly depends on the sought spectral amplitudes $\boldsymbol{x}$ since it is circular (see (III.4a)). In the particular case of LS restoration, the penalization $\mathcal{R}_{\mathrm{L}}$ is defined by $\phi(x) = R_0(\rho)$ (and $\boldsymbol{d}_c$ canonical). Then, (III.15) gives

$$R_0(\rho) = \inf_{b \in \mathbb{R}_+} \left(\frac{1}{2}(\rho - b)^2 + \zeta(b) \right). \tag{III.16}$$

Clearly, (III.16) shows that the quantity to be minimized is quadratic in ρ, but not in x, and the resulting criterion $\mathcal{K}_{\mathrm{L}}^{\mathrm{GY}}$ is not HQ.

Since $\rho = |x| = h(\Re(x), \Im(x))$, it is sufficient to link the real and imaginary parts of each spectral amplitude x with a real-valued auxiliary variable, in order to get a satisfactory HQ extension of $\mathcal{R}_{\mathrm{L}}$. This amounts to coupling x with a complex auxiliary variable b, provided that a *multivariate* extension of (III.15) is available.

III.2.2.2 Multivariate extension

For a complete overview on *multivariate* convex duality, [Rockafellar, 1970] is an essential reference. Only the necessary tools are reported hereafter.

Definition 1
Let $f : \mathbb{C}^M \mapsto \mathbb{R}$ be a convex function. The multivariate convex conjugate *of f is defined by*

$$\forall \boldsymbol{v} \in \mathbb{C}^M, \quad f^*(\boldsymbol{v}) = \sup_{\boldsymbol{u} \in \mathbb{C}^M} (\Re(\boldsymbol{v}^\dagger \boldsymbol{u}) - f(\boldsymbol{u})), \tag{III.17}$$

and it is a convex function on $\mathbb{C}^M$.

Definition 2
Let (f, g) be a couple of positive real-valued functions on $\mathbb{C}^M$. If

(a) f is strictly convex,

(b) f is continuous[2] *and differentiable throughout $\mathbb{C}^M$,*

(c) f and g are the multivariate convex conjugate to each other, i.e., $g = f^*$ and $f = g^*$,

then (f, g) is said a Legendre pair.

From basic results on convex duality [Rockafellar, 1970, § 26], the following proposition can be derived.

Proposition 1
Let (f, g) be a Legendre pair on $\mathbb{C}^M$, then g is differentiable on $\mathbb{C}^M$ and its gradient mapping is given by $\nabla g = (\nabla f)^{-1}$, or equivalently: $\forall\, \boldsymbol{u}, \boldsymbol{v} \in \mathbb{C}^M$, such that $\boldsymbol{v} = \nabla g(\boldsymbol{u})$, then $\boldsymbol{u} = \nabla f(\boldsymbol{v})$.

In the rest of the paper, the following function f_α will be considered for deriving HQ criteria:

$$\begin{aligned} \forall \boldsymbol{u} \in \mathbb{C}^M, \quad f_\alpha(\boldsymbol{u}) &= \boldsymbol{u}^\dagger \boldsymbol{u}/2 - \phi_\alpha(\boldsymbol{u}), & \text{(III.18)} \\ \text{where} \quad \phi_\alpha(\boldsymbol{u}) &= \alpha\phi(\boldsymbol{u}), \quad \alpha > 0, \\ \text{and} \quad \mathcal{R}(\boldsymbol{x}) &= \sum_{p=0}^{P-1} \phi(\boldsymbol{u}_p). & \text{(III.19)} \end{aligned}$$

Here, $\boldsymbol{u}_p \in \mathbb{C}^M$ is a subvector of $\boldsymbol{x} \in \mathbb{C}^P$. In the following, ϕ is assumed to be twice countinuously differentiable (C^2).

Let f_α^* be the multivariate convex conjugate of f_α and $\zeta_\alpha(\boldsymbol{v}) = f_\alpha^*(\boldsymbol{v}) - \boldsymbol{v}^\dagger \boldsymbol{v}/2$, then, (III.17) yields

$$\zeta_\alpha(\boldsymbol{v}) = \sup_{\boldsymbol{u} \in \mathbb{C}^M} \left\{ -\frac{\|\boldsymbol{u} - \boldsymbol{v}\|^2}{2} + \phi_\alpha(\boldsymbol{u}) \right\}. \tag{III.20}$$

Since $\mathcal{R}$ is circular, so are ϕ and f_α, *i.e.*, $f_\alpha(\boldsymbol{u}) = f_\alpha(|\boldsymbol{u}|)$, where $|\boldsymbol{u}| \in \mathbb{R}_+^M$ stands for the vector of moduli of $\boldsymbol{u}$. Then, the following proposition states that ζ_α is also circular.

2. Here, Rockafellar's closed-proper assumption [Rockafellar, 1970] is replaced by a stronger but simpler continuity condition on $\mathbb{C}^M$.

Proposition 2
Let $\phi : \mathbb{C}^M \mapsto \mathbb{R}$ be a circular function involved in (III.18). Then, function ζ_α, defined by (III.20), is circular.

Proof 1
See Appendix III.A.

Given Proposition 2, if ϕ is circular and (f_α, f_α^*) is a Legendre pair, then ϕ_α reads

$$\phi_\alpha(|\boldsymbol{u}|) = \inf_{\boldsymbol{v}\in\mathbb{C}^M} \left(\frac{\|\boldsymbol{u}-\boldsymbol{v}\|^2}{2} + \zeta_\alpha(|\boldsymbol{v}|) \right), \tag{III.21}$$

where $|\boldsymbol{v}| \in \mathbb{R}_+^M$ stands for the vector of moduli of $\boldsymbol{v}$. Without strict convexity of f_α, expression (III.21) does not hold, *i.e.*, ϕ_α is not the infimum of an HQ local energy.

Following Definition 2, the circular function f_α has to fulfill hypotheses (a)-(b). The latter holds given that ϕ is C^2. For proving strict convexity of f_α, we resort to a result that characterizes convex circular functions, given in [Ciuciu et al., 2000]. For this purpose, the definition of *coordinatewise nondecreasing* function is a prerequisite.

Definition 3
A function $f : \mathbb{R}_+^M \mapsto \mathbb{R}$ is said coordinatewise nondecreasing *if and only if $\forall i \in \{1, \ldots, M\}$:*

$$\forall \boldsymbol{m} \in \mathbb{R}_+^M,\ \forall t \geqslant 0, \quad f(\boldsymbol{m}) \leqslant f(\boldsymbol{m} + t\mathbf{1}_i).$$

The function f si said coordinatewise increasing *if the latter inequalities are strict.*

Proposition 3
Let $f : \mathbb{C}^M \mapsto \mathbb{R}$ be a circular function. Then f is (resp. strictly) convex if and only if its restriction on $\mathbb{R}_+^M$ is a (resp. strictly) convex coordinatewise (resp. increasing) nondecreasing function.

Proposition 3 is proved in [Ciuciu et al., 2000, Appendix A]. Let us apply it to f_α. The resulting convexity conditions of f_α are summarized in the following corollary.

Corollary 1
Let f_α be defined by (III.18). Suppose that ϕ is circular, C^2 and convex on $\mathbb{C}^M$. Then, f_α is strictly convex if and only if

$$\forall \boldsymbol{m} \in \mathbb{R}_+^M, \left\{ \begin{array}{rcl} \forall i \in \mathbb{N}_M,\ \alpha & < & m_i \left[\partial\phi/\partial m_i(\boldsymbol{m})\right]^{-1}, \\ I_M - \alpha \boldsymbol{H}_\phi(\boldsymbol{m}) & > & 0, \end{array} \right. \tag{III.22}$$

where $\boldsymbol{H}_\phi(\boldsymbol{m})$ stands for the Hessian matrix of ϕ at $\boldsymbol{m}$.

Let $\boldsymbol{b} = [\boldsymbol{v}_0, \ldots, \boldsymbol{v}_{P-1}]^{\mathrm{t}}$. If (III.22) are ensured, expression of the HQ extension of $\mathcal{R}$ follows from (III.19) and (III.21):

$$\mathcal{S}^{\mathrm{GY}}(\boldsymbol{x}, \boldsymbol{b}) = \frac{1}{2\alpha} \sum_{p=0}^{P-1} \left(\|\boldsymbol{u}_p - \boldsymbol{v}_p\|^2 + 2\,\zeta_\alpha(|\boldsymbol{v}_p|) \right). \tag{III.23}$$

To complete this part, it remains to formulate two propositions pertaining to global convergence of the proposed RSD method minimizing $\mathcal{K}^{\mathrm{GY}} = \mathcal{Q} + \Lambda\mathcal{S}^{\mathrm{GY}}$. They constitute straightforward multivariate extensions of [Idier, 1999, Theorem 1] and [Idier, 1999, Corollary 1], respectively.

Proposition 4
Let $\phi : \mathbb{C}^M \mapsto \mathbb{R}$ be C^1 and convex. Then, ζ_α, defined by (III.20), is convex if conditions (III.22) hold and

$$\alpha \leqslant \lim_{\|\boldsymbol{x}\| \to \infty} \|\boldsymbol{x}\|^2 / 2\phi(\boldsymbol{x}). \tag{III.24}$$

Strict convexity of ζ_α requires that ϕ is strictly convex and that inequality (III.24) is strict.

Proposition 5
Assume that ϕ meets the conditions of Proposition 4. Then,

$$\begin{aligned} \phi \text{ strictly convex} \quad &\Longrightarrow \quad \mathcal{S}^{\mathrm{GY}} \text{ strictly convex}, \\ f_\alpha \text{ strictly convex} \quad &\Longrightarrow \quad \mathcal{S}^{\mathrm{GY}}\ C^1. \end{aligned}$$

Proposition 5 shows that $\mathcal{K}^{\mathrm{GY}}$ possesses properties (III.4b)-(III.4c) if strictly convex functions are considered for ϕ and f_α. The resulting HQ BCD algorithm converges towards the unique global minimizer $(\widehat{\boldsymbol{x}}, \widehat{\boldsymbol{b}})$ [Idier, 1999; Bertsekas, 1995].

III.2.2.3 Application to the separable case

Here, our aim is to show that a *bivariate* application ($M = 1$) of the proposed multivariate construction provides a HQ extension of $\mathcal{R}_{\mathrm{L}}$, the circular separable penalization encountered for LS recovering. In such a situation, ϕ is defined on $\mathbb{C}$ ($M = 1, \boldsymbol{u}_p = x_p$) by

$$\phi(\boldsymbol{u}_p) = R_0(\rho_p), \tag{III.25}$$

so that (III.19) holds.

For $R_0 \in \mathcal{D}$, the global criterion $\mathcal{J}$ satisfies constraints (III.4b)-(III.4c). Apply Proposition 3 with $M = 1$, then $\phi = R_0$ is (resp. strictly) convex on $\mathbb{C}$ *if and only if* it is (resp. increasing) nondecreasing on $\mathbb{R}_+$ and (resp. strictly) convex on $\mathbb{R}$. Since $R_0 \in \mathcal{D}$, it is a nondecreasing convex function so that ϕ is convex on $\mathbb{C}$. Since ϕ is defined on $\mathbb{C}$, the present convex conjugacy operation is bivariate and involves a single complex auxiliary variable $\boldsymbol{v}_p = b_p$. In order that (III.21) holds, f_α has to be strictly convex. From (III.25), ϕ and then f_α are circular. Thus, Corollary 1 is applicable and f_α is strictly convex *if and only if*

$$\begin{aligned} \alpha &< \min_{\rho \geqslant 0} \left[\rho / R_0'(\rho)\right], \\ \alpha &< 1/\max_{\rho \geqslant 0} R_0''(\rho) = 1/R_0''(0), \end{aligned} \tag{III.26}$$

where the last equality deduces from the definition of $\mathcal{D}$.

Example 1
For LS restoration, the hyperbolic *potential* $R_0(\rho) = \sqrt{\tau_0^2 + \rho^2}$ *has been used in [Ciuciu et al., 2000]. Then,* f_α *is strictly convex if and only if* $\alpha < \tau_0$.

Since ϕ is circular, so is ζ_α according to Proposition 2. Then, given $|\boldsymbol{v}_p| = |b_p| = \beta_p \in \mathbb{R}_+$, (III.21)-(III.23) read

$$\phi_\alpha(\rho_p) = \inf_{b_p \in \mathbb{C}} \left(\frac{1}{2} |x_p - b_p|^2 + \zeta_\alpha(\beta_p) \right) \tag{III.27}$$

$$\mathcal{S}_{\mathrm{L}}^{\mathrm{GY}}(\boldsymbol{x}, \boldsymbol{b}) = \frac{1}{2\alpha} \left(\|\boldsymbol{x} - \boldsymbol{b}\|^2 + 2 \sum_{p=0}^{P-1} \zeta_\alpha(\beta_p) \right) \tag{III.28}$$

with $\boldsymbol{b} = [b_0, \ldots, b_{P-1}]^{\mathrm{t}} \in \mathbb{C}^P$. Since a complex auxiliary variable b_p is coupled to any spectral amplitude x_p, $\mathcal{S}_{\mathrm{L}}^{\mathrm{GY}}$ depends on twice more real auxiliary variables than $\mathcal{S}_{\mathrm{L}}^{\mathrm{GR}}$.

When $R_0 \in \mathcal{D}$ and (III.26) is satisfied, ϕ is linear at infinity, then (III.24) is automatically ensured. Therefore, Propositions 4-5 apply and both energies $\mathcal{S}_{\mathrm{L}}^{\mathrm{GY}}$ and $\mathcal{K}_{\mathrm{L}}^{\mathrm{GY}} = \mathcal{Q} + \lambda' \mathcal{S}_{\mathrm{L}}^{\mathrm{GY}}$, with $\lambda' = \lambda/\alpha$, are strictly convex and C^1. In particular, for the hyperbolic potential of Example 1, if $\alpha < \tau_0$, $\mathcal{K}_{\mathrm{L}}^{\mathrm{GY}}$ fulfills (III.4b)-(III.4c). By contrast, with the log-Cauchy potential [Sacchi et al., 1998], no convexity result of $\mathcal{K}_{\mathrm{L}}^{\mathrm{GY}}$ is available, even if the function f_α is circular, C^2 and strictly convex for $\alpha < \tau_0^2$, according to (III.26).

III.2.2.4 The RSD algorithm for LS restoration

The different steps of the RSD (or BCD-GY) algorithm for computing line spectra are now detailed.

From (III.28), $\mathcal{K}_{\mathrm{L}}^{\mathrm{GY}}$ admits the following expression

$$\mathcal{K}_{\mathrm{L}}^{\mathrm{GY}}(\boldsymbol{x}, \boldsymbol{b}) = \boldsymbol{x}^\dagger \Lambda_{\mathrm{L}} \boldsymbol{x} - 2\Re\left(\boldsymbol{x}^\dagger \xi_{\mathrm{L}}(\boldsymbol{b})\right) + \Psi_{\mathrm{L}}(\boldsymbol{b}), \tag{III.29}$$

where

$$\begin{aligned} \Lambda_{\mathrm{L}} &= W_{NP}^\dagger W_{NP} + \lambda'/2 I_P, \\ \xi_{\mathrm{L}}(\boldsymbol{b}) &= W_{NP}^\dagger \boldsymbol{y} + \lambda' \boldsymbol{b}/2, \\ \Psi_{\mathrm{L}}(\boldsymbol{b}) &= \lambda' \left(\|\boldsymbol{b}\|^2 /2 + \sum_{p=0}^{P-1} \zeta_\alpha(\beta_p) \right). \end{aligned} \tag{III.30}$$

On one hand, the auxiliary variables are updated jointly, since they do not interact. Thanks to Proposition 1, no closed form of ζ_α is necessary to calculate the minimizer $\widehat{\boldsymbol{b}}(\boldsymbol{x})$ of $\mathcal{K}_{\mathrm{L}}^{\mathrm{GY}}$. From the current expression of f_α, each component $\widehat{b}_p$, for $p \in \mathbb{N}_P$, is given by:

$$\widehat{b}(x_p) = x_p - \alpha\phi'(x_p) = x_p - \alpha\, R_0'(\rho_p)\, x_p/\rho_p. \tag{III.31}$$

On the other hand, it is shown that the minimizer $\widehat{\boldsymbol{x}}(\boldsymbol{b})$ of $\mathcal{K}_{\mathrm{L}}^{\mathrm{GY}}$ can be computed in the Fourier domain thanks to circularity of Λ_{L}. To this end, remark that Λ_{L} is independent of $\boldsymbol{b}$. Moreover, $W_{NP}^\dagger W_{NP}$ is circulant as shown in [Giovannelli and Idier, 1999], which allows to decompose it in the Fourier basis $W_{PP}^\dagger$ ($W_{PP}W_{PP}^\dagger = W_{PP}^\dagger W_{PP} = PI_P$). More precisely, we have $W_{NP}^\dagger W_{NP} = W_{PP}^\dagger \Sigma W_{PP}$, where the diagonal matrix Σ is only composed of two different eigenvalues, 1 and 0, of respective order N and $P-N$. Therefore, Λ_{L} is circulant, and we get $\Lambda_{\mathrm{L}} = W_{PP}^\dagger \Delta_{\mathrm{L}} W_{PP}/P$, with

$$\Delta_{\mathrm{L}} = \left(\begin{array}{c|c} (P+\lambda'/2)\, I_N & 0_{N,P-N} \\ \hline 0_{P-N,N} & \lambda'/2\, I_{P-N} \end{array}\right). \tag{III.32}$$

Hence, Λ_{L} is invertible and $\Lambda_{\mathrm{L}}^{-1}$ reads

$$\Lambda_{\mathrm{L}}^{-1} = \frac{1}{P} W_{PP}^\dagger \Delta_{\mathrm{L}}^{-1} W_{PP}, \tag{III.33}$$

so that $\widehat{\boldsymbol{x}}(\boldsymbol{b})$ is given by:

$$\begin{aligned} \widehat{\boldsymbol{x}}(\boldsymbol{b}) &= \Lambda_{\mathrm{L}}^{-1}\xi_{\mathrm{L}}(\boldsymbol{b}) = \frac{1}{P} W_{PP}^\dagger \Delta_{\mathrm{L}}^{-1} W_{PP}\xi_{\mathrm{L}}(\boldsymbol{b}) \\ &= \frac{1}{P} W_{PP}^\dagger \Delta_{\mathrm{L}}^{-1}\left(P\widetilde{\boldsymbol{y}}_P + \frac{\lambda'}{2} W_{PP}\boldsymbol{b}\right), \end{aligned} \tag{III.34}$$

since $W_{NP}^{+}\boldsymbol{y}$ corresponds to the canonical projection from $\mathbb{C}^N$ onto $\mathbb{C}^P$:

$$W_{NP}^{+}\boldsymbol{y} = W_{PP}^\dagger \begin{bmatrix} I_N \\ \mathbf{0}_{P-N,N} \end{bmatrix} \boldsymbol{y} = W_{PP}^\dagger \widetilde{\boldsymbol{y}}_P.$$

After setting an initial value $\boldsymbol{x}^{(0)}$, the present iterative RSD method works as follows.

- BCD-GY/L$_1$: Minimization of $\mathcal{K}_{\mathrm{L}}^{\mathrm{GY}}$ w.r.t. $\boldsymbol{b}$:

$$\boldsymbol{b}^{(i)} = \widehat{\boldsymbol{b}}(\boldsymbol{x}^{(i-1)}) = \left[\ldots, \widehat{b}(x_k^{(i-1)}), \ldots\right]^{\mathrm{t}}, \; k \in \mathbb{N}_P,$$

  where $\widehat{b}(\cdot)$ is given by (III.31).
- BCD-GY/L$_2$: Minimization of $\mathcal{K}_{\mathrm{L}}^{\mathrm{GY}}$ w.r.t. $\boldsymbol{x}$:

$$\boldsymbol{x}^{(i)} = \widehat{\boldsymbol{x}}(\boldsymbol{b}^{(i)}), \tag{III.35}$$

  where $\widehat{\boldsymbol{x}}(.)$ is obtained from (III.34).

MATLAB code for the core RSD algorithm is provided in Table III.1.

The main motivation of this part was to introduce multivariate HQ regularization based on Geman and Yang's construction, from which we propose a HQ BCD algorithm different from IRLS. Indeed, for SS restoration, IRLS cannot be implemented, and only this multivariate process gives access to convex HQ criteria, making a BCD method convergent.

Table III.1: *Minimization algorithm for computing line spectra.*

1. Initialization: *e.g.*, zero padded periodogram:
```
Ypad= [y;zeros(P-N,1)];x0=fft(Ypad)/N;
omb1=1;omb2=1.95;omx=1.9;
```
2. Compute $\mathcal{J}$ with `subroutine fun.`
```
J0= fun(y,x0,lambda,tau);
```
3. Save in memory:
```
ybis=2*N/P*y;x=x0;lb=lambda/alpha;
```
4. iteration i
   - Parallelized update of $\boldsymbol{b}^{(i)}$:
     ```
     %Compute ∇R_L with subroutine grad
     b1=x-alpha*x./abs(x)*grad(abs(x));
     %over-relaxation of b
     omb=omb1+omb2*(1-log(2)/log(i+1));
     b=omb*b1+(1-omb)*b; %1<=omb<=2
     ```
   - Global update of $\boldsymbol{x}^{(i)}$:
     ```
     %Compute ξ(b^(i)):'
     xi=lb*b;Fxi=ifft(xi,P)*sqrt(N);
     Fxi(1:N)=Fxi(1:N)+ybis;
     DMFxi=[2*N/P*Fxi(1:N),lb*Fxi(N+1:P)];
     %Compute x^(i)
     x1=fft(DMFxi,P)/sqrt(N);
     %Over relaxation of x^(i):
     x=omx*x1+(1-omx)*x; %1<=omx<=2
     ```
   - Compute stopping criteria:
     ```
     J1=fun(y,x,lambda,tau);
     DF=(J0-J1)/J0;
     Dx=sum(abs(x-x0))/sum(abs(x));
     ```
   - Updates:
     ```
     J0=J1;x0=x;
     ```
5. Iterate: `i=i+1;` until `DF<`α_1 & `Dx<`α_2.

III.3 HQ solution to SS restoration

III.3.1 Regularizing energy

Denote $\boldsymbol{d}_p$ the pth first-order difference vector: $\boldsymbol{d}_p = \mathbf{1}_{p+1} - \mathbf{1}_p$ for any $p > 0$ and $\boldsymbol{d}_{P-1} = \mathbf{1}_0 - \mathbf{1}_{P-1}$, where $\mathbf{1}_p$ is the pth canonical vector. To retrieve SS estimates, the following circular Gibbs-Markov penalization [Ciuciu et al., 2000] has been proposed

$$\mathcal{R}_s(\boldsymbol{x}) = \frac{1}{2}\sum_{p=0}^{P-1} l(x_p, x_{p+1}), \tag{III.36}$$

$$l(x_p, x_{p+1}) = q_p + q_{p+1} + 2\mu R_1(\boldsymbol{d}_p^{\mathrm{t}}\boldsymbol{q}), \tag{III.37}$$

where the subscript "s" stands for *smooth* and parameter $\mu > 0$ tunes the amount of spectral smoothness. Vector $\boldsymbol{q} = [q_0, q_1, \ldots, q_{P-1}]^{\mathrm{t}} \in \mathbb{R}_+^P$ is a differentiable approximation of $\boldsymbol{\rho}$, $q_p = \varphi_\varepsilon(x_p)$, and φ_ε is the strictly convex potential defined by

$$\varphi_\varepsilon : \mathbb{C} \mapsto \mathbb{R}_+, \quad \varphi_\varepsilon(x) = \sqrt{\varepsilon^2 + |x|^2}, \tag{III.38}$$

As stated in [Ciuciu et al., 2000, Corol. 2], l and then $\mathcal{R}_s$ satisfy (III.4b)-(III.4c) provided that

$$\begin{aligned} &R_1 \text{ is even and convex,} \\ &\mu \leqslant \mu_{\text{sup}} = 1/2R_1'(\infty). \end{aligned} \tag{III.39}$$

Example 2
In [Ciuciu et al., 2000], simulations for SS restoration have been performed with the hyperbolic funtion $R_1(\rho) = \sqrt{\tau_1^2 + \rho^2}$*, such the amount of smoothness must not exceed* $\mu_{\text{sup}} = 1/2$ *for ensuring strict convexity of* $\mathcal{R}_s$*.*

In the following, R_1 is even and meets the properties of potentials belonging to $\mathcal{D}$. Then, we first show that Geman and Reynolds's construction is unable to provide a HQ development of the penalization $\mathcal{R}_s$, before exposing a solution based on a multivariate extension of Geman and Yang's HQ regularization.

III.3.2 IRLS is inadequate for SS restoration

From the HQ viewpoint, inadequacy of IRLS can be studied as follows. To obtain a HQ extension of $\mathcal{R}_s$, the potential $R_1(\boldsymbol{d}_p^{\mathrm{t}}\boldsymbol{q})$ should read as the infimum of an augmented HQ function. Unfortunately, following the process exposed in Section III.2, we find

$$R_1(\boldsymbol{d}_p^{\mathrm{t}}\boldsymbol{q}) = \inf_{b \in \mathbb{R}_+} \left(b\, (\boldsymbol{d}_p^{\mathrm{t}}\boldsymbol{q})^2 + \psi(b) \right), \tag{III.40}$$

since R_1 meets conditions (III.10). Clearly, the augmented energy involved in (III.40) is quadratic in $\boldsymbol{q}$, but not in $\boldsymbol{x}$. Actually, we have found no modified version of (III.40) to compute SS estimates with the IRLS algorithm. On the contrary, proper adaptation of RSD is possible as shown now.

III.3.3 Quadrivariate extension of Geman and Yang's process

Following Section III.2.2.3, function ϕ has to be defined. As outlined by Proposition 5, strictly convex functions ϕ provide simple convergence criteria for HQ BCD methods. Assuming that (III.39) holds, l defined by (III.37), is convex and $\phi = l$ meets the conditions of Corollary 1.

$\mu \in (0, \mu_{\text{sup}})$, as a sum of strictly convex local energies, ϕ is necessary given by Then, the present function f_α is defined on $\mathbb{C}^2$, which implies that the conjugacy operation at hand is quadrivariate ($M = 2$). Hence, two complex auxiliary variables $\boldsymbol{v} = [b_p^+, b_{p+1}^-]^{\text{t}}$ are coupled to $\boldsymbol{u} = [x_p, x_{p+1}]^{\text{t}}$. This amounts to involving twice more real auxiliary variables in $\mathcal{K}_{\text{S}}^{\text{GY}}$ than in $\mathcal{K}_{\text{L}}^{\text{GY}}$.

The second step for deriving an HQ extension of ϕ is to guaranty strict convexity of f_α. According to Proposition 3, the restriction of f_α on $\mathbb{R}_+^2$ has to be strictly convex and coordinatewise increasing. The latter result is shown in the following proposition.

Proposition 6
Let us denote $|\boldsymbol{u}_p| = [\rho_p, \rho_{p+1}]^{\text{t}}$, $\boldsymbol{m}_{\boldsymbol{u}_p} = [q_p, q_{p+1}]^{\text{t}}$ *and introduce*

$$\begin{aligned} \varphi(|\boldsymbol{u}_p|) &= \boldsymbol{m}_{\boldsymbol{u}_p}, \\ t_\alpha(\boldsymbol{m}_{\boldsymbol{u}_p}) &= \frac{\boldsymbol{m}_{\boldsymbol{u}_p}^\dagger \boldsymbol{m}_{\boldsymbol{u}_p}}{2} - \alpha\phi(\boldsymbol{m}_{\boldsymbol{u}_p}), \end{aligned}$$

then the restriction of f_α *on* $\mathbb{R}_+^2$ *rereads*

$$\begin{aligned} f_\alpha(|\boldsymbol{u}_p|) &= t_\alpha(\boldsymbol{m}_{\boldsymbol{u}_p}) + \frac{|\boldsymbol{u}_p|^\dagger |\boldsymbol{u}_p| - \boldsymbol{m}_{\boldsymbol{u}_p}^\dagger \boldsymbol{m}_{\boldsymbol{u}_p}}{2}, \\ &= t_\alpha \circ \varphi(|\boldsymbol{u}_p|) - \varepsilon^2, \end{aligned}$$

and then f_α *is strictly convex on* $\mathbb{C}^2$ *if*

$$\begin{aligned} \alpha &< \frac{\varepsilon}{1 + 2\mu \max\limits_{\rho \geqslant 0} R_1'(\rho)} = \frac{\varepsilon}{1 + 2\mu R_1'(\infty)}, \\ \alpha &< \frac{1}{4\mu \max\limits_{\rho \geqslant 0} R_1''(\rho)} = \frac{1}{4\mu R_1''(0)}. \end{aligned} \tag{III.41}$$

Proof 2
see Appendix III.B.

Remark 1
For the hyperbolic potential R_1 *of Example 2,* f_α *is strictly convex if* $\alpha < \varepsilon/(1 + 2\mu)$ *and* $\alpha < \tau_1/4\mu$.

Since ϕ is circular ($\phi(\boldsymbol{u}_p) = \phi(|\boldsymbol{u}_p|)$), so is ζ_α according to Proposition 2. Let us denote $|\boldsymbol{v}_p| = [|b_p^+|, |b_{p+1}^-|]^{\rm t} = [\beta_p^+, \beta_{p+1}^-]^{\rm t}$, (III.21)-(III.23) read

$$\phi_\alpha(q_p, q_{p+1}) = \inf_{(b_p^+, b_{p+1}^-)\in\mathbb{C}^2} \left(\frac{|x_p - b_p^+|^2 + |x_{p+1} - b_{p+1}^-|^2}{2} + \zeta_\alpha(\beta_p^+, \beta_{p+1}^-) \right) \quad \text{(III.42)}$$

$$\mathcal{S}_{\rm S}^{\rm GY}(\boldsymbol{x}, \boldsymbol{b}) = \frac{1}{2\alpha}\left(\left\|\boldsymbol{x} - \boldsymbol{b}^+\right\|^2 + \left\|\boldsymbol{x} - \boldsymbol{b}^-\right\|^2 + 2\sum_{p=0}^{P-1} \zeta_\alpha(\beta_p^+, \beta_{p+1}^-)\right) \quad \text{(III.43)}$$

with $\boldsymbol{b} = [\boldsymbol{b}^- \mid \boldsymbol{b}^+]$ the $P \times 2$ complex matrix of auxiliary variables, and $\boldsymbol{b}^\pm = \left[b_0^\pm, b_1^\pm, \ldots, b_{P-1}^\pm\right]^{\rm t} \in \mathbb{C}^P$ ($b_0^- = b_{P-1}^+$ because of the circularity constraint $x_P = x_0$).

In order to prove convergence of the RSD (or BCD-GY) algorithm working on $\mathcal{K}_{\rm S}^{\rm GY} = \mathcal{Q} + \lambda' \mathcal{S}_{\rm S}^{\rm GY}$, we resort to Proposition 5 with $M = 2$. Since ϕ and f_α are strictly convex if (III.39) and (III.41) hold, respectively, $\mathcal{K}_{\rm S}^{\rm GY}$ is strictly convex and C^1. Therefore, we conclude that any BCD method minimizing $\mathcal{K}_{\rm S}^{\rm GY}$ converges to the global minimizer $(\widehat{\boldsymbol{x}}, \widehat{\boldsymbol{b}})$. The main steps of the RSD algorithm devoted to SS restoration are now highlighten.

III.3.4 The RSD algorithm for SS restoration

The criterion $\mathcal{K}_{\rm S}^{\rm GY}$ is written in the form (III.29) for the following set $(\Lambda_{\rm S}, \xi_{\rm S}, \Psi_{\rm S})$:

$$\Lambda_{\rm S} = W_{NP}^\dagger W_{NP} + \lambda' I_P = W_{PP}^\dagger \Delta_{\rm S} W_{PP}/P, \quad \text{(III.44)}$$

$$\xi_{\rm S}(\boldsymbol{b}) = W_{NP}^\dagger \boldsymbol{y} + \lambda'(\boldsymbol{b}^+ + \boldsymbol{b}^-)/2,$$

$$\Psi_{\rm S}(\boldsymbol{b}) = \lambda'\Big(\left\|\boldsymbol{b}^+\right\|^2/2 + \left\|\boldsymbol{b}^-\right\|^2/2 + \sum_{p=0}^{P-1} \zeta_\alpha(\beta_p^+, \beta_{p+1}^-)\Big).$$

Whereas $\mathcal{K}_{\rm L}^{\rm GR}$ and $\mathcal{K}_{\rm L}^{\rm GY}$ are separable functions of auxiliary variables, b_{p+1}^- and b_p^+ locally interact within $\mathcal{K}_{\rm S}^{\rm GY}$. As a consequence, searching for the minimizer $\widehat{\boldsymbol{b}}(\boldsymbol{x})$ of $\mathcal{K}_{\rm S}^{\rm GY}$ requires to jointly update b_{p+1}^- and b_p^+ in the core algorithm, in order to preserve a fully parallel scheme. From expression of f_α and given Proposition 1, $\widehat{b}_{p+1}^-$ and $\widehat{b}_p^+$ are given by

$$\begin{aligned} \widehat{b}^-(x_p, x_{p+1}) &= x_{p+1} - \alpha \left.\frac{\partial\phi}{\partial x_{p+1}}\right|_{\boldsymbol{u}} &= x_{p+1} - \alpha\, \varphi_\varepsilon'(\rho_{p+1}) \times (1 - 2\mu R_1'(q_p - q_{p+1}))/2x_{p+1}, \\ \widehat{b}^+(x_p, x_{p+1}) &= x_p - \alpha \left.\frac{\partial\phi}{\partial x_p}\right|_{\boldsymbol{u}} &= x_p - \alpha\, \varphi_\varepsilon'(\rho_p) \times (1 + 2\mu R_1'(q_p - q_{p+1}))/2x_p. \end{aligned} \quad \text{(III.45)}$$

Matrix $\Lambda_{\rm S}$ is circulant and its diagonal representation $\Delta_{\rm S}$ in the Fourier basis identifies with (III.32), where λ' is replaced by its double. Hence, $\Lambda_{\rm S}$ is invertible, and $\Lambda_{\rm S}^{-1}$ is given by (III.33) where $\Delta_{\rm S}^{-1}$ is deduced from the new matrix $\Delta_{\rm S}$. It follows that the minimizer $\widehat{\boldsymbol{x}}(\boldsymbol{b})$ of $\mathcal{K}_{\rm S}^{\rm GY}$ is calculated by

$$\widehat{\boldsymbol{x}}(\boldsymbol{b}) = \frac{1}{P} W_{PP}^\dagger \Delta_{\rm S}^{-1}\big(P\widetilde{\boldsymbol{y}}_P + \lambda'(\boldsymbol{b}^+ + \boldsymbol{b}^-)/2\big). \quad \text{(III.46)}$$

After setting $\boldsymbol{x}^{(0)}$, the iterative RSD algorithm works as follows.

– BCD-GY/S$_1$: Minimization of $\mathcal{K}_{\mathrm{S}}^{\mathrm{GY}}$ w.r.t. $\boldsymbol{b}$:

$$\begin{aligned}
\boldsymbol{b}^{(i)} &= \left[\boldsymbol{b}^{-\,(i)} \mid \boldsymbol{b}^{+\,(i)}\right], \text{ with} \\
\boldsymbol{b}^{-\,(i)} &= \left[\ldots, \widehat{b}^{-}\left(x_{k[P]}^{(i-1)}, x_{(k+1)[P]}^{(i-1)}\right), \ldots\right], \ k = -1, \ldots, P-2, \\
\boldsymbol{b}^{+\,(i)} &= \left[\ldots, \widehat{b}^{+}\left(x_{k[P]}^{(i-1)}, x_{(k+1)[P]}^{(i-1)}\right), \ldots\right], \ k \in \mathbb{N}_P.
\end{aligned}$$

where $[.]$ stands for the modulo operator and $\widehat{b}^{-}(\cdot), \widehat{b}^{+}(\cdot)$ are provided by (III.45).

– BCD-GY/S$_2$: $\boldsymbol{x}^{(i)}$ is still computable in the Fourier domain according to (III.46): $\boldsymbol{x}^{(i)} = \widehat{\boldsymbol{x}}(\boldsymbol{b}^{(i-1)})$.

Remark 2

For solving (III.46), only the sum $\mathbf{b}^{+} + \mathbf{b}^{-}$ is needed. Consequently, the storage of $\mathbf{b}^{+}$ may be saved.

MATLAB code for computing SS estimates is reported to Table III.2. It is obtained by replacing equations (III.31)-(III.34) by (III.45)-(III.46).

Given both HQ developments of separable and Gibbs-Markov penalty functions, the purpose of the next part is to show that extension to the MS case is straightforward.

III.4 HQ solution to MS restoration

III.4.1 The "mixed" model

To retrieve "mixed" spectral distributions, *i.e.,* a small set of frequency peaks embedded in smoother spectral components, the reference [Ciuciu et al., 2000] introduces a specific model relating data to unknowns, called the "mixed" model. It supposes that the unknowns vector $\boldsymbol{x} = [\boldsymbol{x}_{\mathrm{L}}^{\mathrm{t}}, \boldsymbol{x}_{\mathrm{S}}^{\mathrm{t}}]^{\mathrm{t}} \in \mathbb{C}^{2P}$ consists of a line portion $\boldsymbol{x}_{\mathrm{L}}$ and a smooth portion $\boldsymbol{x}_{\mathrm{S}}$. The resulting fidelity to data term $\mathcal{Q}_{\mathrm{M}}$ [3] reads:

$$\mathcal{Q}_{\mathrm{M}}(\boldsymbol{x}) = \|\boldsymbol{y} - W_{NP}(\boldsymbol{x}_{\mathrm{L}} + \boldsymbol{x}_{\mathrm{S}})\|^2 = \|\boldsymbol{y} - W_{NP}\boldsymbol{C}\boldsymbol{x}\|^2,$$

where $\boldsymbol{C} = [I_P \mid I_P]$ is a $P \times 2P$ circulant matrix. Then, the global regularization function $\mathcal{R}_{\mathrm{M}}$ derived in [Ciuciu et al., 2000] penalizes $\boldsymbol{x}_{\mathrm{L}}$ as for LS estimation and $\boldsymbol{x}_{\mathrm{S}}$ as for SS restoration:

$$\mathcal{R}_{\mathrm{M}}(\boldsymbol{x}) = \lambda_{\mathrm{L}}\mathcal{R}_{\mathrm{L}}(\boldsymbol{x}_{\mathrm{L}}) + \lambda_{\mathrm{S}}\mathcal{R}_{\mathrm{S}}(\boldsymbol{x}_{\mathrm{S}}), \tag{III.47}$$

where $\mathcal{R}_{\mathrm{L}}$ is given by (III.6) and $\mathcal{R}_{\mathrm{S}}$ by (III.36). Choosing $\lambda_{\mathrm{L}} \ll \lambda_{\mathrm{S}}$ nullifies $\boldsymbol{x}_{\mathrm{S}}$ since $\mathcal{R}_{\mathrm{S}}$ is made up by a separable penalty term, such as $\mathcal{R}_{\mathrm{L}}$, and a Gibbs-Markov one. Choosing $\lambda_{\mathrm{L}} \gg \lambda_{\mathrm{S}}$ induces the reverse effect. As shown in [Ciuciu et al., 2000], λ_{L} and λ_{S} vary on the same range.

3. The subscript "M" stands for *mixed*.

Table III.2: *Minimization algorithm for computing smooth spectra.*

1. Initialization: *e.g.*, zero padded periodogram:

```
Ypad= [y;zeros(P-N,1)];x0=fft(Ypad)/N;
omb1=1;omb2=1.95;omx=1.9;
```

2. Compute $\mathcal{J}$ with `subroutine fun`.

```
J0= fun(y,x0,lambda,mu,tau,delta,epsilon);
```

3. Save in memory:

```
ybis=2*N/P*y;x=x0;lb=lambda/alpha;
```

4. iteration i

   – Parallelized update of the sum $\boldsymbol{b}^{(i)+} + \boldsymbol{b}^{(i)-}$:

```
%grad: subroutine for computing ∇R_s
%symdif.m:
%[x1;...;xn]-->[x1-x2;...;xn-1-xn;xn-x1]
%symdif2.m:
%[x1;...;xn]-->[xn-x1;x1-x2;...;xn-1-xn]
z=abs(x);
b1=2*x-alpha*x./z*(grad(R2(z)/2 + ...
mu*R1(symdif(z)))+ grad(R2(z)/2 + ...
mu*R1(symdif2(z))));
%over-relaxation of b
omb=omb1+omb2*(1-log(2)/log(i+1));
b=omb*b1+(1-omb)*b; %1<=omb<=2
```

   – Global update of $\boldsymbol{x}^{(i)}$:

```
%Compute ξ(b^(i)):
xi=lb*b;
Fxi=ifft(xi,P)*sqrt(N);
Fxi(1:N)=Fxi(1:N)+ybis;
DMFxi=2*[N/P*Fxi(1:N),lb*Fxi(N+1:P)];
%Compute x^(i)
x1=fft(DMFxi,P)/sqrt(N);
%Over relaxation of x^(i):'
x=omx*x1+(1-omx)*x; %1<=omx<=2
```

   – Compute stopping criteria:

```
J1=fun(y,x,lambda,mu,tau,delta,epsilon);
DF=(J0-J1)/J0;Dx=sum(abs(x-x0))/sum(abs(x));
```

   – Updates:

```
J0=J1;x0=x;
```

5. Iterate: `i=i+1;` until `DF<`α_1 & `Dx<`α_2.

As expected, $\mathcal{R}_{\text{M}}$ is circular *i.e.*, $\mathcal{R}_{\text{M}}(\boldsymbol{x}) = \mathcal{R}_{\text{M}}(\boldsymbol{\rho})$, where $\boldsymbol{\rho} = [\boldsymbol{\rho}_{\text{L}}^{\text{t}}, \boldsymbol{\rho}_{\text{S}}^{\text{t}}]^{\text{t}} \in \mathbb{R}_{+}^{2P}$. In addition, $\mathcal{R}_{\text{M}}$ fulfills (III.4b)-(III.4c) as a sum of strictly convex and C^1 penalty functions, $\mathcal{R}_{\text{L}}$ and $\mathcal{R}_{\text{S}}$. Then, the global criterion $\mathcal{J}_{\text{M}}$, given by

$$\mathcal{J}_{\text{M}}(\boldsymbol{x}) = \mathcal{Q}_{\text{M}}(\boldsymbol{x}) + \mathcal{R}_{\text{M}}(\boldsymbol{x}),$$

also possess these properties, and its global minimizer is defined by

$$\widehat{\boldsymbol{x}} = \left[\widehat{\boldsymbol{x}}_{\text{L}}^{\text{t}}, \widehat{\boldsymbol{x}}_{\text{S}}^{\text{t}}\right] = \arg\min_{\boldsymbol{x}_{\text{L}}, \boldsymbol{x}_{\text{S}}} \mathcal{J}_{\text{M}}(\boldsymbol{x}),$$

Finally, the estimated power spectrum is taken as the squared modulus of the components of $\widehat{\boldsymbol{x}}_{\text{L}} + \widehat{\boldsymbol{x}}_{\text{S}}$. Hereafter, we examine the HQ extension of $\mathcal{R}_{\text{M}}$.

III.4.2 HQ mixed criterion

As shown by (III.47), $\boldsymbol{x}_{\text{L}}$ and $\boldsymbol{x}_{\text{S}}$ do not interact within the penalization $\mathcal{R}_{\text{M}}$, so that deriving its HQ extension is a direct application of Section III.2.2.3 and Section III.3.3. Provided that $R_0 \in \mathcal{D}$ and (III.39) holds, functions $\phi_{\text{L}} = R_0$ and $\phi_{\text{S}} = l$ are strictly convex. If in addition conditions (III.26)-(III.41) are fulfilled by parameters α_{L} and α_{S}, then ϕ_{L} and ϕ_{S} reread as infima of HQ energies, given by (III.27) and (III.42), respectively. As a consequence, expressions (III.28) and (III.43) of HQ criteria $\mathcal{S}_{\text{L}}^{\text{GY}}$ and $\mathcal{S}_{\text{S}}^{\text{GY}}$ are available, so that $\mathcal{S}_{\text{M}}^{\text{GY}}$ is defined by

$$\mathcal{S}_{\text{M}}^{\text{GY}}(\boldsymbol{x}, \boldsymbol{b}) = \frac{1}{\alpha_{\text{L}}}\mathcal{S}_{\text{L}}^{\text{GY}}(\boldsymbol{x}_{\text{L}}, \boldsymbol{b}_{\text{L}}) + \frac{1}{\alpha_{\text{S}}}\mathcal{S}_{\text{S}}^{\text{GY}}(\boldsymbol{x}_{\text{S}}, \boldsymbol{b}_{\text{S}}^{\pm})$$

Let $\boldsymbol{b} = [\boldsymbol{b}_{\text{L}} \mid \boldsymbol{b}_{\text{S}}^{+} \mid \boldsymbol{b}_{\text{S}}^{-}]$ denote the $P \times 3$ matrix of complex auxiliary variables then the HQ objective function $\mathcal{K}_{\text{M}}$ is given by

$$\mathcal{K}_{\text{M}}^{\text{GY}}(\boldsymbol{x}, \boldsymbol{b}) = \mathcal{Q}(\boldsymbol{x}) + \lambda_{\text{L}}'\mathcal{S}_{\text{L}}^{\text{GY}}(\boldsymbol{x}_{\text{L}}, \boldsymbol{b}_{\text{L}}) + \lambda_{\text{S}}'\mathcal{S}_{\text{S}}^{\text{GY}}(\boldsymbol{x}_{\text{S}}, \boldsymbol{b}_{\text{S}}^{\pm}) \tag{III.48}$$

where $\lambda_{\text{L}}' = \lambda_{\text{L}}/\alpha_{\text{L}}$ and $\lambda_{\text{S}}' = \lambda_{\text{S}}/\alpha_{\text{S}}$. From results stated on $\mathcal{S}_{\text{L}}^{\text{GY}}$ and $\mathcal{S}_{\text{S}}^{\text{GY}}$ in Section III.2.2.3 and Section III.3.3, it is obvious to conclude that $\mathcal{S}_{\text{M}}^{\text{GY}}$ and then $\mathcal{K}_{\text{M}}^{\text{GY}}$ are strictly convex and C^1. As a consequence, the proposed RSD algorithm converges to the global minimizer $(\widehat{\boldsymbol{x}}, \widehat{\boldsymbol{b}})$.

III.4.3 The RSD algorithm for MS restoration

$\mathcal{K}_{\text{M}}^{\text{GY}}$ rereads as (III.29) for the following set $(\Lambda_{\text{M}}, \xi_{\text{M}}, \Psi_{\text{M}})$:

$$\boldsymbol{\Lambda}_{\text{M}} = \left(\begin{array}{c|c} \Lambda_{\text{L}} & W_{NP}^{\dagger}W_{NP} \\ \hline W_{NP}^{\dagger}W_{NP} & \Lambda_{\text{S}} \end{array}\right),$$

$$\xi_{\text{M}}(\boldsymbol{b}) = \begin{bmatrix} \xi_{\text{L}}(\boldsymbol{b}_{\text{L}}) \\ \xi_{\text{S}}(\boldsymbol{b}_{\text{S}}) \end{bmatrix} = \begin{bmatrix} \widetilde{\boldsymbol{y}}_P + \lambda_{\text{L}}'\boldsymbol{b}_{\text{L}}/2, \\ \widetilde{\boldsymbol{y}}_P + \lambda_{\text{S}}'(\boldsymbol{b}_{\text{S}}^{+} + \boldsymbol{b}_{\text{S}}^{-})/2 \end{bmatrix},$$

$$\Psi_{\text{M}}(\boldsymbol{b}) = \lambda_{\text{L}}' \left\|\boldsymbol{b}_{\text{L}}\right\|^2/2 + \lambda_{\text{S}}'/2\left(\left\|\boldsymbol{b}_{\text{S}}^{-}\right\|^2 + \left\|\boldsymbol{b}_{\text{S}}^{+}\right\|^2\right) + \sum_{p=0}^{P-1}\left(\lambda_{\text{L}}'\zeta_{\alpha_{\text{L}}}(\beta_{\text{L},\,p}) + \lambda_{\text{S}}'\zeta_{\alpha_{\text{S}}}(\beta_{\text{S},\,p}^{+}, \beta_{\text{S},\,p+1}^{-})\right).$$

Matrices Λ_{L} and Λ_{S} are given by (III.30) and (III.44), respectively.

On one hand, the variables $\widehat{\boldsymbol{b}}_{\text{L}}(\boldsymbol{x}_{\text{L}})$ and $\widehat{\boldsymbol{b}}_{\text{S}}^{\pm}(\boldsymbol{x}_{\text{S}})$ can be updated according to (III.31) and (III.45), respectively, since they do not interact together.

On the other hand, calculating the minimizer $\widehat{\boldsymbol{x}}(\boldsymbol{b})$ of $\mathcal{K}_{\text{M}}^{\text{GY}}$ w.r.t. $\boldsymbol{x}$ is not as simpler as in the previous cases since $\boldsymbol{\Lambda}_{\text{M}}$ is not circulant. Nonetheless, $\boldsymbol{\Lambda}_{\text{M}}$ is block symmetric and its diagonal blocks are circulant matrices. As a consequence, the solution of $\boldsymbol{\Lambda}_{\text{M}}\widehat{\boldsymbol{x}} = \xi_{\text{M}}(\boldsymbol{b})$ can be computed in a efficient manner, provided that $\boldsymbol{\Lambda}_{\text{M}}^{-1}$ is well-defined. Following [Golub and Van Loan, 1989], $\boldsymbol{\Lambda}_{\text{M}}$ is invertible *if and only if* Λ_{S} and

$$\boldsymbol{T} = \Lambda_{\text{L}} - W_{NP}^{\dagger} W_{NP} \Lambda_{\text{S}}^{-1} W_{NP}^{\dagger} W_{NP}, \tag{III.49}$$

are both invertible. First, according to (III.33) and (III.44), Λ_{L} and Λ_{S} are invertible and we get $\Lambda_{\text{L}}^{-1} = W_{PP}^{\dagger}\Delta_{\text{L}}^{-1}W_{PP}$ and $\Lambda_{\text{S}}^{-1} = W_{PP}^{\dagger}\Delta_{\text{S}}^{-1}W_{PP}$, respectively. Second, given the circulant structure of Λ_{L}, Λ_{S}^{-1} and $W_{NP}^{\dagger}W_{NP}$, $\boldsymbol{T}$ is circulant as a sum of product of circulant matrices:

$$\boldsymbol{T} = \frac{1}{P} W_{PP}^{\dagger} \boldsymbol{D}_{1,1}^{-1} W_{PP}, \quad \text{with} \quad \boldsymbol{D}_{1,1}^{-1} \triangleq \Delta_{\text{L}} - \frac{1}{P}\Sigma\Delta_{\text{S}}^{-1}\Sigma.$$

Matrix $\boldsymbol{T}$ is of full rank equal to P, provided that $\lambda_{\text{L}}' \neq 2((P + \lambda_{\text{S}}')^{-1} - P)$. The latter condition is always satisfied since $\lambda_{\text{L}}' > 0$ whereas $(P + \lambda_{\text{S}}')^{-1} - P < 0$. Hence, $\boldsymbol{T}$ and $\boldsymbol{\Lambda}_{\text{M}}$ are invertible. Then, invoking the inversion lemma for block matrices [Golub and Van Loan, 1989], $\boldsymbol{B}_{\text{M}} = \boldsymbol{\Lambda}_{\text{M}}^{-1}$ is given by

$$\begin{aligned}
\boldsymbol{B}_{1,1} &= \boldsymbol{T}^{-1} = \frac{1}{P} W_{PP}^{\dagger}\, \boldsymbol{D}_{1,1}\, W_{PP} \\
\boldsymbol{B}_{2,2} &= \frac{1}{P} W_{PP}\, \boldsymbol{D}_{2,2}\, W_{PP} \quad \text{with} \quad \boldsymbol{D}_{2,2} \triangleq \left(\Delta_{\text{S}} - \frac{1}{P}\Sigma\Delta_{\text{L}}^{-1}\Sigma\right)^{-1} \\
\boldsymbol{B}_{1,2} &= \boldsymbol{B}_{2,1} = -\frac{1}{P^2} W_{PP}^{\dagger}\, \Delta_{\text{L}}^{-1}\Sigma\, \boldsymbol{D}_{2,2} W_{PP}.
\end{aligned}$$

Finally, $\widehat{\boldsymbol{x}} = \boldsymbol{B}_{\text{M}}\xi_{\text{M}}(\boldsymbol{b})$ is still computable in the Fourier basis given the structure of $\boldsymbol{B}_{\text{M}}$.

The next part starts with algorithmic adaptations devoted to accelerate convergence of BCD methods, and continues with an experimental comparison between IRLS, RSD and PCG.

III.5 Experimental comparisons

III.5.1 Over-relaxation of x and b

As previously seen, IRLS or RSD minimize HQ criteria firstly w.r.t. $\boldsymbol{b}$ and secondly w.r.t. $\boldsymbol{x}$. The second step finds the solution of a linear system. Given the special structure of the normal matrix, either Toeplitz for LS estimation with IRLS, or circulant for LS and SS restoration with RSD, the solution $\widehat{\boldsymbol{x}}(\boldsymbol{b})$ of this linear system is efficiently computed without resorting to an iterative scheme such as Gauss Seidel (GS) algorithm.

Normally, to accelerate the numerical convergence of GS methods over-relaxation is proceeded. Here, we propose to introduce the same process in the following way. After computing $\widehat{\boldsymbol{x}}(\boldsymbol{b})$, over-relaxation consists in defining the new estimate as

$$\boldsymbol{x}^{(i)} = \omega\, \widehat{\boldsymbol{x}}(\boldsymbol{b}) + \bar{\omega}\, \boldsymbol{x}^{(i-1)}.$$

where $\bar{\omega} = 1 - \omega$ and $\omega \in (1, 2)$. From our practical experience, $\omega \approx 1.9$ is a relevant choice for reducing the iterations number required for convergence. Practically, we have checked that efficiency of RSD is improved if over-relaxation is performed, not only on $\boldsymbol{x}$, but also on $\boldsymbol{b}$. By contrast, we have observed that overrelaxation on $\boldsymbol{b}$ does not speed up the IRLS algorithm.

In case of LS estimation, over-relaxation on $\boldsymbol{b}$ consists in appending to the updating equation (III.35) the following calculation in RSD (see Table III.1)

$$b_p^{(i)} = \omega_p^{(i)}\, \widehat{b}(x_p^{(i-1)}) + \bar{\omega}_p^{(i)}\, b_p^{(i-1)}, \tag{III.50}$$

where $\widehat{b}(\cdot)$ is defined by (III.31). For the SS counterpart, the above construction is generalized to

$$\left\{ \begin{array}{lcl} b_p^{-(i)} & = & \omega_p^{(i)}\, \widehat{b}^-(x_{p-1}^{(i-1)}, x_p^{(i-1)}) + \bar{\omega}_p^{(i)} b_p^{-(i-1)}, \\ b_p^{+(i)} & = & \omega_p^{(i)}\, \widehat{b}^+(x_p^{(i-1)}, x_{p+1}^{(i-1)}) + \bar{\omega}_p^{(i)} b_p^{+(i-1)}, \end{array} \right. \tag{III.51}$$

where $\widehat{b}^-(\cdot)$ and $\widehat{b}^+(\cdot)$ are given by (III.45). Implementation of over-relaxation in the MS case mixes (III.50) and (III.51).

On the other hand, devising a theoretically converging *over*-relaxed scheme is not obvious in the *nonquadratic* case. In particular, $\omega_p^{(i)} \in (1, 2)$ does not ensure that the iterate (III.50)–(III.51) decrease $\mathcal{K}_{\mathrm{L}}$ and $\mathcal{K}_{\mathrm{S}}$, respectively. At stage i, it is possible to find a bound $\widehat{\omega}_p^{(i)}$ for each $\omega_p^{(i)}$, $p \in \mathbb{N}_P$ such that $\mathcal{K}_{\mathrm{L}}$ and $\mathcal{K}_{\mathrm{S}}$ are decreased. This can be done analytically if ζ_α is not too complicated (as when the Huber potential is chosen for R_0 [Idier, 1999] for LS recovering), or numerically otherwise. In practice, the resulting schemes provide significantly less iterations to converge, compared to the basic scheme ($\omega_p^{(i)} = 1$). Unfortunately, the gain in CPU time is only marginal, because computing $\widehat{\omega}_p^{(i)}$ for each $(p,\, i)$ is too demanding. Finally, maintaining all $\omega_p^{(i)}$ at the same value empirically chosen in $(1, 2)$ reveals much more efficient. From a practical ground, an even more efficient scheme is as follows:

$$\forall p \in \mathbb{N}_P,\ \omega_p^{(i)} = \omega_0 + \omega_1 \Big(1 - \frac{\log(2)}{\log(1+i)}\Big).$$

At the beginning, the relaxation parameter $\omega_p^{(i)}$ is close to ω_0, and it progressively converges to ω_1. On one hand, we recommend to choose $\omega_0 \approx 1$ in order to avoid slow convergence. Indeed, if the new estimate, for instance $b_p^{(i)}$, is too far to $\widehat{b}(\cdot)$, the global HQ criterion $\mathcal{K}_{\mathrm{L}}$ may increase rather than decrease. On the other hand, ω_1 can be chosen close to 2.

The numerical descents reported in the following for IRLS and RSD correspond to overrelaxed versions since they are the most efficient.

III.5.2 Simulations results

We present the numerical performances of our RSD algorithms by processing the well-known KM example [Kay and Marple, 1981]. These 64-points data sequence constitute an important benchmark for evaluating most spectral estimators. The spectral estimates, computed in [Ciuciu et al., 2000] with $P = 512$ are not reported here.

As regards numerical implementation of PCG, the following conjunction has been selected as stopping criterion:

$$\left|\mathcal{J}(\boldsymbol{x}^{(i)}) - \mathcal{J}(\boldsymbol{x}^{(i-1)})\right| / \mathcal{J}(\boldsymbol{x}^{i}) < \alpha_1$$
$$\left\|\boldsymbol{x}^{(i)} - \boldsymbol{x}^{(i-1)}\right\|_* / \left\|\boldsymbol{x}^{(i)}\right\|_* < \alpha_2,$$
$$\left\|\nabla \boldsymbol{x}^{(i)}\right\|_* < \alpha_3,$$

where $\boldsymbol{x}^{(i)}$ denotes the solution at the ith iteration of the minimization stage, and $*$ is 1 or 2. Following Vogel and Oman [Vogel and Oman, 1996], we have rather chosen the l_1 norm, and the thresholds have been set to $(\alpha_1, \alpha_2, \alpha_3) = (10^{-7}, 10^{-6}, 10^{-6})$.

The same stopping criterion has been adopted for RSD, except that the third condition has not been tested. In all cases, $\boldsymbol{x}^{(0)}$ has been defined by the DFT of the zero-padded data sequence $\widetilde{\boldsymbol{y}}_P$.

III.5.3 Convergence speed of RSD, IRLS and PCG for LS restoration

Following [Ciuciu et al., 2000], the hyperbolic potential $R_0(\rho) = \sqrt{\tau_0^2 + \rho^2}$ has been used to define the circular penalty function $\mathcal{R}_{\text{L}}$ (see (III.6)). From practical experience, setting α to the upper bound of convexity of f_α, *i.e.*, $\alpha = \tau_0$ (see Example 1), allows to speed up numerical convergence of RSD.

Convergence of IRLS, RSD and PCG is illustrated through two different situations. The first situation corresponds to $(\lambda, \tau_0) = (0.06, 0.2)$ and provides an intermediate spectrum estimate, between the usual peridogram shown in [Ciuciu et al., 2000, Fig.2(a)] and the LS estimate depicted in [Ciuciu et al., 2000, Fig.2(b)]. In such a case, the potential R_0 has two clearly separated areas, a quadratic one between zero and τ_0 and a linear one beyond τ_0. Fig. III.1(a) illustrates the efficiency of RSD since it takes about 4 seconds to compute $\widehat{\boldsymbol{x}}$ on a Pentium III 450 Mhz. The IRLS and PCG algorithms provide the solution after 7 seconds and so RSD is slightly faster on this example. Other simulations, not reported here, have confirmed this standpoint provided that τ_0 is not too small.

The second situation corresponds to the LS estimate depicted in [Ciuciu et al., 2000, Fig.2(b)]. In this case, hyperparameters (λ, τ_0) are fixed to $(0.06, 0.002)$, so that R_0 is close to $|\cdot|$, which is nondifferentiable at zero. Clearly, as shown in Fig. III.1(b), a quasi nondifferentiability does not prevent IRLS to converge very quickly, in 11 seconds about. Such a result is not surprising given the well-known ability of IRLS for minimization of mixed L_1 (or L_p) and L_2 norms [Yarlagadda et al., 1985; Ruzinsky and Olsen, 1989], and can also be analyzed through properties of the HQ criteria: even for $R_0 = |\cdot|$ the HQ objective function $\mathcal{K}^{\text{GR}}$ (see (III.10)) is differentiable. Then, ARTUR/IRLS is not penalized for minimizing $\mathcal{K}^{\text{GR}}$.

By contrast, for minimizing the same energy, RSD and PCG require more than 200 seconds. On one hand, it is well-known that gradient-based algorithms require that $\mathcal{J}$ is C^1 to be convergent. On the other hand, as stated in Section II, handling HQ criteria $\mathcal{K}^{\text{GY}}$ requires that $\mathcal{R}$ is C^1. In practice, the latter condition is almost unsatisfied, so that RSD and PCG converge to $\widehat{\boldsymbol{x}}$ very slowly. To speed up RSD and PCG, we have eventually resorted to the so-called "regularization method" [Bertsekas, 1975; Glowinski et al., 1976], also referenced to as GND (for *Graduated Non Differentiability*) in [Ciuciu et al., 2000]. The basic principle of GND is to successively minimize a discrete sequence of convex differentiable approximations that converge toward the original nonsmooth criterion (see [Glowinski et al., 1976, p. 21-22]). In the present context, the original criterion is only nearly nonsmooth, and GND is a twofold iterative process. First, it consists in choosing an initial value of τ_0^0 not too small (*e.g.*, $\tau_0^0 = 0.2$). Second, $\mathcal{J}_{\tau_0^0}$ is minimized and the computed solution $\widehat{\boldsymbol{x}}_{\tau_0^0}$ serves as initialization for the next minimization of a closer approximation $\mathcal{J}_{\tau_0^1=0.02}$. This scheme is repeated until $\mathcal{J}_{\tau_0=0.002}$ is attained.

Simulations on GND are not reported since they do not allow to supplant IRLS. However, they show that coupled schemes GND-RSD and GND-PCG converge faster (60 seconds) than single runs of RSD and PCG (200 seconds).

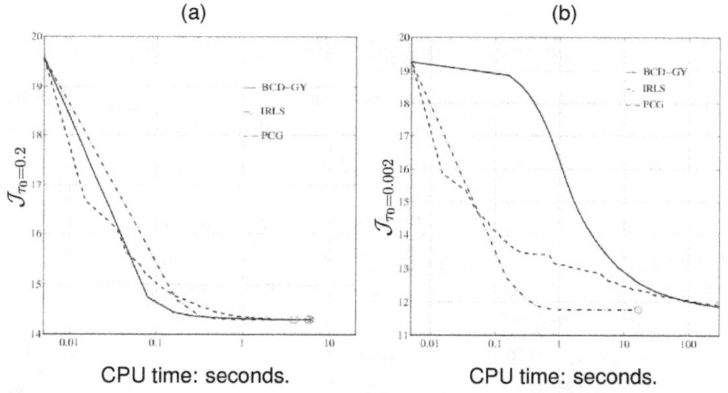

Figure III.1: *Performance of the IRLS, RSD and PCG algorithms for computing "separable" spectra. In (a),* $\tau_0 = 0.2$ *whereas in (b)* $\tau_0 = 0.002$. *Solid lines are for RSD, dash-dotted lines encode minimization with IRLS and dashed lines indicate that minimization is performed with PCG. Circles (○), squares (□) and stars (∗) depict the stopping points of IRLS, RSD and PCG.*

III.5.4 Convergence speed of RSD and PCG for SS and MS restoration

Following [Ciuciu et al., 2000], the hyperbolic potential $R_1(\rho) = \sqrt{\tau_1^2 + \rho^2}$ has been chosen to define the smooth part of the penalization $\mathcal{R}_s$. Once again, setting α to the upper bound of convexity of f_α, *i.e.*, $\alpha = \min(\varepsilon/(1+2\mu), \tau_1/4\mu)$ (see Remark 1), reveals much more efficient for accelerating numerical convergence.

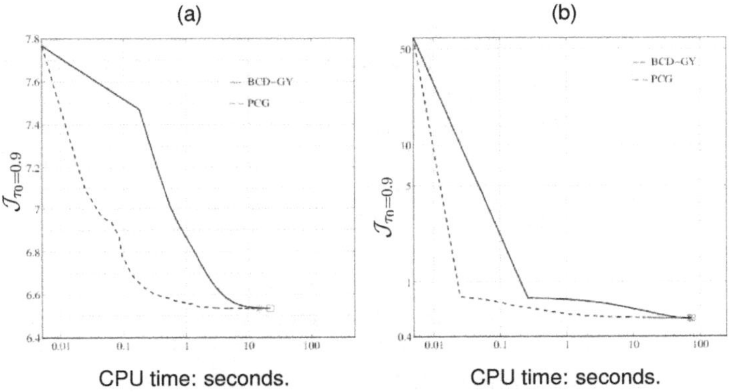

Figure III.2: *Performance of RSD and PCG algorithms for computing SS estimate on (a) and MS estimate on (b). The vertical axis represents the criterion values. Solid and dash-dotted lines are for minimization with RSD and PCG, respectively. The stopping points are depicted by a square (□) for RSD and by a star (∗) for PCG.*

Fig. III.2 illustrates the numerical descent of RSD and PCG for minimizing criteria $\mathcal{J}$ and $\mathcal{J}_M$, versus the CPU time. In both situations, it appears that RSD is competitive with the PCG algorithm, and thus more efficient than a standard steepest descent algorithm where the descent direction is only defined by the gradient. Consequently, RSD is an appealing alternative to the well-known PCG algorithm.

Let us remark on Fig. III.2 that the computation of the MS estimate is more time demanding (70 seconds) than that of the SS estimate (20 seconds), since there are more unknown spectral amplitudes and also more auxiliary variables to update in the first case. Furthermore, each normal equation requires more multiplications and additions, as shown in Section III.4.3.

III.6 Conclusion

In the context of LS recovering, we showed that IRLS is in turn a BCD method minimizing a HQ criteria, derived from Geman and Reynolds contruction [Geman and

Reynolds, 1992]. Then, we proved that IRLS is the method of choice, *i.e.,* it converges faster than gradient based methods. As a BCD method, simpler convergence results of IRLS than existing ones [Byrd and Payne, 1979] have been stated. Unfortunately, we outlined that IRLS cannot be implemented in SS and MS cases.

Since IRLS failed in such situations, we developed another algorithm to fill this gap. The proposed numerical tool is actually an original RSD method [Yarlagadda et al., 1985], even if it seems to be closer to LEGEND [Charbonnier et al., 1994], since it is a BCD method minimizing a HQ criteria derived from Geman and Yang's construction [Geman and Yang, 1995]. Whatever the form of the penalty function, provied that it is convex, convergence of RSD was proved. Then, the performances of RSD were compared to IRLS and PCG. In case of separable regularization, two different conclusions were drawn regarding differentiability of the penalization function. If the latter was *smooth* enough, RSD behaves as IRLS, whereas in the opposite case, RSD behaves as PCG. For SS and MS estimation, we demonstrated that RSD is competitive with PCG. We also highlighted that the computational burden is heavier for MS restoration since there are more variables than in case of SS estimation.

The last concern of our study was devoted to propose overrelaxed schemes of BCD methods, since overrelaxation is normally able to accelerate numerical convergence. Such a procedure was successfully implemented on IRLS and RSD. From our practical experience, it gave the expected effect but IRLS was not sensible to overrelaxation of auxiliary variables, contrary to RSD.

III.A Proof of Proposition 2

Let $\boldsymbol{u} \in \mathbb{C}^M$ with $u_i = |u_i|\ e^{j\theta_i}$ and $(|u_i|, \theta_i) \in \mathbb{R}_+ \times [0, 2\pi)$, for $i \in \mathbb{N}_M$. Let us also define the vector of phases $\boldsymbol{\theta} = [\theta_0, \theta_1, \ldots, \theta_{M-1}]^{\mathrm{t}} \in [0, 2\pi)^M$. Given that ϕ is circular, we have $\forall\, \boldsymbol{v} \in \mathbb{C}^M$:

$$\begin{aligned}\zeta_\alpha(\boldsymbol{v}) &= \sup_{(|\boldsymbol{u}|,\boldsymbol{\theta})\in\mathbb{R}_+^M\times[0,2\pi)^M} \left(\phi_\alpha(|\boldsymbol{u}|) - \sum_{i=0}^{M-1} \frac{\left||u_i|\ e^{j\theta_i} - v_i\right|^2}{2}\right) \\ &= \sup_{|\boldsymbol{u}|\in\mathbb{R}_+^M} \left(\phi_\alpha(|\boldsymbol{u}|) - \sum_{i=0}^{M-1} \inf_{\theta_i\in[0,2\pi)} \frac{\left||u_i|\ e^{j\theta_i} - v_i\right|^2}{2}\right) \\ &= \sup_{|\boldsymbol{u}|\in\mathbb{R}_+^M} \left(\phi_\alpha(|\boldsymbol{u}|) - \sum_{i=0}^{M-1} \frac{(|u_i| - |v_i|)^2}{2}\right) = \zeta_\alpha(|\boldsymbol{v}|),\end{aligned} \tag{III.52}$$

where the infima in (III.52) are reached for $\theta_i = arg(v_i)$.

III.B Proof of Proposition 6

First, apply a basic theorem regarding the composition of convex functions [Ciuciu et al., 2000, Th. 1] in order to state strict convexity of $f_\alpha(\boldsymbol{m}_{\boldsymbol{u}_p})$: since φ is defined from

φ_ε, each of its components is strictly convex. On the other hand, following Corollary 1, t_α is a strictly convex and coordinatewise increasing function, if conditions (III.41) are fulfilled. It follows that $t_\alpha \circ \boldsymbol{\varphi}$ and then $f_\alpha(|\boldsymbol{u}_p|)$ are strictly convex on $\mathbb{R}_+^2$.

Second, since φ_ε is increasing on $\mathbb{R}_+$, so is $f_\alpha(|\boldsymbol{u}_p|)$. Finally, from 3 f_α is strictly convex on $\mathbb{C}^2$ when conditions (III.41) hold.

III.C Addendum : Dualité multiplicative multivariée en estimation spectrale

L'objectif ici est de montrer qu'à partir d'une énergie markovienne il est possible de lui associer un critère semi-quadratique (SQ), issu d'une généralisation de la construction de Geman et Reynolds. Toutefois, nous montrons que le critère SQ ainsi obtenu ne possède pas les propriétés suffisantes garantissant la convergence d'une méthode de relaxation. Ainsi, l'algorithme IRLS peut être mis en œuvre pour restaurer des spectres réguliers, mais on ne peut garantir que la solution calculée corresponde au minimum global du critère markovien initial.

III.C.1 Développements SQ d'une énergie markovienne

Nous avons montré en paragraphe III.2.1 du chapitre III que pour une fonction de pénalisation séparable $\mathcal{R}_{\text{L}}$, une dualité *multiplicative scalaire* (sur $\mathbb{R}$) suffisait pour réécrire $\mathcal{R}_{\text{L}}$ sous la forme d'une énergie SQ (forme Geman et Reynolds). Au contraire, il a été nécessaire d'introduire une dualité *additive bivariée* (sur $\mathbb{C}$ ou $\mathbb{R}^2$) pour reformuler $\mathcal{R}_{\text{L}}$ comme l'infinum d'un autre critère SQ, construit dans le formalisme de Geman et Yang.

Rappelons que pour $\boldsymbol{x} \in \mathbb{C}^M$ et $\boldsymbol{\rho} \in \mathbb{R}_+^M$, le terme de régularisation markovien initial $\mathcal{R}_{\text{s}}$ est défini par

$$\begin{aligned} \mathcal{R}_{\text{s}}(\boldsymbol{x}) &= \frac{1}{2}\sum_{p=0}^{P-1} l(x_p, x_{p+1}) \\ l(x_p, x_{p+1}) &= \rho_p + \rho_{p+1} + 2\mu R_1\left(\boldsymbol{d}_p^{\text{t}}\boldsymbol{\rho}\right). \end{aligned}$$

Comme on l'a montré au chapitre III [4], la dualité *multiplicative scalaire* permet d'exprimer R_1 sous la forme d'un minimum d'un critère quadratique en $\boldsymbol{\rho}$ mais pas en $\boldsymbol{x}$, à cause de la dépendance non linéaire entre ces deux vecteurs. Une solution a donc été apportée au travers d'une dualité *additive quadrivariée*. À aucun moment, la construction d'un critère SQ associé à $\mathcal{R}_{\text{s}}$, reposant sur une dualité *multiplicative multivariée*, soit directement sur R_1, soit sur l, n'a été envisagée.

Si l'on remarque qu'il est nécessaire d'introduire deux fois plus de variables auxiliaires dans le formalisme de Geman et Yang que dans celui de Geman et Reynolds, il est

4. Plus exactement, la version différentiable de $\mathcal{R}_{\text{s}}$ a été considérée, *i.e.*, où $q_p = \sqrt{\varepsilon^2 + \rho_p^2}$ remplace ρ_p.

naturel de penser qu'une extension *bivariée* de la dualité multiplicative utilisée pour $\mathcal{R}_{\text{L}}$ conduira à un développement SQ de $\mathcal{R}_{\text{S}}$.

III.C.1.1 Principe de construction

Supposons que R_1 satisfasse les hypothèses énoncées dans le Corollaire 2 du chapitre II, de sorte que $\mathcal{R}_{\text{s}}$ est convexe si $\mu \leqslant 1/2R_1'(+\infty)$. Dans la suite, notons h la fonction définie sur $\mathbb{R}_+^2$ pour désigner indifféremment $l(\boldsymbol{m})$ ou $R_1(\boldsymbol{m})$, avec $\boldsymbol{m} = [\rho_p, \rho_{p+1}] \in \mathbb{R}_+^2$.

Dans le cas séparable, plusieurs conditions (voir (III.10) au Chapitre III) devaient être vérifiées par le potentiel R_0 définissant $\mathcal{R}_{\text{L}}$, afin de l'identifier à la *valeur minimale* d'un critère SQ. Notons $\boldsymbol{\varphi} : \mathbb{R}_+^2 \to \mathbb{R}_+^2$ la fonction définie par

$$\boldsymbol{\varphi}(\boldsymbol{m}) = (\sqrt{\rho_p}, \sqrt{\rho_{p+1}})$$

Par extension directe des conditions du Chapitre III, la fonction h doit satisfaire les hypothèses suivantes :

$$- h \text{ est paire, continue sur } \mathbb{R}^2 \text{ et } C^1 \text{ sur } \mathbb{R}^{*2} \tag{III.53a}$$

$$- h \circ \boldsymbol{\varphi} \text{ est strictement concave sur } \mathbb{R}_+^2, \tag{III.53b}$$

$$- \lim_{\|\boldsymbol{m}\| \to \infty} h(\boldsymbol{m}) / \|\boldsymbol{m}\|^2 = 0. \tag{III.53c}$$

Dans un premier temps, nous supposons que h remplit les conditions (III.53). Nous introduisons alors la fonction f définie pour $\boldsymbol{u} \in \mathbb{R}^2$ par

$$f(\boldsymbol{u}) = \begin{cases} -h \circ \boldsymbol{\varphi}(\boldsymbol{m}) & \text{si } \boldsymbol{u} = \boldsymbol{m} \in \mathbb{R}_+^2, \\ +\infty & \text{sinon.} \end{cases}$$

En notant f^* sa conjuguée convexe et $\boldsymbol{v} = [b_p^+, b_{p+1}^-] \in \mathbb{R}^2$, on a :

$$\begin{aligned} f^*(\boldsymbol{v}) &= \sup_{\boldsymbol{u} \in \mathbb{R}^2} (\boldsymbol{v}^{\text{t}}\boldsymbol{u} - f(\boldsymbol{u})), \\ &= \sup_{\boldsymbol{m} \in \mathbb{R}_+^2} (\boldsymbol{v}^{\text{t}}\boldsymbol{m} + h \circ \boldsymbol{\varphi}(\boldsymbol{m})), \end{aligned} \tag{III.54}$$

Par construction, f est convexe sur $\mathbb{R}^2$ et C^1 sur $\mathbb{R}_+^{*2}$. Dans ces conditions, f est aussi une fonction propre et fermée [5], et se récrit comme la conjuguée convexe de f^* :

$$\begin{aligned} h \circ \boldsymbol{\varphi}(\boldsymbol{m}) &= \inf_{\boldsymbol{v} \in \mathbb{R}^2} (-\boldsymbol{v}^{\text{t}}\boldsymbol{m} + f^*(\boldsymbol{v})) \\ &= \inf_{\boldsymbol{v} \in \mathbb{R}^2} (\boldsymbol{v}^{\text{t}}\boldsymbol{m} + \psi(\boldsymbol{v})), \end{aligned}$$

5. une fonction convexe f est dite propre si $\exists\, \boldsymbol{u} \in \mathbb{R}^2$, tel que $f(\boldsymbol{u}) < +\infty$ et si $\forall\, \boldsymbol{u} \in \mathbb{R}^2, f(\boldsymbol{u}) > -\infty$. En d'autre termes, f est propre *si et seulement si* son *domaine effectif*, $\text{dom} f = \{\boldsymbol{u} \in \mathbb{R}^2 \,|\, f(\boldsymbol{u}) < +\infty\}$, est non vide et si la restriction de f à $\text{dom} f$ est finie. Par ailleurs, si f une fonction propre, convexe, telle que $\text{dom} f$ est fermé et sur lequel f est continue, alors f est dite fermée, et l'on note $\text{cl} f = f$. Pour les fonctions convexes et propres cette propriété de fermeture correspond exactement à celle de la semi-continuité inférieure. La propriété clé d'une fonction convexe, propre et fermée s'écrit $f^{**} = f$.

pour $\psi(\boldsymbol{v}) = f^*(-\boldsymbol{v})$. Par double composition de $\boldsymbol{\varphi}(\boldsymbol{m})$ (c'est-à-dire quadration de chaque composante de $\boldsymbol{\varphi}(\boldsymbol{m})$), nous obtenons pour h :

$$\begin{aligned} h(\boldsymbol{m}) &= \inf_{\boldsymbol{v}\in\mathbb{R}^2} (\boldsymbol{m}^{\mathrm{t}}\mathrm{diag}\,[\boldsymbol{v}]\,\boldsymbol{m} + \psi(\boldsymbol{v})) \\ &= \inf_{\boldsymbol{v}\in\mathbb{R}^2} (\rho_p^2 b_p^+ + \rho_{p+1}^2 b_{p+1}^- + \psi(b_p^+,\, b_{p+1}^-)), \end{aligned} \tag{III.55}$$

si bien que ψ, d'après (III.54), se récrit

$$\psi(\boldsymbol{v}) = \sup_{\boldsymbol{m}\in\mathbb{R}_+^2} (h(\boldsymbol{m}) - \boldsymbol{m}^{\mathrm{t}}\mathrm{diag}\,[\boldsymbol{v}]\,\boldsymbol{m}). \tag{III.56}$$

D'après (III.56), il est clair que $\forall\, \boldsymbol{v} \in \mathbb{R}_-^2,\ \psi(\boldsymbol{v}) = +\infty$. Par conséquent, (III.55) se simplifie en

$$h(\boldsymbol{m}) = \inf_{\boldsymbol{v}\in\mathbb{R}_+^2} (\rho_p^2 b_p^+ + \rho_{p+1}^2 b_{p+1}^- + \psi(b_p^+,\, b_{p+1}^-)). \tag{III.57}$$

À partir de (III.57), si $h = l$, nous déduit l'expression globale du critère SQ $\mathcal{S}_{\mathrm{S}}^{\mathrm{GR}}$:

$$\mathcal{S}_{\mathrm{S}}^{\mathrm{GR}}(\boldsymbol{x},\, \boldsymbol{b}) = \frac{\boldsymbol{x}^{\mathrm{t}} Q \boldsymbol{x}}{2} + \frac{1}{2}\sum_{p=0}^{P-1} \psi(b_p^+,\, b_{p+1}^-),$$

où la matrice diagonale de pondération $\boldsymbol{Q}$ est définie à partir de

$$Q_{pp} = b_p^+ + b_p^-, \qquad \forall p \in \mathbb{N}_P,$$

et $\boldsymbol{b} = [\boldsymbol{b}^-, \boldsymbol{b}^+] \in \mathbb{R}_+^{2P}$. En revanche, si $h = R_1$, il faut ajouter l'expression de $\mathcal{S}_{\mathrm{L}}^{\mathrm{GR}}$ à celle de $\mathcal{S}_{\mathrm{S}}^{\mathrm{GR}}$ pour déterminer le critère SQ global, associé à $\mathcal{R}_{\mathrm{s}}$.

Nous constatons que le nombre d'inconnues introduites dans le critère SQ diminue lorsque l'énergie locale initiale h prend en compte davantage de variables. À la limite, on pourrait même considérer un vecteur $\boldsymbol{b}$ de même taille que $\boldsymbol{x}$ sans décomposer le terme de régularisation initial $\mathcal{R}_{\mathrm{s}}$ en contributions élémentaires l. Dans l'annexe suivante, nous montrons qu'une telle approche peut être mise en œuvre dans le cas de la dualité *additive* uniquement.

En supposant les conditions (III.53) vérifiées par h, nous avons mis en évidence qu'il existe dans le formalisme de Geman et Reynolds un développement SQ de $\mathcal{R}_{\mathrm{s}}$, reposant sur la dualité convexe multiplicative bivariée.

III.C.1.2 Validité du développement

Nous montrons maintenant que la fonction h ne peut pas vérifier (III.53b).

Comme au Théorème 1 du Chapitre II, nous prouvons que la composée $f \circ \boldsymbol{g}$ d'une fonction f, concave et croissante coordonnée par coordonnée, et d'une fonction $\boldsymbol{g}$, dont chacune des composantes est concave, est concave. Toutefois, lorsque $h = l$, le Corollaire 1 du Chapitre II a permis d'établir la convexité de h sur $\mathbb{R}_+^2$, si bien que ce résultat de composition de fonctions ne s'applique pas.

Supposons que h est C^2 sur $\mathbb{R}_+^{*2}$, nous étudions alors la concavité de $\widetilde{h} = h \circ \boldsymbol{\varphi}$ en calculant directement les mineurs de son Hessien $\mathcal{H}_{\widetilde{h}}(\boldsymbol{m})$. En effet, $\widetilde{h}$ est concave (resp. strictement) *si et seulement si* $\mathcal{H}_{\widetilde{h}}(\boldsymbol{m})$ est définie non négative (resp. définie positive). Puisque $\widetilde{h}$ est symétrique ($\widetilde{h}(\rho_p,\, \rho_{p+1}) = \widetilde{h}(\rho_{p+1},\, \rho_p)$), $\mathcal{H}_{\widetilde{h}}(\boldsymbol{m})$ est définie non négative *si et seulement si*

$$\mathcal{M}_1(\widetilde{h}) = \frac{\partial^2 \widetilde{h}}{\partial {m_1}^2}(\boldsymbol{m}) \;\leqslant\; 0, \tag{III.58}$$

$$\mathcal{M}_2(\widetilde{h}) = \frac{\partial^2 \widetilde{h}}{\partial {m_1}^2}(\boldsymbol{m})\frac{\partial^2 \widetilde{h}}{\partial {m_2}^2}(\boldsymbol{m}) - \left(\frac{\partial^2 \widetilde{h}}{\partial m_1\, \partial m_2}(\boldsymbol{m})\right) \;\leqslant\; 0. \tag{III.59}$$

On étudie séparément les deux cas correspondant aux deux définitions possibles de $\widetilde{h}$. Pour alléger les notations notons $r_p = \rho_p - \rho_{p+1}$. Alors $\mathcal{M}_1(\widetilde{h})$ et $\mathcal{M}_2(\widetilde{h})$ s'écrivent,

1 pour $h = R_1$:

$$\begin{aligned} \mathcal{M}_1(\widetilde{h}) &= \frac{\sqrt{\rho_p} R_1''(r_p) - R_1'(r_p)}{4\rho_p^{3/2}}, \\ \mathcal{M}_2(\widetilde{h}) &= -\frac{R_1''(r_p)}{4\sqrt{\rho_p \rho_{p+1}}}, \end{aligned}$$

Pour que $\widetilde{h}$ soit concave, il faut que (III.58)-(III.59) soient vérifiées pour tout couple $(\rho_p,\, \rho_{p+1}) \in \mathbb{R}_+^{*2}$. Or, en $r_p = 0$ tel que $\rho_p \neq 0$, on a $\mathcal{M}_1(\widetilde{h}) = R_1''(0)/4\rho_p \geqslant 0$, puisque R_1 est convexe. Par conséquent, $\widetilde{h}$ n'est pas concave sur $\mathbb{R}_+^2$. Nous aboutissons à la même conclusion en étudiant $\mathcal{M}_2(\widetilde{h})$ et voir qui, en $r_p = 0$ tel que $\rho_p \to +\infty$, est positif.

2 pour $h = l$:

$$\mathcal{M}_1(\widetilde{h}) \;=\; -\frac{1 + 2\mu R_1'(r_p)}{4\rho_p^{3/2}} + \mu \frac{R_1''(r_p)}{2\rho_p}.$$

Comme dans le cas précédent, nous obtenons en $r_p = 0$ et $\rho_p \to +\infty$:

$$\lim_{\rho_p \to +\infty} \mathcal{M}_1(\widetilde{h}) = \lim_{\rho_p \to +\infty} \left(-\frac{1}{4\rho_p^{3/2}} + \mu \frac{R_1''(0)}{2\rho_p} \right) = 0^+,$$

puisque $1/4\rho_p^{3/2} \to 0$ plus vite que $1/\rho_p$ lorsque $\rho_p \to +\infty$. Par conséquent, $\mathcal{M}_1(\widetilde{h})$,n'est pas négatif pour tout couple $(\rho_p,\, \rho_{p+1}) \in \mathbb{R}_+^{*2}$, si bien que $\widetilde{h}$ n'est pas concave sur $\mathbb{R}_+^2$.

Puisque dans tous les cas h ne satisfait pas (III.53b), l'égalité (III.57) n'est pas vérifiée, et donc $\min_{\boldsymbol{b}} \mathcal{S}_{\mathrm{s}}^{\mathrm{GR}}(\boldsymbol{x},\, \boldsymbol{b}) \neq \mathcal{R}_{\mathrm{s}}$.

La minimisation du critère SQ $\mathcal{S}_{\mathrm{s}}^{\mathrm{GR}}$ par une méthode de relaxation par blocs (du type IRLS/ARTUR) ne produit donc pas la solution obtenue par un algorithme de descente minimisant $\mathcal{J} = \mathcal{Q} + \lambda \mathcal{R}_{\mathrm{s}}$.

References

Gilles Aubert and Luminita Vese. A variational method in image recovery. *SIAM J. Num. Anal.*, 34(5):1948–1979, October 1997.

D. Bertsekas. Nondifferentiable optimization approximation. In *Mathematical Programming Studies*, volume 3, pages 1–25. Balinski, M.L. and Wolfe, P., North-Holland: Amsterdam, 1975.

Dimitri P. Bertsekas. *Nonlinear programming*. Athena Scientific, Belmont, Massachussetts, 1995.

Charles A. Bouman and Ken D. Sauer. A generalized Gaussian image model for edge-preserving MAP estimation. *IEEE Trans. Image Processing*, IP-2(3):296–310, July 1993.

R. H. Byrd and D. A. Payne. Convergence of the iteratively reweighted least squares algorithm for robust regression. Technical Report Tech. Rep. 313, The Johns Hopkins Univ., Baltimore, MD, June 1979.

Sergio D. Cabrera and Thomas W. Parks. Extrapolation and spectral estimation with iterative weighted norm modification. *IEEE Trans. Signal Processing*, SP-39(4):842–851, April 1991.

Pierre Charbonnier, Laure Blanc-Féraud, Gilles Aubert, and Michel Barlaud. Two deterministic half-quadratic regularization algorithms for computed imaging. In *Proc. IEEE ICIP*, volume 2, pages 168–172, 1994.

Pierre Charbonnier, Laure Blanc-Féraud, Gilles Aubert, and Michel Barlaud. Deterministic edge-preserving regularization in computed imaging. *IEEE Trans. Image Processing*, IP-6(2):298–311, February 1997.

Philippe Ciuciu, Jérôme Idier, and Jean-François Giovannelli. High resolution spectral estimation using a Gibbs-Markov model. Technical Report submitted to *IEEE Trans. Signal Processing*, GPI–LSS, 2000.

Alexander H. Delaney and Yoram Bresler. Globally convergent edge-preserving regularized reconstruction: an application to limited-angle tomography. *IEEE Trans. Image Processing*, IP-7:204–221, February 1998.

Donald Geman and Georges Reynolds. Constrained restoration and recovery of discontinuities. *IEEE Trans. Pattern Anal. Mach. Intell.*, PAMI-14(3):367–383, March 1992.

Donald Geman and Chengda Yang. Nonlinear image recovery with half-quadratic regularization. *IEEE Trans. Image Processing*, IP-4(7):932–946, July 1995.

Jean-François Giovannelli and Jérôme Idier. Bayesian interpretation of periodograms. submitted to *IEEE Trans. Signal Processing*, GPI–LSS, 1999.

R. Glowinski, J. L. Lions, and R. Trémolières. *Analyse numérique des inéquations variationnelles, tome 1 : Théorie générale, Méthodes mathématiques pour l'informatique*. Dunod, Paris, 1976.

G. H. Golub and C. F. Van Loan. *Matrix computations (2nd Edition)*. xxx, xxx, 1989.

Jérôme Idier. Convex half-quadratic criteria and interacting auxiliary variables for image restoration. Technical Report submitted to *IEEE Trans. Image Processing*, GPI–LSS, 1999.

Steven M. Kay and Stanley Lawrence Marple. Spectrum analysis – a modern perpective. *Proc. IEEE*, 69(11):1380–1419, November 1981.

J. Ortega and W. Rheinboldt. *Iterative Solution of Nonlinear Equations in Several Variables*. Academic Press, New York, 1970.

R. Tyrell Rockafellar. *Convex Analysis*. Princeton University Press, 1970.

S. A. Ruzinsky and E. T. Olsen. L_1 and L_∞ minimization via a variant of Karmarkar's algorithm. *IEEE Trans. Signal Processing*, SP-37(2):245–253, February 1989.

Maurizio D. Sacchi, Tadeusz J. Ulrych, and Colin J. Walker. Interpolation and extrapolation using a high-resolution discrete Fourier transform. *IEEE Trans. Signal Processing*, SP-46(1):31–38, January 1998.

A. Tikhonov and V. Arsenin. *Solutions of Ill-Posed Problems*. Winston, Washington DC, 1977.

R. V. Vogel and M. E. Oman. Iterative methods for total variation denoising. *SIAM J. Sci. Comput.*, 17(1):227–238, January 1996.

R. V. Vogel and M. E. Oman. Fast, robust total variation-based reconstruction of noisy, blurred images. *IEEE Trans. Image Processing*, IP-7(6):813–823, June 1998.

Rao Yarlagadda, J. Bee Bednar, and Terry L. Watt. Fast algorithms for l_p deconvolution. *IEEE Trans. Acoust. Speech, Signal Processing*, ASSP-33(1):174–182, February 1985.

CHAPITRE IV

IMAGERIE RADAR DOPPLER

DANS CE CHAPITRE, nous abordons le problème d'analyse spatiale et spectrale posé par le traitement des signaux de radars Doppler. Il s'agit d'estimer une suite de spectres correspondant à l'observation d'un signal monodimensionnel sur une succession de fenêtres de courte durée. L'analyse spatiale se résume à une analyse en profondeur, dans le sens des distances émetteur-réflecteur croissantes. Compte tenu de l'analogie temps-distance, l'erreur de terminologie qualifiant ces méthodes de « temps-fréquence » est souvent commise. Toutefois, le problème traité ici n'est pas de caractériser à l'ordre deux un signal non-stationnaire, c'est-à-dire d'estimer sa DSP comme une fonction du temps.

Le principe de fonctionnement des radars Doppler de surveillance aérienne est brièvement expliqué dans la section IV.1. Le problème d'estimation, posé en section IV.2, est double. il s'agit premièrement de construire une image « distance-vitesse » d'un mélange de différents fouillis, pour mieux restituer dans un deuxième temps, des points brillants qui apparaissent spectralement comme des raies isolées dans ces phénomènes. La section suivante expose les principes de méthodes plus classiques, et motive les développements qui suivent. L'approche « monomodèle [1] » introduite à la section IV.4, apporte une solution à la première problématique (« fouillis seuls »). Elle constitue l'extension profondeur-fréquence de la méthode d'analyse proposée au chapitre II pour estimer des spectres réguliers. Sa validation sur signaux simulés est effectuée en section IV.5. La seconde

1. cette formulation tient au fait qu'on estime un jeu d'inconnues à partir d'un jeu de données.

problématique (« fouillis et points brillants ») est abordée en section IV.6. Il s'agit d'étendre au présent contexte la technique d'analyse de spectres mélangés du chapitre II. Baptisée « bimodèle [2] », cette approche est validée en simulation à la section suivante. La section IV.8 tire les conclusions sur les avancées et les limitations de l'approche proposée, et discute de perspectives envisageables à court terme.

IV.1 Contexte applicatif : les radars de surveillance aérienne

Le domaine d'application du radar (abréviation de *radio detection and ranging*) est d'abord la description de l'instant présent (détection des événements pluvieux, identification des structures et de leurs dangers,...) dans un but de prévision détaillée à court terme. En particulier, les radars météorologiques s'intéressent aux mouvements atmosphériques et une présentation intéressante est faite dans [Sauvageot, 1982]. L'imagerie des turbulences atmosphériques est par ailleurs très utile au contrôle et à la navigation aérienne, par exemple pour contourner un orage, ou pour faciliter l'atterrissage d'un appareil. Les radars de surveillance aérienne sont donc conçus pour observer des masses métalliques en mouvement sur un fond de fouillis, c'est-à-dire d'échos associés aux phénomènes météorologiques. Nous en donnons maintenant les principes de base.

IV.1.1 Mesures de distance et de vitesse

Supposons pour l'instant que le radar émette dans l'atmosphère une impulsion d'énergie électromagnétiques puissante, de durée τ très brève, et de fréquence élevée f_e (autour du GHz).

En général, on admet en première approximation que sur des distances n'excédant pas quelques centaines de kilomètres, les ondes électromagnétiques utilisées se propagent en ligne droite à vitesse constante $c = 3\,10^8$ m/s. L'orientation de l'antenne et le temps écoulé entre l'émission de l'impulsion et la réception du signal permettent de localiser la région qui diffuse, en direction et en distance. Nous expliquons maintenant le principe de la localisation en distance.

Le signal émis se propage dans toutes les directions et se trouve à l'instant T réparti entre deux sphères de rayon cT et $c(T+\tau)$. Supposons qu'au bout d'un intervalle de temps Δt, le signal atteigne un réflecteur ; ce temps est proportionnel à la distance émetteur-réflecteur (ou antenne-cible) :

$$\Delta t = \frac{D}{c}.$$

Le signal est alors partiellement réfléchi et « rerayonné », de façon omnidirectionnelle, en fonction de la *surface équivalente radar* du réflecteur. Le temps de retour est identique à Δt, et la distance émetteur-réflecteur est déterminée à partir de la mesure du temps

2. il s'agit cette fois d'estimer plusieurs vecteurs d'inconnues à partir d'un vecteur de données.

aller-retour $\Delta t'$:

$$D = \frac{c\Delta t'}{2}.$$

Si le réflecteur est immobile, le signal reçu est donc une réplique du signal émis, affecté toutefois du retard $\Delta t'$, d'un coefficient complexe dû à l'atténuation pendant la propagation et lors de la réflexion sur le réflecteur, et d'un bruit additif. Si en revanche la cible est en mouvement, le signal reçu n'a plus la même forme. Pour un réflecteur en translation, un effet Doppler vient encore déformer le signal émis par une translation en fréquence, notée f_d, proportionnelle à la vitesse du réflecteur, si la translation est uniforme :

$$f_d = -\frac{2v_r}{\lambda} = -\frac{2f_e v_r}{c}, \tag{IV.1}$$

où v_r est la vitesse radiale du réflecteur et λ la longueur d'onde du signal émis. Pour les signaux qui nous intéressent, λ est de l'ordre de 10 cm. La fréquence Doppler f_d est négative lorsque le réflecteur s'éloigne du radar ($v_r > 0$), et positive dans le cas contraire. Il apparaît ainsi clairement que la mesure de f_d permet de déduire la vitesse v_r de la cible.

IV.1.2 Résolutions en distance et en vitesse

En réception, tous les réflecteurs placés dans la direction de l'antenne renvoient un écho de même durée. Si l'on définit par exemple deux cibles C_1 et C_2, et les temps aller-retour respectifs $T_{1,2} = 2D_{1,2}/c$, alors les échos reçus au niveau du récepteur en provenance de C_1 et C_2 sont espacés d'un intervalle de temps

$$\Delta T = |T_1 - T_2| = \frac{2\,|D_1 - D_2|}{c} = \frac{2\Delta D}{c}. \tag{IV.2}$$

Le pouvoir discriminateur en distance correspond alors à la *distance minimale* entre deux réflecteurs telle que l'on puisse associer une réponse à chacun d'eux. Il est donc fonction de τ : plus τ est faible, meilleure est cette séparation. En pratique, on a toujours[3] $\Delta T \geq \tau$ si bien que les échos associés à chaque réflecteur sont bien séparés en distance.

De façon à obtenir une résolution en distance de l'ordre de $\Delta D = 50$ m, la durée de l'impulsion est choisie d'après (IV.2) autour de $\tau \approx 0,3\mu$ s. La largeur de bande du signal émis est alors de 3 MHz environ. Si de plus, le signal est échantillonné à la cadence $F_e = 30$ MHz, alors on reçoit simplement 10 échantillons.

Enfin, pour obtenir une bonne résolution en vitesse, de l'ordre de $\Delta v = 1$ m/s, il faut établir la valeur de la fréquence réduite avec une précision de l'ordre :

$$\Delta\nu \approx \frac{\Delta v}{c}\frac{f_e}{F_e} \approx 3\,10^{-5}. \tag{IV.3}$$

Cette précision est à mettre en regard avec la résolution des techniques classiques d'analyse spectrale qui est de l'ordre de l'inverse du nombre de points, c'est-à-dire ici 10^{-1}. Même si en exploitant des méthodes HR du type de celles décrites au chapitre I, on peut

3. sauf peut être dans l'instant précédant l'impact d'un missile sur un avion !

espérer dépasser cette précision de quelques ordres de grandeur, il est illusoire de chercher à atteindre la précision 10^{-5}. Autrement dit, pour cette valeur de F_e, et pour une résolution fréquentielle raisonnablement accessible par des méthodes d'analyse spectrale HR (10^{-2} ou 10^{-3}), la résolution en vitesse est insuffisante.

La relation (IV.3) montre que pour f_e fixée par les considérations précédentes, la mise en œuvre d'un système utilisable en pratique passe par l'abaissement de la fréquence d'échantillonnage. C'est la raison pour laquelle les radars émettent en pratique des trains d'impulsions.

IV.1.3 Ambiguïtés en distance et en vitesse

L'idée est d'exploiter non pas une impulsion mais un train d'impulsions et de tirer l'information non pas de la fréquence portée par chaque impulsion (f_e), mais plutôt de la fréquence de récurrence des impulsions (f_{rec}). En émettant des impulsions toutes les $T_{rec} = f_{rec}^{-1}$ s, on échantillonne les signaux reçus à la cadence f_{rec} au lieu de F_e. C'est donc cette nouvelle fréquence qui joue le rôle de fréquence d'échantillonnage.

En émission, deux impulsions de même durée τ, sont séparées d'un intervalle T_{rec}. En réception, les distances émetteur-réflecteur sont mesurées régulièrement toutes les T_{rec} secondes. Le rapport entre les distances de tous les réflecteurs et la période T_{rec} donne accès à une mesure de leur vitesse.

Pour obtenir une mesure précise de celles-ci, il est important d'associer correctement une impulsion émise avec un écho comprenant la réponse de plusieurs réflecteurs interceptés. Ce problème ainsi formulé est celui de l'ambiguïté « en temps » du radar. Si la fréquence f_{rec} est trop élevée, les impulsions émises sont trop proches l'une de l'autre, et les échos de différentes impulsions peuvent se superposer. L'erreur générée sur les mesures des temps aller-retour induit alors un décalage sur les distances emétteur-réflecteur estimées et donc sur les vitesses des obstacles détectés. En pratique, on évacue ce problème en choisissant une fréquence de récurrence suffisamment faible pour assurer que le début de l'écho d'une n-ième impulsion est postérieur à la fin de l'écho de la $(n-1)$-ième. Typiquement, f_{rec} est de l'ordre du KHz ou de la dizaine de KHz.

Mais le choix d'une fréquence f_{rec} relativement faible, introduit une limitation de la fréquence d'échantillonnage des signaux recueillis, donc une ambiguïté « en fréquence ». En effet, la plus haute fréquence directement observable correspond à la fréquence de Nyquist, c'est-à-dire $f_{rec}/2$. Immédiatement, on en déduit la plus grande vitesse observable, appelée la *vitesse ambiguë* :

$$v_a = cf_{rec}/(2f_e). \quad \text{(IV.4)}$$

Pour $f_{rec} = 1$ KHz et $f_e = 3$ GHz, on obtient $v_a = 50$ m/s. Cette vitesse ambiguë permet de faire l'estimation spectrale des turbulences atmosphériques dans la bande de base (sans repliement spectral). En revanche, elle est insuffisante pour étudier la réponse en fréquence d'objets plus ponctuels (points brillants) se déplaçant à une vitesse de plusieurs centaines de km/h. En prenant $f_{rec} = 10$ KHz, et $f_e = 1,5$ GHz, on évacue ce problème.

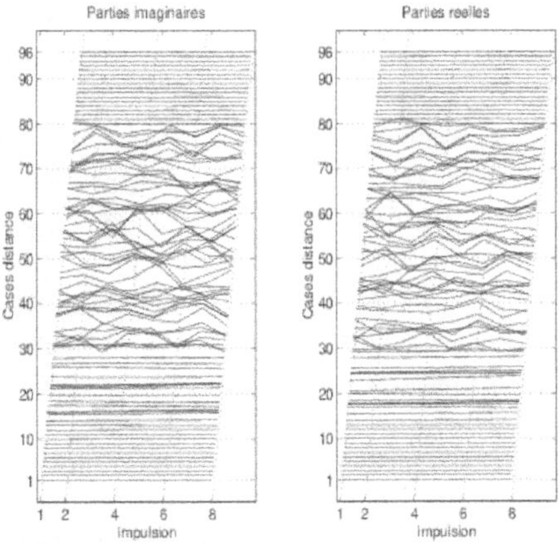

Figure IV.1: *Observations simulées d'un fouillis mélangé (sol, mer et pluie), sur 96 cases distance et 8 échantillons par case. Seules les cases distance 15 à 79 contiennent les signaux utiles, les autres ne contenant que du bruit.*

Les échos des impulsions successives sont recalés les uns par rapport aux autres pour former une image « distance-vitesse » ou « profondeur-fréquence », chaque ligne de cette image représente une « case distance », c'est-à-dire l'écho d'une impulsion. L'enregistrement de l'ensemble des échos conduit à la forme de la Figure IV.1.

Sur cette figure, on trouve effectivement un enregistrement de fouillis mélangé composé d'un ensemble de $M = 96$ signaux temporels complexes $\boldsymbol{y}_1, \dots, \boldsymbol{y}_M$ juxtaposés spatialement dans le sens de la profondeur. Chaque signal $\boldsymbol{y}_m$ est un vecteur de $N = 8$ échantillons correspondant à la m-ième « case distance ».

IV.2 Formalisation du problème

Le premier problème posé est celui de l'estimation du spectre de puissance de chacun des signaux de fouillis $\boldsymbol{y}_m$. Il est rendu particulièrement difficile par le faible nombre d'observations ($N = 8$), c'est-à-dire le peu d'informations apportées par les données. L'approche baptisée « monomodèle », rapportée dans ce manuscrit a été développée en partie avant ma thèse, dans le cadre d'un contrat pour la société THOMSON-CSF AIRSYS [4] [Giovannelli et Idier, 1995]. Cette étude a permis de jeter les bases en termes de choix de modèle (modèle de Fourier), et de fonction de pénalisation, pour traduire l'hypothèse simultanée d'une certaine douceur spectrale et d'une continuité temporelle intra-fouillis. Elle s'est prolongée par mon stage de DEA et un second contrat pour le même industriel [Ciuciu et al., 1996]. Cette seconde contribution était davantage consacrée à des

4. anciennement, THOMSON-SDC

développements algorithmiques sur la minimisation de critères semi-quadratiques (SQ) par une méthode de relaxation par blocs. Elle a aussi permis de mettre en évidence les limitations de l'approche « monomodèle » pour restaurer des raies intra-fouillis. Le but de la section IV.4 est donc de porter un nouveau regard sur cette première problématique compte tenu des avancées réalisées au chapitre II, sur les questions de convexité de la pénalisation, puis au chapitre III, sur celle de la convergence de l'algorithme de relaxation par blocs.

Le second problème est celui de l'estimation simultanée d'une composante haute résolution et d'une composante régulière à partir de chaque enregistrement y_m. Il est donc nécessaire de rendre la solution au problème précédent résolvante, c'est-à-dire sensible à la présence des points brillants. Cette éventualité contredit les hypothèses précédentes de double douceur et motive l'introduction du « bimodèle », qui vise à estimer simultanément deux cartes spectrales : une pour les fouillis, une pour les points brillants. Le problème soulevé ici est donc plus compliqué que la question de la poursuite de « raies » en faible nombre [Fuchs et Chuberre, 1994; Duvaut et Dublanchet, 1995], puisque celles-ci ne constituent pas le seul « objet » d'intérêt. De plus, comme nous l'avons vu au chapitre I, les radars considérés ici ne sont pas très large bande, et le traitement temporel proposé en [Fuchs, 1999a] n'est donc pas forcément adapté au cadre présent. Enfin, ce problème est résolu dans un contexte temps-court dans lequel des approches plus classiques (périodogramme, AR, Pisarenko,...) ne produisent pas des résultats satisfaisants.

IV.3 Méthodes classiques

À des fins comparatives, nous examinons quelques alternatives pour l'estimation des spectres de fouillis.

IV.3.1 Approches non régularisées

Comme nous l'avons souligné au chapitre II à travers l'exemple de Kay and Marple [Kay et Marple, 1981], le faible nombre de données rend caduque l'utilisation de méthodes classiques d'analyse spectrale. Tout d'abord, les techniques standards de périodogramme moyenné [Allen, 1977; Allen et Rabiner, 1977] doivent disposer de plusieurs centaines d'échantillons pour fournir un compromis biais-variance raisonnable et une résolution suffisante. Les approches auto-régressives classiques [Marple, 1987; Kay, 1988] sont quant à elles plus résolvantes, mais apparaissent sur ce problème insuffisamment robustes [Giovannelli et Idier, 1994; Giovannelli, 1995]. Ce manque de robustesse tient au fait que ces méthodes ne prennent pas en compte les informations *a priori* disponibles sur la régularité spectrale et la continuité temporelle des phénomènes observés.

IV.3.2 Approche ARD2

Pour pallier ce défaut, une approche autorégressive « double douceur » (ARD2)[Giovannelli, 1995; Giovannelli et al., 2000] a été proposée. Elle suppose dans chaque case distance m un modèle d'observation du type AR-long :

$$\boldsymbol{y}_m = \boldsymbol{Y}_m \boldsymbol{a}_m + \boldsymbol{e}_m,$$

avec $\boldsymbol{a}_m = [a_{m1}, \ldots, a_{mp}]^{\mathrm{t}} \in \mathbb{C}^p$, le prédicteur linéaire d'ordre $p = N - 1$, $\boldsymbol{e}_m \in \mathbb{C}^L$, le bruit blanc d'excitation supposé centré, de variance r_m, circulaire, et stationnaire. Les quantités $\boldsymbol{y}_m \in \mathbb{C}^L$ et $\boldsymbol{Y}_m \in \mathbb{C}^L \times \mathbb{C}^{p+1}$ sont formées à partir des données et la dimension L varie suivant l'hypothèse de fenêtrage introduite. Quatre hypothèses différentes sont couramment utilisées et correspondent à quatre formes de matrices normales $\boldsymbol{R} = \boldsymbol{X}^{\dagger}\boldsymbol{X}$ particulières [Marple, 1987]. L'hypothèse de non-fenêtrage, c'est-à-dire $L = N - p$, est connue sous le nom de *forme covariance*, pour laquelle la matrice $\boldsymbol{R}$ est de Toeplitz. Les formes pré- et post-fenêtrées conduisent à compléter les données observées par p zéros respectivement avant et après celles-ci, si bien que $L = N$. Enfin, la *forme autocorrélation* correspond à l'hypothèse de pré- et post-fenêtrage, pour laquelle on a donc $L = N + p$. Dans la suite, nous suivons les recommandations données dans [Giovannelli, 1995; Giovannelli et al., 2000] en retenant la forme covariance. Ce choix s'explique par le fait que cette forme n'introduit aucune hypothèse *a priori* sur les échantillons non observés. De plus, cette forme conduit parmi les quatre possibilités aux spectres les moins doux, donc à la meilleure résolution.

La méthode ARD2 (pour autorégressive double douceur) consiste alors à prendre en compte simultanément des notions de douceur spectrale et de continuité temporelle des spectres à reconstruire, et non séparément comme dans [Kitagawa et Gersch, 1985a] et [Kitagawa et Gersch, 1985b]. Elle est formulée dans le cadres des moindres carrés régularisés puisqu'elle repose sur la minimisation de

$$\begin{aligned}\mathcal{J}_{\text{ARD2}}(\mathcal{A}) &= \sum_{m=1}^{M} \left[(\boldsymbol{y}_m - \boldsymbol{Y}_m \boldsymbol{a}_m)^{\dagger} r_m^{-e} (\boldsymbol{y}_m - \boldsymbol{Y}_m \boldsymbol{a}_m) \right] + \lambda_{\text{D}} \sum_{m=1}^{M} \boldsymbol{a}_m^{\dagger} \Delta_k \boldsymbol{a}_m \\ &+ \lambda_{\text{T}} \sum_{m=1}^{M-1} (\boldsymbol{a}_m - \boldsymbol{a}_{m+1})^{\dagger} \Delta_k (\boldsymbol{a}_m - \boldsymbol{a}_{m+1}), \end{aligned} \tag{IV.5}$$

où $\Delta = \operatorname{diag}\left[1^{2k}, \ldots, p^{2k}\right]$ est une matrice de « douceur spectrale » ($k = 1/2$), et $\mathcal{A} = [\boldsymbol{a}_1 \mid \ldots \mid \boldsymbol{a}_M] \in \mathbb{C}^{p \times M}$ est la matrice des prédicteurs.

Une fois la matrice des régresseurs $\mathcal{A}$ calculée, nous pouvons déduire les puissances des bruits générateurs par :

$$r_m = \widehat{r}_m(0) - \boldsymbol{a}_m^{\dagger} \widehat{\boldsymbol{r}}_m,$$

où $\widehat{r}_m(0)$ et $\widehat{\boldsymbol{r}}_m = [\widehat{r}_m(1), \ldots, \widehat{r}_m(p)]$ définissent les corrélations empiriques aux instants $0, 1, \ldots, p$. La densité spectrale de puissance estimée dans chaque case m est finalement donnée par [Marple, 1987, p. 177] :

$$P_{\text{AR}}(\nu) = \frac{r_m^2}{\left|1 - \sum_{k=1}^{N-1} a_{mk}\, e^{2j\pi\nu k}\right|^2}$$

Dans la pratique, nous avons discrétisé l'axe fréquentiel $[-0,5,\ 0,5]$ sur $P = 64$ points.

Cette technique présente une robustesse plus importante pour la caractérisation spectrale d'un fouillis seul qu'une méthode AR adaptative classique [Giovannelli, 1995; Giovannelli et al., 2000]. Elle permet aussi de contourner le problème sans solution fiable pour peu de données du choix de l'ordre du modèle AR. Cette approche est par ailleurs peu coûteuse en temps de calcul. Elle constitue donc une référence intéressante pour qualifier les performances de notre méthode. Notons toutefois deux faiblesses qui la caractérisent. Puisqu'elle se formalise dans le cadre de la régularisation quadratique, elle est inadaptée pour prendre en compte des ruptures temporelles et/ou spectrales inter-fouillis comme celles qui apparaissent dans une configuration de fouillis mélangés. Logiquement, elle ne permet pas non plus de restituer des points brillants au sein des différents fouillis.

Le premier constat est à l'origine du développement de la méthode d'imagerie des fouillis présentée maintenant, tandis que le second motive la méthode d'imagerie des fouillis et des points brillants discutée plus loin.

IV.4 Imagerie des fouillis

IV.4.1 Monomodèle profondeur-fréquence

Le modèle exploité ici dans chaque case distance correspond au modèle de Fourier présenté au chapitre II. Autrement dit, dans la case distance m, on cherche le vecteur complexe des amplitudes spectrales $\boldsymbol{x}_m = [x_{m\,1}, \ldots, x_{m\,P}]^{\mathrm{t}}$ relié aux données $\boldsymbol{y}_m$ par

$$\boldsymbol{y}_m = W_{NP}\boldsymbol{x}_m, \tag{IV.6}$$

où cette fois-ci $W_{NP} = \left[w_0^{(n-1)(p-1)}\right]$, $n \in \{1, \ldots, N\}$, $p \in \{1, \ldots, P\}$. La taille P du vecteur $\boldsymbol{x}_m$ définit la finesse de la grille spectrale sur laquelle on cherche à décrire le signal analysé $\boldsymbol{y}_m$ comme la somme d'un grand nombre de sinusoïdes de fréquences fixées entre 0 et 1.

L'extension de ce modèle à l'ensemble des cases distance ne pose pas de difficulté. On note $\mathcal{Y}$ et $\mathcal{X}$ les matrices de taille $M \times N$ et $M \times P$ rassemblant respectivement les M vecteurs de données $\boldsymbol{y}_m$ et les M spectres complexes $\boldsymbol{x}_m$. On peut alors écrire (IV.6) dans chaque case distance et l'ensemble de ces relations se résume sous la forme matricielle suivante :

$$\mathcal{Y} = \mathcal{W}\mathcal{X} \tag{IV.7}$$

en notant $\mathcal{W}$ la matrice bloc diagonale définie par :

$$\mathcal{W} = \begin{pmatrix} W_{NP} & 0 & \cdots & 0 \\ 0 & W_{NP} & \ddots & \vdots \\ \vdots & \ddots & \ddots & 0 \\ 0 & \cdots & 0 & W_{NP} \end{pmatrix}.$$

Le modèle de Fourier (IV.7) justifie l'appellation « monomodèle » dans la mesure où sa formulation conduit à l'estimation d'une seule image distance-vitesse $\widehat{\mathcal{X}}$ à partir du jeu de données $\mathcal{Y}$. Puisque la matrice $\mathcal{W}$ est bloc-diagonale, l'équation (IV.7) n'est pas une équation de *Fourier bidimensionnelle*, mais correspond simplement à la superposition de relations de Fourier *monodimensionnelles*. Le problème *direct* (déterminer $\mathcal{Y}$ connaissant $\mathcal{X}$) peut donc toujours être résolu par transformée de Fourier inverse discrète, case par case.

Pour construire une image distance-vitesse $\widehat{\mathcal{X}}$ suffisamment représentative des phénomènes physiques observés $\mathcal{Y}$, le nombre d'amplitudes à estimer par case doit en général être largement plus grand que le nombre de données. Typiquement, nous choisissons $P = 64$ amplitudes par case distance à partir des $N = 8$ données, c'est-à-dire 8 fois plus de paramètres que de données !

Cette caractéristique constitue la difficulté principale du problème : son caractère mal-posé et plus précisément indéterminé. Ce type de problèmes est aujourd'hui assez bien identifié [Demoment, 1989; Demoment et Idier, 1999], il s'inscrit dans la classe des *problèmes inverses linéaires mal-posés*, tels que ceux rencontrés en restauration d'images par exemple ; les techniques de régularisation constituent un outil puissant pour leur résolution. Parmi celles-ci, nous retenons comme au chapitre II une technique de pénalisation, pour pondérer le terme d'adéquation aux données $\mathcal{Q}(\mathcal{X}) = \|\mathcal{Y} - \mathcal{W}\mathcal{X}\|^2$ par une fonction traduisant les informations *a priori* disponibles sur les spectres à reconstruire.

IV.4.2 Régularisation du monomodèle

Pour caractériser le spectre des signaux Doppler, les informations *a priori* disponibles portent sur les MP modules $\rho_{mp} = |x_{mp}|$ des amplitudes spectrales. C'est pourquoi, la pénalisation $\mathcal{R}$ retenue est *circulaire*. Nous évitons ainsi de pénaliser les phases ϕ_{mp} des amplitudes spectrales inconnues pour lesquelles nous n'avons pas d'informations disponibles. D'un point de vue statistique, cela correspond à introduire une loi *a priori* non informative sur l'ensemble des ϕ_{mp}, c'est-à-dire une distribution de probabilité blanche et uniforme sur $[0,\, 2\pi]^{MP}$.

Une première fonction circulaire « doublement markovienne » a été proposée dans [Giovannelli et Idier, 1995] :

$$\mathcal{R}(\mathcal{X}) \;=\; \sum_{m=1}^{M}\sum_{p=1}^{P}\left[R_0(\rho_{mp}) + \mu_{\mathrm{D}} R_1(\rho_{m,\,p+1} - \rho_{m,\,p})\right] + \mu_{\mathrm{T}} \sum_{m=1}^{M-1}\sum_{p=1}^{P} R_2(\rho_{m+1,\,p} - \rho_{mp}),$$

où R_0, R_1, R_2 sont des fonctions paires et convexes sur $\mathbb{R}$ mais non quadratiques. Le potentiel markovien R_1 traduit une information de douceur spectrale intra-fouillis et intra-case, dont la quantité est contrôlée par le paramètre μ_{D}. Le potentiel markovien R_2 modélise l'hypothèse de continuité temporelle intra-fouillis et inter-cases, et son importance varie avec μ_{T}. Dans l'interprétation bayésienne, le champ aléatoire $\mathcal{X}$ et la loi *a priori* $p(\mathcal{X}\ ;\ \boldsymbol{\theta}) \propto \exp\left(-K\mathcal{R}(\mathcal{X}\ ;\ \boldsymbol{\theta})\right)$ où $K > 0$ et $\boldsymbol{\theta} = [\varepsilon,\, \mu_{\mathrm{D}},\, \tau_1,\, \mu_{\mathrm{T}},\, \tau_2]^{\mathrm{t}}$ définissent un champ de Markov aux quatre premiers voisins.

Le potentiel R_0 étant choisi C^1, et les arguments des potentiels R_1 et R_2 étant différents de $R_0(\rho_{mp})$, on ne peut appliquer ni le Corollaire 1 ni le Corollaire 2 du chapitre II (voir p. 43) pour conclure à la convexité de $\mathcal{R}$ lorsque $\mu_{\mathrm{D}} \neq 0$ et/ou $\mu_{\mathrm{T}} \neq 0$.

Compte tenu des conditions de convexité dérivées à la section II.4.2, nous adoptons donc pour

$\mathcal{R}$ l'énergie doublement markovienne suivante :

$$\begin{aligned} \mathcal{R}_\varepsilon(\boldsymbol{x}_m) &= \sum_{p=1}^{P} \left[q_{mp} + \mu_{\text{D}} R_1(q_{m,p+1} - q_{mp}) \right] \\ \mathcal{R}(\mathcal{X}) &= \sum_{m=1}^{M} \mathcal{R}_\varepsilon(\boldsymbol{x}_m) + \mu_{\text{T}} \sum_{m=1}^{M-1} \sum_{p=1}^{P} R_2(q_{m+1,p} - q_{mp}), \end{aligned} \tag{IV.8}$$

où q_{mp} désigne l'approximation de classe C^1 du module ρ_{mp} : $q_{mp} = \varphi_\varepsilon(\rho_{mp})$, avec φ_ε définie en (II.18). D'après les conditions énoncées au Corollaire 2 du chapitre II (voir p. 45), cette énergie est strictement convexe pour R_1 et R_2 paires et convexes sur $\mathbb{R}$, et

$$\mu_{\text{D}} \leqslant a/2R_1'(\infty) \quad \& \quad \mu_{\text{T}} \leqslant a/2R_2'(\infty), \qquad \text{pour } a \in [0,\, 1]\,. \tag{IV.9}$$

Comme au chapitre II, les potentiels R_1 et R_2 sont L_{21}, c'est-à-dire quadratiques autour de zéro et linéaires à l'infini, évitant ainsi les problèmes calculatoires générés par la non différentiabilité de la norme L_1. De plus, la partie L_2 de ces potentiels s'avère plus adaptée que la norme L_1 pour lisser des variations de faible amplitude, cette dernière étant davantage sollicitée en estimation robuste pour éliminer des données aberrantes (ou *outliers*)[Huber, 1981; Fuchs, 1999b]. Différents potentiels L_{21} sont disponibles dans les références [Huber, 1981; Green, 1990; Rudin et al., 1992; Bouman et Sauer, 1993; Charbonnier et al., 1994; O'Sullivan, 1994; Li et Huang, 1995; Brette et Idier, 1996] ; plus précisément, nous avons retenu des branches d'hyperbole pour R_1 et R_2 comme dans [Rudin et al., 1992; Charbonnier et al., 1994], car nous avons remarqué un effet de seuil moins marqué avec cette fonction qu'avec celle de Huber notamment. Finalement, cette énergie de régularisation permet de réaliser un compromis entre l'hypothèse générale de continuité spectrale ou spatiale, restituant des zones relativement homogènes, et des entorses parcimonieuses autorisant des variations brutales. Dans un contexte probabiliste, cela se traduit par la définition d'une loi *a priori* $p(\mathcal{X}\ ;\ \boldsymbol{\theta})$ à queue plus lourde qu'une densité gaussienne.

IV.4.3 Estimateur spectral

De manière désormais habituelle, nous choisissons comme estimateur des amplitudes spectrales, le minimiseur $\widehat{\mathcal{X}}$ du critère pénalisé

$$\mathcal{J}(\mathcal{X}) = \mathcal{Q}(\mathcal{X}) + \lambda \mathcal{R}(\mathcal{X}), \qquad \lambda > 0, \tag{IV.10}$$

strictement convexe lorsque (IV.9) est vérifiée, qui conduit au spectre de puissance estimé $|\widehat{\mathcal{X}}|^2$. Notons que cette approche requiert au préalable le réglage de six hyperparamètres, λ, le paramètre global de régularisation et $\boldsymbol{\theta}$ le vecteur des paramètres *a priori*, soit quatre de plus que la méthode ARD2, pour laquelle il suffit de choisir $\lambda_{\text{D}} = \lambda\,\mu_{\text{D}}$ et $\lambda_{\text{T}} = \lambda\,\mu_{\text{T}}$. L'approche proposée est dite *supervisée* dans la mesure où le réglage de ces paramètres est laissé au soin de l'utilisateur. Une étude dans une seule case distance (selon les quatre paramètres λ, ε, μ_{D}, τ_1), sur la sensibilité de l'approche monomodèle aux fluctuations des hyperparamètres est annexée à la fin de ce chapitre (voir section IV.A). Les résultats sont comparés à ceux obtenus lors de la modification du paramètre λ_{D} dans l'approche ARD2.

IV.4.4 Minimisation du critère

Considérons tout d'abord le cas où $\mathcal{J}$ est strictement convexe. Il est possible de calculer $\widehat{\mathcal{X}}$ en minimisant $\mathcal{J}$ par une méthode du premier ordre. En particulier, plutôt qu'un algorithme standard de gradient, nous utilisons une version modifiée où les directions de descente sont pseudo-conjuguées (voir section A.2).

Nous sommes également en mesure de proposer une extension de l'algorithme de relaxation par blocs proposé à la section III.3. En effet, il est facile de montrer que la pénalisation semi-quadratique (SQ) $\mathcal{S}_{\text{DT}}^{\text{GY}}$, définie par

$$\begin{aligned} \mathcal{S}_{\text{DT}}^{\text{GY}}(\mathcal{X}, \mathcal{D}^{\pm}, \mathcal{T}^{\pm}) &= \frac{1}{2\alpha_{\text{D}}}\Big(\left\|\mathcal{X}-\mathcal{D}^{+}\right\|^2+\left\|\mathcal{X}-\mathcal{D}^{-}\right\|^2+2\sum_{m=1}^{M}\sum_{p=1}^{P}\zeta_{\alpha_{\text{D}}}(|d_{mp}^{+}|,\, |d_{m,p+1}^{-}|)\Big) \\ &+\frac{1}{2\alpha_{\text{T}}}\Big(\left\|\mathcal{X}-\mathcal{T}^{+}\right\|^2+\left\|\mathcal{X}-\mathcal{T}^{-}\right\|^2+2\sum_{m=1}^{M-1}\sum_{p=1}^{P}\zeta_{\alpha_{\text{T}}}(|t_{mp}^{+}|,\, |t_{m+1,p}^{-}|)\Big) \end{aligned} \quad \text{(IV.11)}$$

vérifie

$$\min_{\mathcal{D}^{\pm},\,\mathcal{T}^{\pm}} \mathcal{S}_{\text{DT}}^{\text{GY}}(\mathcal{X}, \mathcal{D}^{\pm}, \mathcal{T}^{\pm}) = \mathcal{R}(\mathcal{X}).$$

Les matrices $\mathcal{D}^{\pm}$ et $\mathcal{T}^{\pm}$, de taille $M \times P$, rassemblent les variables auxiliaires d_{mp} et t_{mp} introduites respectivement dans les sens fréquentiel et temporel pour rendre quadratique en $\mathcal{X}$ la pénalisation $\mathcal{S}_{\text{DT}}^{\text{GY}}$. Les fonctions $\zeta_{\alpha_{\text{D}}}$ et $\zeta_{\alpha_{\text{T}}}$ sont définies à partir de (III.20) et des énergies convexes

$$\phi_{\text{D}}(x_{mp},\, x_{m,p+1}) = q_{mp} + q_{m,p+1} + 2\mu\, R_1(q_{m,p+1} - q_{mp}), \quad \text{(IV.12)}$$

$$\phi_{\text{T}}(x_{m,p},\, x_{m+1,p}) = q_{mp} + q_{m+1,p} + 2\mu\, R_2(q_{m+1,p} - q_{mp}). \quad \text{(IV.13)}$$

Les paramètres d'échelle α_{D} et α_{T} sont positifs et bornés supérieurement. En pratique, on fixe leur valeur à celle des bornes, explicitement données par (III.41), car ces choix donnent la convergence la plus rapide. Ces bornes sont les valeurs maximales pour lesquelles les fonctions f_{D} et f_{T}, définies par

$$f_{\text{D}}(x_{mp},\, x_{m,p+1}) = (|x_{mp}|^2 + |x_{m,p+1}|^2)/2 - \alpha_{\text{D}}\phi_{\text{D}}(x_{mp},\, x_{m,p+1}) \quad \text{(IV.14)}$$

$$f_{\text{T}}x_{mp},\, x_{m+1,p}) = (|x_{mp}|^2 + |x_{m+1,p}|^2)/2 - \alpha_{\text{T}}\phi_{\text{T}}(x_{m,p},\, x_{m+1,p}), \quad \text{(IV.15)}$$

restent convexes. Ces fonctions vérifient toutes les hypothèses requises (voir Corollaire 1 p. 68) pour être récrites comme le minimum d'un développement semi-quadratique donné par (III.21). La réunion des deux conditions conduit à la relation (IV.11). De plus, les énergies locales ϕ_{D}, ϕ_{T} étant strictement convexes lorsque les conditions (IV.9) sont vérifiées, le critère $\mathcal{K}_{\text{DT}}^{\text{GY}} = \mathcal{Q} + \lambda\mathcal{S}_{\text{DT}}^{\text{GY}}$ est à la fois strictement convexe et de classe C^1 si bien que l'extension « bidimensionnelle » de l'algorithme de relaxation par blocs proposé à la section III.3 converge vers le minimum global $\widehat{\mathcal{X}}$. Le lecteur intéressé par la mise en œuvre peut se reporter à la Table III.2 (voir p. 77)

Suivant la douceur de fouillis à restaurer, notamment les foullis de pluie et de mer, il peut s'avérer nécessaire de dépasser les limites de convexité introduites sur μ_{D} et μ_{T} en (IV.9). Dans de tels cas, nous avons procédé dans un premier temps par *Non Convexité Graduelle* (GNC) pour calculer un minimum local de $\mathcal{J}$. Nous avons suivi pour cela le schéma numérique exposé au paragraphe II.5.3. En choisissant pour valeurs initiales de μ_D et μ_T, les bornes définies en (IV.9), nous sommes en mesure de calculer le minimum d'un critère convexe, qui sert d'initialisation pour l'itération suivante où $\mathcal{J}$ est déformé en augmentant progressivement μ_D et μ_T. De proche en proche, nous déterminons ainsi un minimum local acceptable.

Dans un second temps, nous avons constaté que l'estimée obtenue en minimisant directement le critère non convexe $\mathcal{J}$ avec les bonnes valeurs de μ_D et μ_T, était proche de la solution obtenue par GNC, lorsque l'initialisation correspondait à la TFD sur P points des données y_m dans chaque case distance.

IV.5 Simulations sur fouillis synthétiques

Dans cette section, nous synthétisons les résultats d'estimation fournis par l'approche monomodèle pour caractériser les différents fouillis synthétiques étudiés (sol, pluie, mer), d'abord dans une configuration isolée puis dans un contexte plus réaliste où ils sont mélangés. Nous comparons notamment notre approche avec un périodogramme standard, et la méthode ARD2 [Giovannelli, 1995]. Notre approche étant supervisée au niveau du choix des hyperparamètres, nous avons également considéré la version supervisée de la méthode ARD2. Pour cette dernière, notons toutefois qu'une alternative non supervisée existe, dans laquelle les deux paramètres λ_D et λ_T sont estimés par maximum de vraisemblance Giovannelli et al. [2000].

IV.5.1 Vrais spectres

Dans chacune des quatre situations étudiées, nous commençons par apprécier visuellement la qualité des résultats puis nous la chiffrons par l'intermédiaire de mesures de distances entre spectres. Pour le fouillis de sol, nous mesurons aussi la résolution en vitesse de la méthode par le calcul de la largeur à demi-hauteur du lobe principal. Cette grandeur est couramment appelée le θ_{3dB} par les radaristes, car elle correspond à l'étalement en vitesse (ou en fréquence) du lobe principal à 3 dB (échelle log.) sous son maximum.

Dans les simulations qui nous occupent, les vrais spectres sont connus, au moins par leur formes : il s'agit de spectres gaussiens dont les paramètres de fréquence moyenne et d'écart type spectral sont maîtrisés.

Les signaux de données ont été simulés sur le logiciel OSCAR de la société THOMSON-CSF AIRSYS [Giovannelli et Idier, 1994] à partir des vrais spectres. Il s'est avéré que l'échelle des spectres théoriques n'était pas en regard de la puissance empirique des signaux simulés, ceci expliquant notamment la valeur élevée des distances interspectrales entre le vrai spectre et le périodogramme des données.

IV.5.2 Mesures de qualité

Chaque spectre est calculé sur $P = 64$ points. Les mesures évaluées ici sont à la fois les distances L_1 et L_2 proposées par [Giovannelli et Idier, 1994], et des distances de Kullback. Elles sont définies dans la m-ième case distance par :

$$L_1(m) = \sum_{p=1}^{P} |\hat{\rho}_{mp} - S_{mp}|$$
$$L_2(m) = \sum_{p=1}^{P} (\hat{\rho}_{mp} - S_{mp})^2$$

où S_{mp} représente le vrai spectre. La distance de Kullback, pour des vecteurs gaussiens centrés stationnaires s'écrit :

$$D_K(m) = N + \log\det\left(\widehat{R}_m^{-1} R_m\right) - tr\left(\widehat{R}_m^{-1} R_m\right)$$

où $\widehat{R}_m$ et R_m sont les matrices de corrélation associées respectivement au spectre estimé et au vrai spectre de la m-ième case. Plus précisément elles sont construites à partir des corrélations estimées et vraies qui elles-mêmes s'obtiennent par transformée de Fourier inverse (ifft) des séquences spectrales $\hat{\rho}_{mp}$ et S_{mp}, pour $p = 1, \ldots, P$.

IV.5.3 Caractérisation du fouillis de sol

La Figure IV.2(a) présente la suite des 64 spectres théoriques ayant servi à simuler les signaux de fouillis de sol. Le choix du nombre de cases fréquentielles est à mettre en correspondance avec l'échelle des vitesses. Les vitesses représentées sont comprises entre $-v_a/2$ et $v_a/2$ où $v_a = 50$ m/s définit la vitesse ambiguë du radar qui correspond en fréquence réduite à $-0,5$.

Le choix de $P = 64$ permet d'associer une case fréquentielle à un intervalle en vitesse de $v_a/P = 0,8$ m/s. Les cases distance 15 à 47 contiennent effectivement un écho de sol et les autres ne contiennent que du bruit. Le rapport des puissance fouillis/ bruit est de 50 dB et la puissance du bruit vaut 21 dB, comme il apparaît sur la Figure IV.3. Du point de vue spectral, la Figure IV.2(a) montre que le fouillis de sol est unimodal, de vitesse moyenne v_m nulle, donc de fréquence réduite moyenne $f_m = -v_m/v_a = 0$, et d'écart type en fréquence réduite $\sigma_f = 0,031$, soit en vitesse $\sigma_v \approx 1,6$m/s.

Les premiers résultats présentés à la Figure IV.2(b) obtenus par la technique classique du périodogramme, montrent les limitations inhérentes au caractère linéaire de cet estimateur. Quatre défauts majeurs sont à signaler.

- Nous observons une grande disparité entre les spectres estimés d'une case distance à la suivante, alors que les spectres théoriques sont tous identiques.
- Dans chaque case distance, la Figure IV.3(b) met en évidence le faible pouvoir de résolution de la méthode puisque les spectres estimés présentent un θ_{3dB} de 0,11, donc plus de trois fois supérieure à σ_f.
- Mentionnons aussi l'importance des lobes secondaires, dont on ne perçoit que partiellement la hauteur sur la Figure IV.2(b), et qui apparaissent pour le périodogramme à 15 dB sous le lobe principal, et qui ne correspondent à aucune caractéristiques des vrais spectres.
- Dans les cases de transition bruit-fouillis (14-15), et fouillis-bruit (47-48), la Figure IV.3(a) montre que les puissances estimées par le périodogramme ne restituent pas suffisamment les ruptures temporelles correspondant à l'apparition et à la disparition des échos de fouillis.

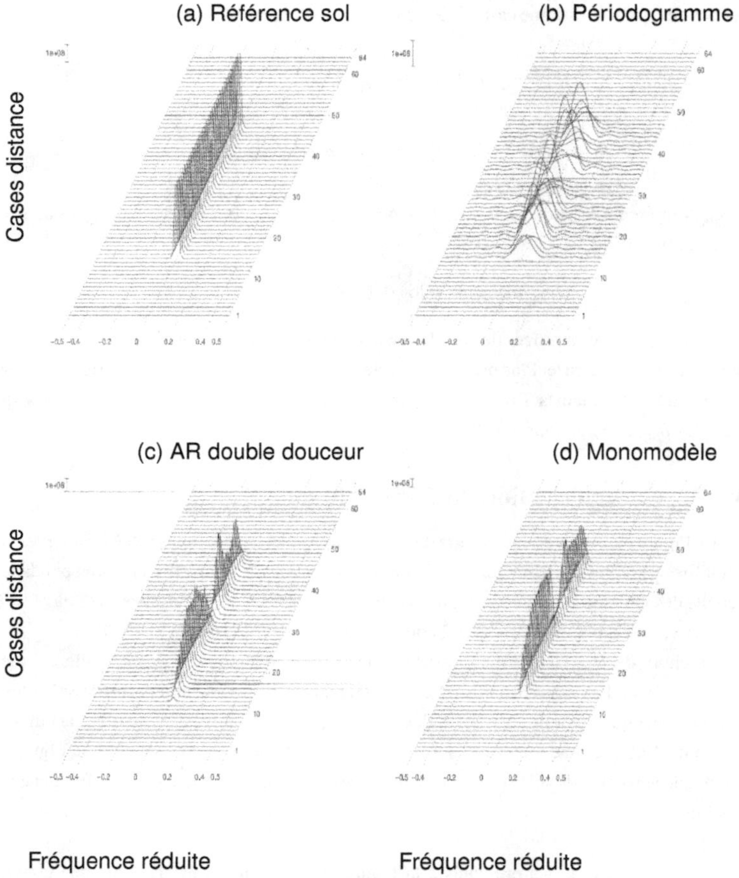

Figure IV.2: *Estimation du fouillis de sol.*

Les résultats de l'approche ARD2 apparaissent à la Figure IV.2(c). Ils ont été obtenus pour le couple d'hyperparamètres $(\lambda_{\mathrm{D}}, \lambda_{\mathrm{T}}) = (0,05 ; 10^6)$. Ce réglage met en évidence qu'il n'est pas nécessaire d'introduire une trop grande douceur spectrale pour caractériser en fréquence des échos de sol. Cette approche permet de corriger en bonne partie trois défauts sur quatre du périodogramme :

- les spectres restitués présentent une grande homogénéité temporelle, *i.e.,* inter-cases.
- La résolution de cette méthode est accrue par rapport au périodogramme. En effet, la Figure IV.3(b) met en évidence que la largeur du fouillis restitué par cette méthode est égale à σ_f à l'exception de deux cases distance.
- En termes de rejet des lobes secondaires, nous avons observé une amélioration sensible

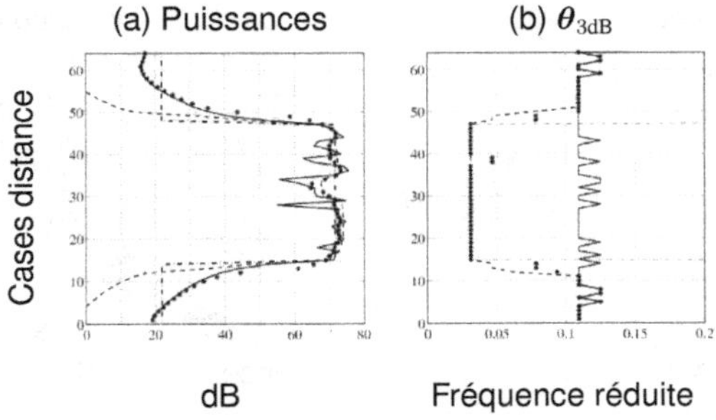

Figure IV.3: *Puissances restituées et largeur à demi-hauteur du fouillis de sol. En trait mixte (-.), vrai spectre ; en trait plein, périodogramme (b) ; en (∗) spectre autorégressif (c) ; en tiretés (- -), « monomodèle » (d).*

puisqu'ils apparaissent désormais à 25 dB sous le lobe principal.

Néanmoins, nous pouvons noter sur la Figure IV.3(b) que la douceur temporelle introduite sous la forme d'une pénalisation quadratique a pour effet de lisser les ruptures temporelles, conduisant ainsi au même phénomème que pour le périodogramme : les ruptures de puissances aux cases de transition ne sont pas suffisamment bien restituées.

Les résultats de notre approche monomodèle sont finalement présentrés sur la Figure IV.2(d). Les spectres proposés ont été calculés avec $\lambda = 600$ et $\boldsymbol{\theta} = (200; 0,01; 200; 1,8; 10^3)$. Avec $\mu_{\text{D}} = 0,01$, la contribution du terme de douceur spectrale est négligeable dans $\mathcal{J}$ et inférieure à la limite de convexité fixée en (IV.9). La pénalisation intra-case est donc convexe, mais l'énergie markovienne traduisant la continuité temporelle est bien supérieure à cette limite si bien que le critère $\mathcal{J}$ résultant n'est pas markovienne inter-cases prédomine dépassant ainsi la limite de convexité du critère fixée en (IV.9).

L'approche monomodèle permet de renforcer et de dépasser les améliorations obtenues par la méthode précédente. La Figure IV.2(d) montre en effet une bonne prise en compte de la continuité temporelle grâce au terme markovien de pénalisation inter-cases. De même, les termes de douceur spectrale (potentiel R_1) alliés à ceux de rappel à zéro (potentiel R_0) permettent de retrouver des spectres estimés de même largeur à mi-hauteur (égale à σ_f) que les spectres théoriques. En outre, les simulations ont montré qu'on pouvait rejeter les lobes secondaires à 40 dB sous le lobe principal. Enfin et surtout, le défaut restant de l'approche précédente est corrigé, grâce à l'influence des termes de rappel à zéro dans le sens distance. Ils permettent une très bonne prise en compte des ruptures de puissance aux cases de transition, comme l'illuste la Figure IV.3(a).

La Figure IV.4 permet de quantifier ces résultats en termes de distances aux vrais spectres. Les distances L_1 et L_2 montrent en effet la capacité de notre approche à restituer des « sauts de puissance » correspondant aux discontinuités bruit-fouillis et fouillis-bruit. Elles mettent aussi en évidence une meilleure prise en compte de la dynamique temporelle des échos de sol : il suffit de constater sur les Figure IV.2(b)-(c) le « trou spectral », autour de la case 34 à la fréquence nulle, que ni le périodogramme ni l'approche autorégressive ne peuvent compenser, même partiellement. Dans cette case, la distance L_1 du spectre AR au vrai spectre est même supérieure à celle du

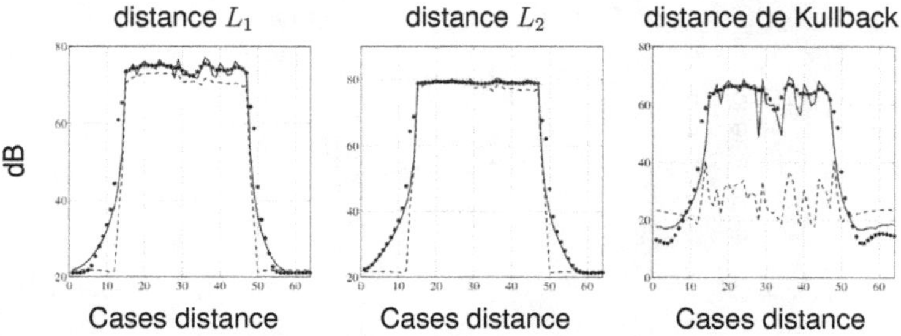

Figure IV.4: *Distances inter-spectrales pour le fouillis de sol. En trait plein, périodogramme (b) ; en (∗) spectre autorégressif (c) ; en tiretés (- -), « monomodèle » (d).*

périodogramme. La fonction de régularisation de l'approche ARD2 pénalise en effet davantage les faibles amplitudes spectrales que le périodogramme car le critère associé fait intervenir deux termes quadratiques inter- et intra-cases, contre une seul au périodogramme [Sacchi et al., 1998; Giovannelli et al., 2000].

Enfin, si l'on doute de l'amélioration apportée par l'approche proposée, l'utilisation de la distance de Kullback permet de remettre en conformité l'appréciation visuelle avec l'échelle d'évaluation quantitative. La Figure IV.4 nous montre en effet le gain sensible réalisé par le monomodèle, certes au prix du réglage de six hyperparamètres contre deux seulement pour la méthode ARD2.

Le Tableau IV.1 récapitule l'ensemble de ces résulats sous-forme de distances moyennes, calculées sur l'ensemble des cases, et de gains en % [5], apportés par les deux approches non standards. Cette synthèse met en évidence un apport fluctuant entre 20 % et 100 % suivant la distance considérée, en faveur de notre approche.

Tableau IV.1: *Performances comparées du périodogramme avec la méthode ARD2, et l'approche monomodèle. L_1, L_2, et Kullback indiquent les distances moyennes entre spectres estimés et vrais spectres de fouillis de sol.*

Méthode	Fig.	L_1	L_2	Kullback
Périodogramme (b)	IV.2(b)	$1,44\,10^7$	$4,36\,10^7$	$1,71\,10^6$
AR régularisé (c)	IV.2(c)	$1,4\,10^7$	$4,19\,10^7$	$1,61\,10^6$
Monomodèle (d)	IV.2(d)	$7,51\,10^6$	$3,49\,10^7$	$9,65\,10^2$
Gain (c)/(b) en %		2%	4%	6%
Gain (d)/(b) en %		48%	20%	100%

IV.5.4 Caractérisation du fouillis de pluie

La Figure IV.5(a) présente la suite des 64 spectres théoriques ayant servi à simuler les signaux de fouillis de pluie. Les cases distance 15 à 46 contiennent un écho de pluie et les autres ne

5. calculé comme $\text{Gain}(\diamond)/(b) = 100 * (L_\star(b) - L_\star(\diamond))/L_\star(b)$ où $\star = 1, 2,$ KB et $\diamond = c, d$.

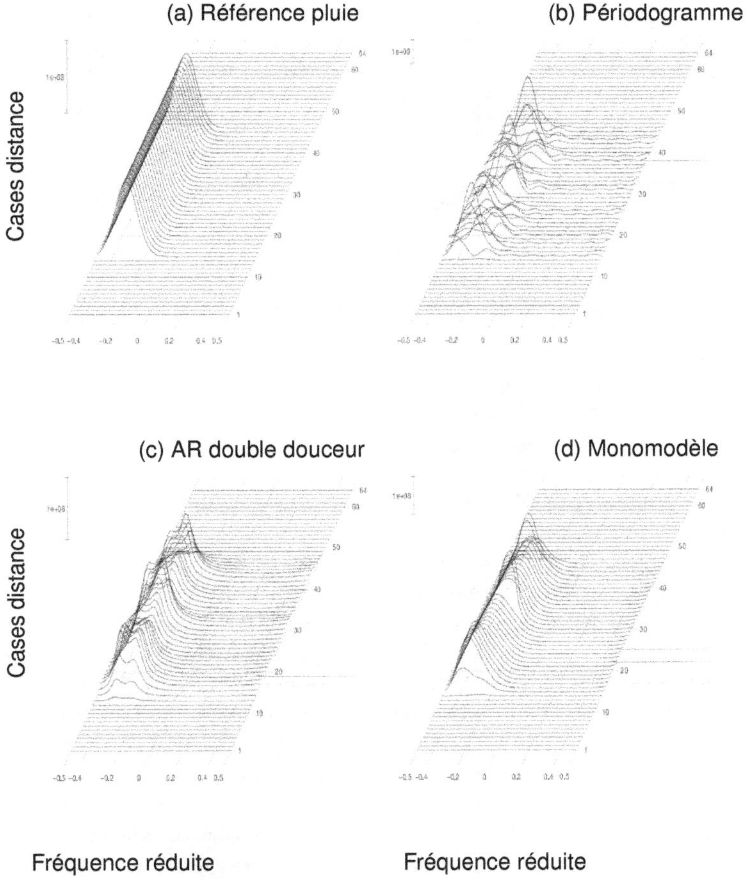

Figure IV.5: *Estimation du fouillis de pluie.*

contiennent que du bruit. Le rapport signal à bruit est de 50 dB et la puissance du bruit vaut 25 dB environ, comme le montre la Figure IV.6. Du point de vue spectral, le fouillis de pluie est caractérisé par un spectre gaussien de vitesse moyenne $v_m = 16$ m/s ($f_m \approx -0,3$), et d'écart type en vitesse $\sigma_v = 3,5$ m/s, soit en fréquence réduite $\sigma_f = 0,07$.

la Figure IV.5(b) montre les spectres obtenus par le périodogramme, qui présentent les mêmes défauts que ceux précédemment signalés pour le fouillis de sol. Les spectres AR de la Figure IV.5(c) ont été calculés pour le couple $(\lambda_D, \lambda_T) = (0,2 ; 500)$. Nous constatons que cette technique permet surtout de restaurer la continuité temporelle des différents spectres, mais cette restauration fait état d'un paradoxe. D'un côté, la Figure IV.5(c) met en évidence l'existence de spectres parasites là où il n' y pas d'écho de pluie (cases 13 et 14), traduisant le fait que λ_T est trop grand. D'un autre coté, nous souhaiterions rendre cette continuité inter-cases plus grande là

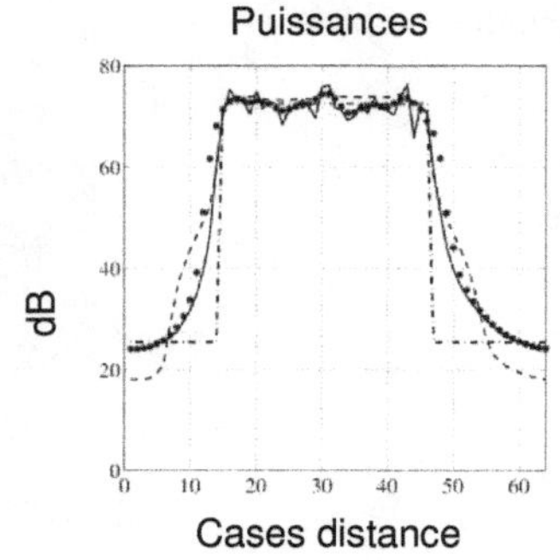

Figure IV.6: *Puissances restituées du fouillis de pluie. En trait mixte (-.), vrai spectre ; en trait plein, périodogramme (b) ; en (*) spectre autorégressif (c) ; en tiretés (- -), « monomodèle » (d).*

où il y a effectivement des échos de pluie, en augmentant λ_{T}. Ce constat montre les limitations de la régularisation quadratique.

Dans le sens spectral, les spectres restaurés présentent deux maxima, et sont donc assez éloignés des vrais spectres. L'augmentation de λ_{D} ne résoudra pas le problème puisqu'elle conduira à une perte de la dynamique spectrale, se traduisant par un étalement fréquentiel bien au delà de σ_f.

Enfin, les spectres du monomodèle, calculés avec $\boldsymbol{\theta} = (200; 7,5; 10^3; 7,5; 10^3)$ et $\lambda = 50$, apparaissent à la Figure IV.5(d). Ils montrent une amélioration spectaculaire dans le sens spectral, puisque la forme des vrais spectres est totalement restaurée. Dans le sens distance, les spectres parasites ont disparu, et la continuité temporelle est accrue comparativement à celle de la méthode ARD2. On note toutefois l'existence de quelques sauts temporels dus aux transitions entres les zones linéaire et quadratique du potentiel markovien de régularisation dans le sens distance.

Concernant les puissances, la Figure IV.6 montre que notre approche tend à lisser celles des échos de fouillis, et à surestimer celle du bruit dans les cases voisines des ruptures bruit-fouillis et fouillis-bruit. Cet effet est dû à la valeur importante du paramètre μ_{T}, nécessaire toutefois pour obtenir le résultat proposé à la Figure IV.5(d).

Cette fidélité aux vrais spectres, accrue par l'approche monomodèle, est très significative lorsqu'on compare les distances inter-spectrales rapportées à la Figure IV.7. Contrairement au fouillis de sol où aucune amélioration n'était visible sur les distances L_1 et L_2, l'apport du monomodèle se chiffre par une diminution variant entre 3 et 7 dB, selon les cases considérées. Enfin, cette meilleure restitution est concrétisée par un abaissement de 25 dB de la distance de Kullback.

Le Tableau IV.2 illustre ces résultats en montrant que les distances L_1 et L_2 moyennes obtenues par notre approche sont inférieures de plus d'un demi ordre de grandeur à celles du périodogramme et de la méthode ARD2. Les gains rapportés en % sont d'ailleurs tout autant significatifs, puisqu'ils varient entre 74 % et 99 % suivant la distance considérée.

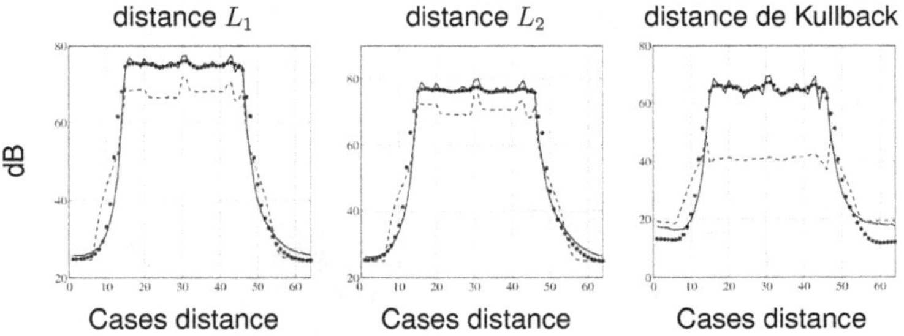

Figure IV.7: *Distances inter-spectrales pour le fouillis de pluie. En trait plein, périodogramme (b) ; en (∗) spectre autorégressif (c) ; en tiretés (- -), « monomodèle » (d).*

Tableau IV.2: *Performances comparées du périodogramme avec la méthode* ARD2, *et l'approche monomodèle. L_1, L_2, et Kullback indiquent les distances moyennes entre spectres estimés et vrais spectres de fouillis de pluie.*

Méthode	Fig.	L_1	L_2	Kullback
Périodogramme (b)	IV.5(b)	$1,73\,10^7$	$2,59\,10^7$	$1,85\,10^6$
AR régularisé (c)	IV.5(c)	$1,62\,10^7$	$2,24\,10^7$	$1,66\,10^6$
Monomodèle (d)	IV.5(d)	$3,38\,10^6$	$6,68\,10^6$	$9,3\,10^3$
Gain (c)/(b) en %		7%	14%	10%
Gain (d)/(b) en %		81%	74%	99%

IV.5.5 Caractérisation du fouillis de mer

La Figure IV.8(a) présente la suite des 64 spectres théoriques ayant servi à simuler les signaux de fouillis de mer. Les cases distance 15 à 47 contiennent effectivement un écho de mer et les autres ne contiennent que du bruit. Le rapport signal à bruit est de 50 dB et la puissance du bruit vaut 25 dB environ, comme le montre la Figure IV.6. Du point de vue spectral, le fouillis de mer est caractérisé par un spectre bimodal, à l'aide de deux densités spectrales gaussiennes, de vitesses moyennes respectives $v_{m_1} = 5$m/s ($f_{m_1} = -0,1$), et $v_{m_2} = 20$m/s ($f_{m_2} = -0,4$), et d'écarts types en vitesse, $\sigma_{v_1} = \sigma_{v_2} = 2,5$m/s, soit en fréquence réduite $\sigma_{f_1} = \sigma_{f_2} = 0,05$.

Compte tenu des similitudes entre le fouillis de mer et celui de pluie, les commentaires des résultats du paragraphe précédent restent valables. Par conséquent, nous présentons simplement les spectres obtenus par les différentes approches à la Figure IV.8. Les spectres AR ont été calculés pour le couple $(\lambda_{\text{D}}, \lambda_{\text{T}}) = (0,8\ ;\ 10^6)$, et ceux du monomodèle pour $\lambda = 350$ et $\boldsymbol{\theta} = (10^3; 0,5; 5 10^3; 7,5; 150)$.

Le Tableau IV.3 dresse un récapitulatif des critères d'évaluation quantitatifs des différentes techniques, et permet de conclure que l'approche monomodèle offre un gain de 72 % à 99 % suivant la distance considérée.

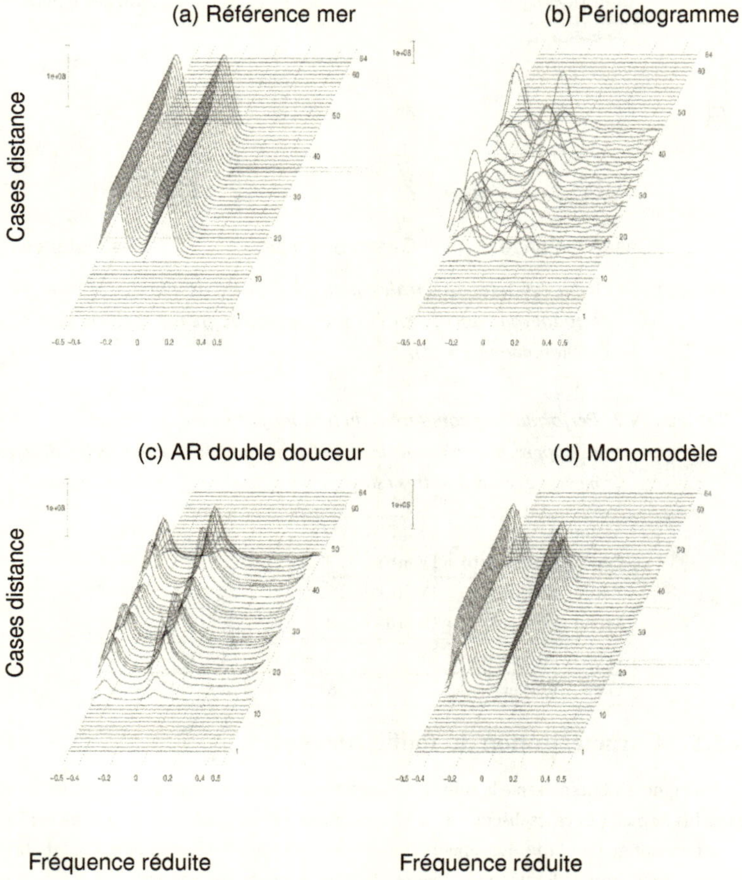

Figure IV.8: *Estimation du fouillis de mer.*

Tableau IV.3: *Performances comparées du périodogramme avec la méthode* ARD2, *et l'approche monomodèle.* L_1, L_2, *et Kullback indiquent les distances moyennes entre spectres estimés et vrais spectres de fouillis de mer.*

Méthode	Fig.	L_1	L_2	Kullback
Périodogramme (b)	IV.8(b)	$2,8\,10^7$	$3,74\,10^7$	$2,01\,10^6$
AR régularisé (c)	IV.8(c)	$2,26\,10^7$	$2,78\,10^7$	$1,87\,10^6$
Monomodèle (d)	IV.8(d)	$6,05\,10^6$	$1,05\,10^7$	$1,56\,10^4$
Gain (c)/(b) en %		19%	26%	7%
Gain (d)/(b) en %		78%	72%	99%

IV.5.6 Caractérisation du fouillis mélangé

La Figure IV.9(a) montre les spectres théoriques du fouillis mélangé. Il contient le fouillis de sol des cases 15 à 47, le fouillis de pluie dans les cases 31 à 63 et le fouillis de mer dans les cases 47 à 79.

La Figure IV.9(b) donne les résultats obtenus par le périodogramme, et met en évidence de manière encore plus flagrante que dans les cas précédents, les défauts de cette méthode : le manque de résolution, la variabilité aussi bien dans le sens spectral que temporel et la présence des lobes secondaires rendent impossible la séparation des différents phénomènes sous-jacents. Ces défauts sont en bonne partie corrigés par l'approche ARD2 dont le résultat est proposé à la Figure IV.9(c). Les spectres AR représentés correspondent au réglage suivant des hyperparamètres : $(\lambda_{\text{D}}\ ;\ \lambda_{\text{T}}) = (0,12\ ;\ 250)$. Ces spectres apparaissent trop doux dans les zones correspondant aux fouillis de pluie et de mer, pouvant prêter à confusion avec d'éventuels lobes secondaires du fouillis de sol. Par ailleurs, la résolution spectrale du fouillis de sol en milieu mélangé est légèrement dégradée par rapport au cas isolé. Ceci est la conséquence des modifications d'hyperparamètres nécessaires à l'obtention d'un compromis valable sur l'ensemble de l'image distance-vitesse.

Enfin, les spectres de l'approche monomodèle, calculés avec $\boldsymbol{\theta} = (10^3; 0,4; 400; 6; 10^3)$ et $\lambda = 0,5$, apparaissent à la Figure IV.9(d). Ils montrent une meilleure prise en compte des ruptures temporelles, favorisant la restauration des fouillis de pluie et de mer. Par ailleurs, le long de l'axe fréquence, il est désormais possible de distinguer sans ambiguïté les différents fouillis [6], et ce, grâce aux termes de rappels à zéro. Les trois phénomènes ne sont pas aussi bien reconstruits que dans une configuration isolée : nous constatons un glissement fréquentiel du lobe principal du fouillis de pluie, un écrasement d'un des deux maxima du fouillis de mer, et une légère dégradation, comme pour la méthode ARD2, de la résolution du fouillis de sol (variable entre 0,46 et 0,62).

Ici encore, le gain spectaculaire en terme de qualité de reconstruction ne se fait pas au détriment de la restitution de la puissance empirique des signaux observés, comme on peut le vérifier sur la Figure IV.10.

En termes de distances inter-spectrales (L_1, L_2 et Kullback), les gains obtenus par notre approche sur une configuration réaliste comme celle du fouillis mélangé sont rapportés à la Figure IV.11. Ces résultats montrent qu'à l'exception des cases distance correspondant aux interfaces fouillis-bruit, les distances L_1, L_2 et de Kullback obtenues par notre méthode restent inférieures, à celles calculées à partir du périodogramme et de la méthode ARD2.

Le Tableau IV.4 résume ces informations sur l'ensemble des cases distance en termes de distance moyennes, et montre un gain de 35 % à 95 % en faveur de notre approche, alors que la méthode ARD2 ne conduit qu'à une amélioration de 15% environ par rapport au périodogramme.

Nous présentons maintenant la formulation bimodèle afférente à la problématique d'estimation conjointe des fouillis et des points brillants.

6. sauf peut être à l'interface sol-mer dans la case distance 47

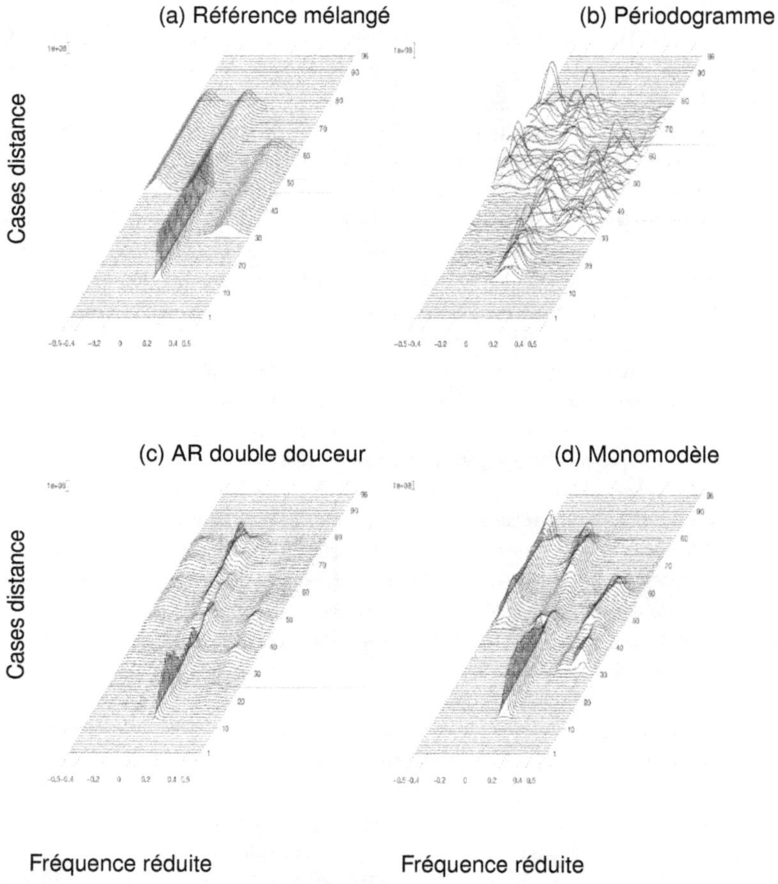

Figure IV.9: *Estimation du fouillis mélangé.*

Tableau IV.4: *Performances comparées du périodogramme avec la méthode* ARD2, *et l'approche monomodèle.* L_1, L_2, *et Kullback indiquent les distances moyennes entre spectres estimés et vrais spectres de fouillis mélangé.*

Méthode	Fig.	L_1	L_2	Kullback
Périodogramme (b)	IV.8(b)	$3,43\,10^7$	$5,63\,10^7$	$5,49\,10^5$
AR régularisé (c)	IV.8(c)	$3,02\,10^7$	$5,1\,10^7$	$4,84\,10^5$
Monomodèle (d)	IV.8(d)	$1,94\,10^7$	$4,45\,10^7$	$1,13\,10^4$
Gain (c)/(b) en %		12%	9%	12%
Gain (d)/(b) en %		44%	21%	98%

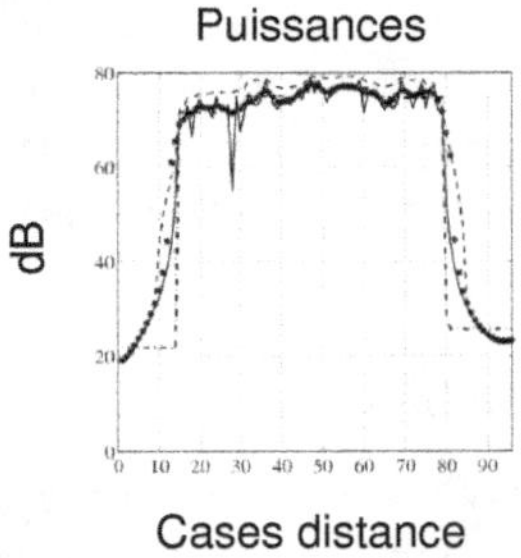

Figure IV.10: *Puissances restituées du fouillis mélangé. En trait mixte (-.), vrai spectre ; en trait plein, périodogramme (b) ; en (*) spectre autorégressif (c) ; en tiretés (- -), « monomodèle » (d).*

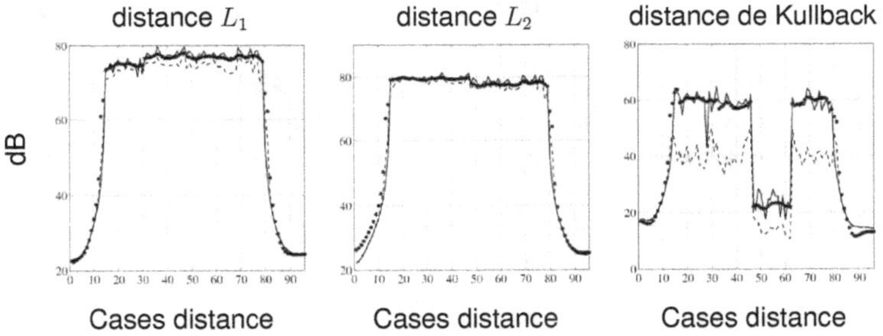

Figure IV.11: *Distances inter-spectrales pour le fouillis mélangé. En trait plein, périodogramme (b) ; en (∗) spectre autorégressif (c) ; en tiretés (- -), « monomodèle » (d).*

IV.6 Imagerie des fouillis et des points brillants

IV.6.1 Bimodèle profondeur-fréquence

En suivant les développements de la section II.3.4, il est possible d'intégrer l'estimation des points brillants au sein du modèle reliant les données aux inconnues. Pour cela, le spectre $\boldsymbol{x}_m$ recherché dans la case distance m est décomposé comme la juxtaposition d'un spectre de raies $\boldsymbol{x}_m^{\text{R}}$ et d'un spectre de fouillis plus régulier $\boldsymbol{x}_m^{\text{F}}$. Il s'en suit que

$$\boldsymbol{y}_m = W_{NP}(\boldsymbol{x}_m^{\text{R}} + \boldsymbol{x}_m^{\text{F}}), \quad \text{pour } m = 1, 2, \ldots, M.$$

Si l'on note $\mathcal{X} = [\mathcal{X}^{\text{R}}\ \mathcal{X}^{\text{F}}]$ la matrice de taille $M \times 2P$, contenant respectivement la collection pour l'ensemble des cases distance des spectres complexes impulsionnels $\mathcal{X}^{\text{R}}$ et réguliers $\mathcal{X}^{\text{F}}$, alors on a

$$\mathcal{Y} = \mathcal{W}(\mathcal{X}^{\text{R}} + \mathcal{X}^{\text{F}}) = \mathcal{W}\mathcal{X}\,[I_P \,|\, I_P]^{\text{t}}, \tag{IV.16}$$

où I_P désigne la matrice identité d'ordre P. Le modèle de Fourier (IV.16) est baptisé « bimodèle » dans la mesure où sa formulation conduit à l'estimation de deux images distance-vitesse $\widehat{\mathcal{X}}^{\text{R}}$ et $\widehat{\mathcal{X}}^{\text{F}}$ à partir d'un seule image observée $\mathcal{Y}$. Il s'agit maintenant d'introduire une fonction de pénalisation adéquate, généralisant celle proposée en analyse spectrale pour l'estimation de spectres mixtes [7] (raies et bruit coloré).

IV.6.2 Régularisation du bimodèle

Comme dans le cas monodimensionnel, la formulation du bimodèle permet d'introduire des termes de pénalisation adaptés à la prise en compte d'informations *a priori* de nature différente pour les fouillis et les points brillants. Naturellement, nous conservons une pénalisation $\mathcal{R}_{\text{F}}$, doublement markovienne comme en (IV.8), pour la carte afférant aux fouillis $\mathcal{X}^{\text{F}}$. Pour les points brillants $\mathcal{X}^{\text{R}}$, nous retenons une énergie $\mathcal{R}_{\text{R}}$ circulaire et séparable telle que

$$\mathcal{R}_{\text{R}}(\mathcal{X}^{\text{R}}) = \sum_{m=1}^{M} \sum_{p=1}^{P} R_0(\rho^{\text{R}}_{mp}),$$

où le potentiel R_0 est une fonction paire et convexe sur $\mathbb{R}$, du même type que R_1 et R_2 *i.e.*, L_{21}. Le seuil τ_0 de R_0 règle en quelque sorte la *hauteur* des raies dans le spectre : plus τ_0 est grand, plus la zone quadratique est importante, plus les raies de grande amplitude sont lissées, et donc plus leur hauteur diminue.

Le choix d'une énergie séparable correspond bien à l'hypothèse que les points brillants recherchés sont sans rapport entre eux. D'un point de vue statistique, ce choix se traduit sur la loi *a priori* du champ aléatoire $\mathcal{X}^{\text{R}}$ par une hypothèse d'indépendance entre toutes les variables aléatoires x^{R}_{mp}.

L'aspect parcimonieux des points brillants pourrait être pris en compte de manière tout à fait satisfaisante par une fonction R_0 non convexe, du type quadratique tronquée (ou *a priori* Bernoulli gaussien) [Blake, 1989]. Puisque R_0 est choisie convexe, nous établissons donc un compromis entre le niveau de parcimonie introduit et la simplicité du calcul de la solution. Dans l'approche bayésienne, il est usuel de considérer des lois *a priori* à queue lourde, y compris en estimation spectrale (loi de Cauchy [Sacchi et al., 1998], loi de Laplace ou gaussienne généralisée [Katkovnik, 1998]), pour modéliser des phénomènes peu fréquents mais de grande amplitude, comme des raies, sur un fond d'événements courants mais d'amplitude plus faible.

IV.6.3 Estimateur spectral composite

Nous choisissons comme estimateurs de la répartition des points brillants et des fouillis les minimiseurs $\widehat{\mathcal{X}}^{\text{R}}$ et $\widehat{\mathcal{X}}^{\text{F}}$ du critère pénalisé

$$\mathcal{J}_{\text{M}}(\mathcal{X}) = \mathcal{Q}_{\text{M}}(\mathcal{X}) + \lambda_{\text{R}}\mathcal{R}_{\text{R}}(\mathcal{X}^{\text{R}}) + \lambda_{\text{F}}\mathcal{R}_{\text{F}}(\mathcal{X}^{\text{F}}), \quad \lambda_{\text{R}}, \lambda_{\text{F}} > 0, \tag{IV.17}$$

pour $\mathcal{Q}_{\text{M}}(\mathcal{X}) = ||\mathcal{Y} - \mathcal{W}\mathcal{X}\,[I_P \,|\, I_P]^{\text{t}}\,||^2$. Le critère $\mathcal{J}_{\text{M}}$ est strictement convexe lorsque (IV.9) est vérifiée, garantissant alors l'unicité de $\widehat{\mathcal{X}}^{\text{R}}$ et $\widehat{\mathcal{X}}^{\text{F}}$. À partir de ces deux images complexes estimées, nous formons la carte spectrale mixte $|\widehat{\mathcal{X}}^{\text{R}} + \widehat{\mathcal{X}}^{\text{F}}|^2$, sur laquelle sont juxtaposés les fouillis et les

7. le terme spectre mélangé étant ici réservé pour désigner la juxtaposition des différents fouillis.

points brillants. Notons qu'il est désormais nécessaire cette fois-ci de régler huit hyperparamètres, deux paramètres de régularisation (λ_R, λ_F) et six paramètres *a priori* $\boldsymbol{\theta}_M = [\tau_0, \varepsilon, \mu_D, \tau_1, \mu_T, \tau_2]^t$.

Le paramètre λ_R contrôle le caractère impulsionnel de $\boldsymbol{S}^R_{fc}$ et τ_0 la hauteur des raies. Par ailleurs, il est important de choisir pour λ_R et λ_F des valeurs qui donnent approximativement le même poids aux pénalisations $\mathcal{R}_R$ et $\mathcal{R}_F$. En effet lorsque $\lambda_R \ll \lambda_F$, on a $\widehat{\mathcal{X}}^F \approx 0$ ce qui conduit à $\widehat{\mathcal{X}} = \widehat{\mathcal{X}}^R$, donc à un spectre de raies. Réciproquement, lorsque $\lambda_R \gg \lambda_F$, on obtient $\widehat{\mathcal{X}}^R \approx 0$, c'est-à-dire une carte $\widehat{\mathcal{X}} = \widehat{\mathcal{X}}^F$ plus régulière.

IV.6.4 Minimisation du critère

Concernant la minimisation de $\mathcal{J}_M$, les remarques du paragraphe IV.4.4 tiennent encore. Le seul point novateur concerne l'extension « bidimensionnelle » de l'algorithme de relaxation par blocs proposé à la section III.4. À ce propos, nous montrons que la pénalisation $\mathcal{R}_R$ se récrit comme le minimum de la pénalisation SQ $\mathcal{S}^{GY}_R$, définie par

$$\mathcal{S}^{GY}_R(\mathcal{X}^R, \mathcal{L}) = \frac{1}{2\alpha_R}\Big(\|\mathcal{X}^R - \mathcal{L}\|^2 + 2\sum_{m=1}^{M}\sum_{p=1}^{P}\zeta_{\alpha_R}(|l_{mp}|)\Big), \tag{IV.18}$$

où $\mathcal{L}$ est une matrice de taille $M \times P$ de variables auxiliaires introduites pour rendre $\mathcal{S}^{GY}_R$ quadratique en $\mathcal{X}^R$. La fonction ζ_{α_R} est définie à partir de (III.20) et de $\phi_R = R_0$. Le scalaire α_R est un paramètre d'échelle positif, inférieur à la borne de convexité de la fonction $f_R(\cdot) = |\cdot|/2 - \alpha_R\phi_R(\cdot)$, donnée par (III.26). Là encore, on fixe α_R à cette borne car cette configuration donne en pratique la convergence la plus rapide.

Par ailleurs la pénalisation $\mathcal{R}_F$, portant sur $\mathcal{X}^F$ et définie par (IV.8), est associée à l'énergie SQ (IV.11), si bien que l'on a

$$\begin{aligned}\min_{\mathcal{L}} \mathcal{S}^{GY}_R(\mathcal{X}^R, \mathcal{L}) &= \mathcal{R}_R(\mathcal{X}^R),\\ \min_{\mathcal{D}^\pm, \mathcal{T}^\pm} \mathcal{S}^{GY}_{DT}(\mathcal{X}^F, \mathcal{D}^\pm, \mathcal{T}^\pm) &= \mathcal{R}_F(\mathcal{X}^F).\end{aligned}$$

Les fonctions $\mathcal{R}_F$ et $\mathcal{R}_R$ ne régularisant pas les mêmes objets, le critère augmenté SQ $\mathcal{K}^{GY}_M$ associé à $\mathcal{J}_M$ s'écrit

$$\mathcal{K}^{GY}_M(\mathcal{X}, \mathcal{L}, \mathcal{D}^\pm, \mathcal{T}^\pm) = \mathcal{Q}_M(\mathcal{X}) + \lambda_R\mathcal{S}^{GY}_R(\mathcal{X}^R, \mathcal{L}) + \lambda_F\mathcal{S}^{GY}_{DT}(\mathcal{X}^F, \mathcal{D}^\pm, \mathcal{T}^\pm),$$

et admet pour minimum suivant $\mathcal{X}$ le couple $(\widehat{\mathcal{X}}^R, \widehat{\mathcal{X}}^F)$ précédemment défini. On peut aisément montrer que $\mathcal{K}^{GY}_M$ est strictement convexe et de classe C^1 à partir de la stricte convexité des fonctions f_R, f_D, f_T (*cf.* (IV.14)-(IV.15)) d'une part, et celle des énergies ϕ_R, ϕ_D, ϕ_T (*cf.* (IV.12)-(IV.13)) d'autre part.

Les détails donnés à la Table III.2 (p. 77) et les compléments apportés au paragraphe III.4.3 suffisent pour permettre l'implantation de l'algorithme de relaxation par blocs dans le cadre présent.

IV.7 Simulations sur fouillis et points brillants synthétiques

Nous présentons des premiers résultats visant à qualifier le pouvoir de détection de l'approche bimodèle c'est-à-dire sa capacité à restituer à la bonne vitesse (ou fréquence) et avec la bonne puissance un point brillant dans du fouillis. Nous considérons pour cela une situation avec un seul point brillant dans une case distance d_c où apparaissent des échos de pluie. Nous faisons varier la vitesse v_c de ce point brillant pour analyser l'effet de la « traversée » du fouillis. Nous évaluons dans un second temps la capacité de l'approche bimodèle à séparer en vitesse et en distance plusieurs points brillants, traversant une configuration mélangée [8]. Tous ces résultats sont comparés à ceux fournis par l'approche monomodèle, mettant ainsi en évidence le potentiel de la nouvelle formulation ainsi que les limitations de l'ancienne.

IV.7.1 Caractéristiques des points brillants générées

Les vrais spectres de fouillis de pluie ont servi de référence pour la génération de points brillants, notamment pour régler leur puissance P_c en fonction de celle du fouillis P_f. Le rapport de puissance

$$R_{\mathrm{dB}}^{\mathrm{cf}} = 10 \log_{10} P_c / P_f$$

a été fixé à 0 dB. En pratique, chaque point brillant a été généré sous la forme d'une raie de sinusoïde, additionnée aux données de fouillis de pluie dans la case $d_c = 30$. Autant d'images observées $\mathcal{Y}(v_c)$ ont été définies que de points brillants générés, chaque image correspondant à une vitesse v_c différente. Pour le choix des vitesses, on a retenu la plage de variation $\boldsymbol{v}_c = [0,\ 25]$ m/s, échantillonnée par pas de $\delta_{v_c} = 0,4$ m/s. Notons que ce choix de δ_{v_c} conduit à identifier dans la même case spectrale deux points brillants différence de vitesse égale à δ_{v_c}, puisque pour $P = 64$, la résolution en vitesse est de $0,8$m/s. Finalement, à partir des 63 images observées $\mathcal{Y}(v_c)$, nous devons calculer autant de cartes distance-vitesse.

IV.7.2 Mesures ponctuelles

Les mesures de restitution des points brillants nous ont été suggérées par la société THOMSON-CSF AIRSYS. Elles ne sont pas exhaustives. En particulier, les critères classiques de probabilité de détection ou de fausse alarme ne sont pas mesurés dans cette étude, et devraient à l'avenir être envisagés.

Nous faisons l'hypothèse qu'une image distance-vitesse représentative du fouillis de pluie a déjà été calculée par l'approche monomodèle. Cette suite de spectres, notée $\boldsymbol{S}_f(v,\ d)$ (v pour vitesse et d pour distance), a été obtenue avec les mêmes paramètres $(\lambda\ ;\ \boldsymbol{\theta})$ qu'au paragraphe IV.5.4. Pour comparer le pouvoir de détection du bimodèle avec celui du monomodèle, nous estimons par les deux méthodes l'image distance-vitesse associée au mélange du fouillis de pluie et d'un point brillant. La carte spectrale calculée par la première approche est notée $\boldsymbol{S}_{fc}(v,\ d)$ tandis que celle obtenue par la seconde, $\boldsymbol{S}_{fc}^{M}(v,\ d)$. Toutes les suites $\boldsymbol{S}_{fc}(v,\ d)$ ont été estimées pour le même réglage d'hyperparamètres $(\lambda\ ;\ \boldsymbol{\theta})$, identique à celui donnant $\boldsymbol{S}_f(v,\ d)$.

La même stratégie a été retenue pour l'estimation des cartes $\boldsymbol{S}_{fc}^{M}(v,\ d)$. Les paramètres $(\lambda_R\ ;\ \lambda_F)$ sont fixés à $(1,2 10^3\ ;\ 1,5 10^2)$, et les paramètres *a priori* $\boldsymbol{\theta}_M$ à $(10^2\ ;\ 10^2\ ;\ 3\ ;\ 2\,10^2\ ;\ 3\ ;\ 2\,10^2)$, conduisant à un critère $\mathcal{J}_M$ non convexe.

8. Cette partie n'est pas rédigée dans la présente version, car une phase de validation est prévue chez THOMSON-CSF AIRSYS vers la fin juillet.

Ainsi, on a pu calculer

$$\boldsymbol{R}_{\mathrm{dB}}(v) = 10 \log_{10} \boldsymbol{S}_{\mathrm{fc}}(v,\, d_{\mathrm{c}}) / \boldsymbol{S}_{\mathrm{f}}(v,\, d_{\mathrm{c}})$$

pour définir deux mesures ponctuelles de détection :

$$M_1 = \boldsymbol{R}_{\mathrm{dB}}(v_{\mathrm{c}}), \tag{IV.19}$$

$$M_2 = \boldsymbol{R}_{\mathrm{dB}}(v_{\max}), \qquad v_{\max} = \arg\max_{v} \boldsymbol{R}_{\mathrm{dB}}(v) \tag{IV.20}$$

La Figure IV.12 montre de manière flagrante la ressemblance entre l'évolution de M_1 et celle de M_2, que ce soit pour $\boldsymbol{S}_{\mathrm{fc}}$ ou pour $\boldsymbol{S}_{\mathrm{fc}}^{\mathrm{M}}$. Cela amène à penser que M_1 et M_2 sont calculés au même point c'est-à-dire que $v_{\mathrm{c}} = v_{\max}$. Bien que M_1 et M_2 aient pratiquement toujours la même valeur, nous verrons néanmoins qu'il n'y a pas identité entre v_{c} et $v_{\max}$ dans la zone de vitesse du fouillis de pluie ($[10,\, 22]$ m/s).

De plus, cette étude conduit aux trois remarques suivantes :

1 le point brillant est mieux restitué par le bimodèle, puisqu'à la fois pour M_1 et M_2, la courbe associée à $\boldsymbol{S}_{\mathrm{fc}}^{\mathrm{M}}$ se trouve à 20 dB environ au dessus de celle de $\boldsymbol{S}_{\mathrm{fc}}$. Ce constat est le résultat du lissage du point brillant, introduit par la pénalisation markovienne dans le sens spectral de l'approche monomodèle. Il traduit aussi la bonne modélisation des point brillants par la pénalisation $\mathcal{R}^{\mathrm{R}}$, régularisant le bimodèle.

2 Par la décroissance de M_1 et M_2 (pour les deux méthodes) lorsque v_{c} tend vers 10 m/s, vitesse « d'entrée » dans le fouillis de pluie, nous déduisons que le point brillant tend à disparaître lorsqu'il s'approche de celui-ci. Le même constat peut être établi lorsque la raie « sort » du fouillis, c'est-à-dire pour $v_{\mathrm{c}} \approx 22$ m/s.

3 Le point brillant est rehaussé autour de $v_m = 16$ m/s, vitesse moyenne du fouillis de pluie. Ceci tient au fait que la raie se confond alors avec le maximum du lobe principal du fouillis, et profite de cette énergie pour émerger très légèrement au dessus de celui-ci.

La mesure de $v_{\max}$ permet d'étudier le comportement de la fonction $f\,:\, v_{\mathrm{c}} \rightarrow v_{\max}$, qui dans le cas d'une détection parfaite conduit à $v_{\mathrm{c}} \sim v_{\max}$ et donc identifie f à la bissectrice du premier quadrant. La Figure IV.13 permet de confirmer la conjecture identifiant v_{c} et $v_{\max}$ dans les zones $[0,\, 10]$ m/s et $[22,\, 25]$ m/s, et d'analyser l'influence du fouillis de pluie dans la zone $[10,\, 22]$ m/s, sur la précision de l'estimation de v_{c}. Enfin, les deux derniers points signalés ci-dessus sont renforcés par les résultats montrés à la Figure IV.13.

IV.7.3 Critère visuel

Nous illustrons à la fois la qualité d'estimation des spectres de fouillis, le pouvoir de restitution des points brillants par l'approche bimodèle et l'effet lissant du monomodèle, en proposant à la Figure IV.14 une comparaison visuelle entre les vrais spectres (a) (point brillant dans $d_{\mathrm{c}} = 30$, de vitesse $v_{\mathrm{c}} = 7,6$ m/s), et ceux estimés par le périodogramme (b), le monomodèle (c) et le bimodèle (d). Le périodogramme montre que la cible est difficilement identifiable et que sa résolution est beaucoup trop mauvaise pour qu'on ne la confonde pas avec un écho de pluie.

Un zoom sur la case d_{c} permet à la Fig.IV.15 de mieux identifier l'apport de l'approche bimodèle. Sur la Fig.IV.15(a), nous constatons que le spectre de points brillants du bimodèle

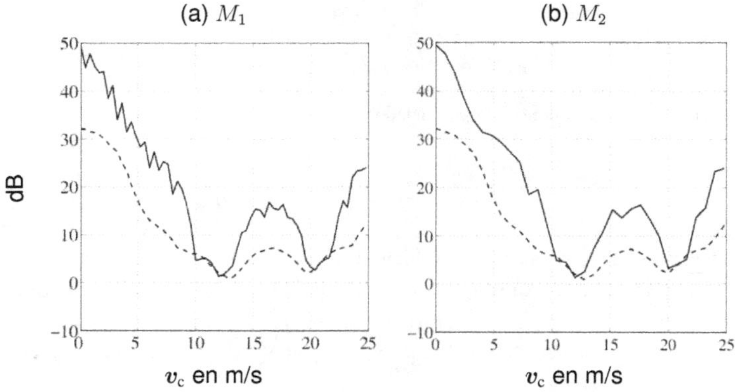

Figure IV.12: *Évolution de M_1 et de M_2 en fonction de v_c. En trait plein, résultats donnés par le bimodèle ; en trait pointillés, résultats du monomodèle.*

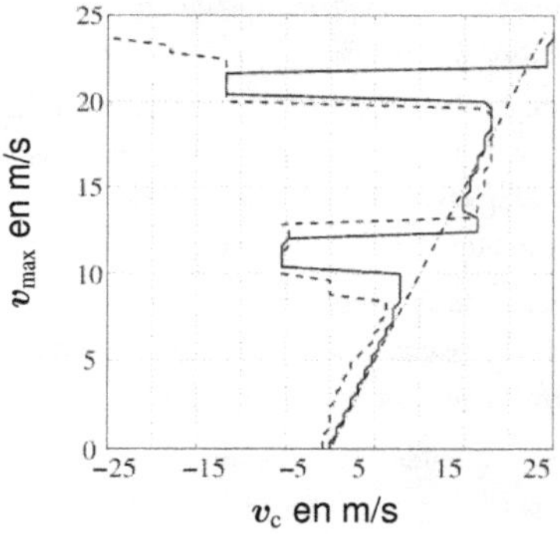

Figure IV.13: *Évolution de v_{max} en fonction de v_c. En trait plein, résultats donnés par le bimodèle ; en trait pointillé, résultats du monomodèle ; en trait mixte, résultat idéal : bissectrice du premier quadrant.*

$\boldsymbol{S}^{\mathrm{R}}_{\mathrm{fc}}(v,\, d_c) = |\widehat{\mathcal{X}}^{\mathrm{R}}(v,\, d_c)|^2$ présente un maximum en v_c, et possède une amplitude très voisine de celle de la sinusoïde générée. Simultanément, le bimodèle donne accès à un spectre plus régulier, noté $\boldsymbol{S}^{\mathrm{F}}_{\mathrm{fc}}(v,\, d_c) = |\widehat{\mathcal{X}}^{\mathrm{F}}(v,\, d_c)|^2$, pour localiser les fouillis. Le résultat de cette estimation est présenté à la Fig.IV.15(b), et met en évidence une légère surestimation du lobe principal. Finalement, les deux spectres $\boldsymbol{S}_{\mathrm{fc}}(v,\, d_c)$ et $\boldsymbol{S}^{\mathrm{M}}_{\mathrm{fc}}(v,\, d_c) = |\widehat{\mathcal{X}}^{\mathrm{R}}(v,\, d_c) + \widehat{\mathcal{X}}^{\mathrm{F}}(v,\, d_c)|^2$ sont comparés sur la Figure IV.15(c), qui met en évidence le pouvoir séparateur du bimodèle, entre un fond régulier et un pic isolé, que l'approche précédente n'est pas capable d'atteindre.

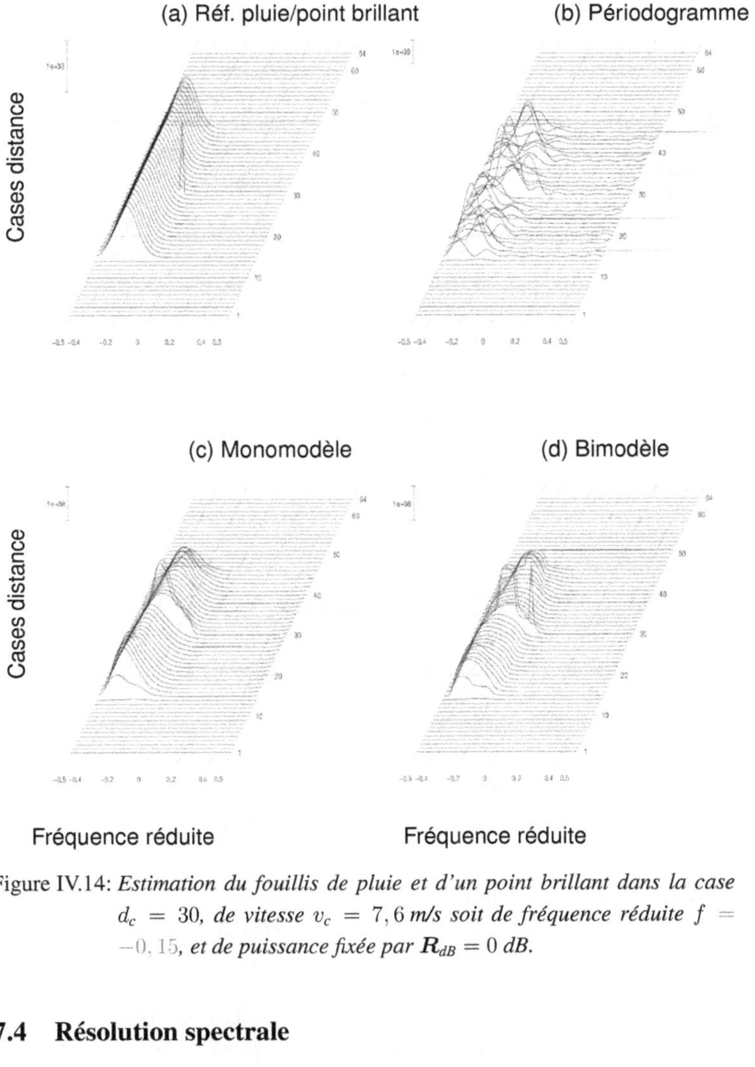

Figure IV.14: *Estimation du fouillis de pluie et d'un point brillant dans la case $d_c = 30$, de vitesse $v_c = 7,6$ m/s soit de fréquence réduite $f = -0,15$, et de puissance fixée par $\boldsymbol{R}_{dB} = 0$ dB.*

IV.7.4 Résolution spectrale

Nous étudions maintenant le $\boldsymbol{\theta}_{3\text{dB}}$, défini ici comme la largeur à demi-hauteur du lobe principal de $\boldsymbol{R}_{\text{dB}}(v)$, c'est-à-dire l'étalement en vitesse autour de v_{max}. Plus le $\boldsymbol{\theta}_{3\text{dB}}$ est petit, meilleure est la résolution de la méthode. Pour conclure que la précision d'estimation de v_{c} est d'autant plus grande, il faut que v_{max} et v_{c} soient confondus.

Le $\boldsymbol{\theta}_{3\text{dB}}$ a été mesuré pour les deux approches et les résultats sont présentés à la Figure IV.16. Nous constatons que le $\boldsymbol{\theta}_{3\text{dB}}$ du bimodèle vaut environ $0,8$ m/s dans les zones sans fouillis ($[0,\ 10]$ m/s et $[22,\ 25]$ m/s) soit la résolution spectrale maximale compte tenu du choix du nombre de cases fréquentielles ($P = 64$). Ce résultat est donc en moyenne plus de trois fois inférieur à celui du

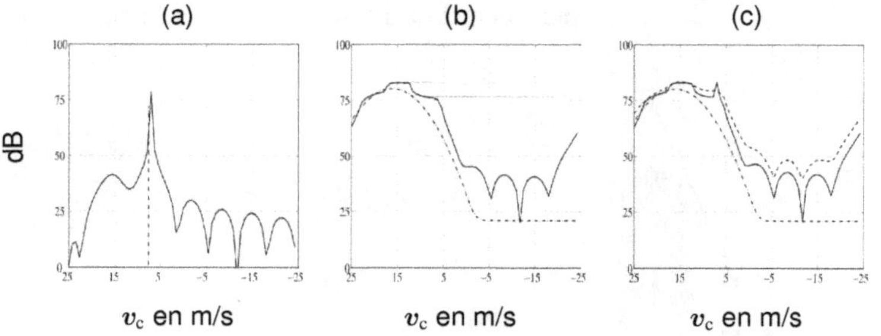

Figure IV.15: *En trait mixte et de gauche à droite, vrai spectre du point brillant ($v_c = 7,6$ m/s, $\boldsymbol{R}_{dB} = 0$ dB) du fouillis de pluie et juxtaposition des deux dans d_c ; en trait plein et de gauche à droite, spectres du bimodèle : $\boldsymbol{S}^{R}_{fc}(v, d_c)$, $\boldsymbol{S}^{F}_{fc}(v, d_c)$ et $\boldsymbol{S}^{M}_{fc}(v, d_c)$; en trait pointillé et seulement à droite, $\boldsymbol{S}_{fc}(v, d_c)$ spectre obtenu par le monomodèle dans d_c.*

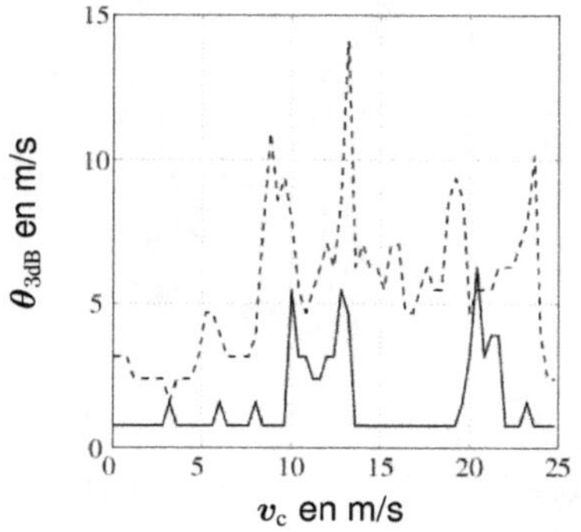

Figure IV.16: *Évolution du $\boldsymbol{\theta}_{3dB}$ en fonction de $\boldsymbol{v}_c$. En trait plein, la courbe du bimodèle ; en trait pointillé, celle du monomodèle.*

monomodèle, variant entre 1,6 et 4,6 m/s sur ces mêmes zones. La Figure IV.16 montre les mêmes effets que ceux constatés précédemment autour de $v_c = 10$ m/s et $v_c = 22$ m/s : la cible n'est plus restituée comme une raie parce qu'elle est noyée dans le fouillis, le $\boldsymbol{\theta}_{3dB}$ augmente significativement parce que le maximum du rapport des spectres n'est plus positionné sur v_c (*cf.* Figure IV.13). Enfin, notons la présence d'une deuxième vallée entre 13 et 18 m/s, due à la superposition du point brillant et du maximum du lobe principal du fouillis.

IV.7.5 Mesures énergétiques

Nous cherchons enfin à accéder à une information sur la puissance restituée du point brillant. Pour cela, nous définissons les rapports de spectres suivants :

$$\boldsymbol{R}^{L}_{PUIS}(\boldsymbol{S}(v,d_\mathrm{c})) = 10\log_{10}\frac{\displaystyle\int_{v_\mathrm{c}-\delta_v/2}^{v_\mathrm{c}+\delta_v/2}\boldsymbol{S}(v,d_\mathrm{c})\,\mathrm{d}v}{\displaystyle\int_{v_\mathrm{c}-\delta_v/2}^{v_\mathrm{c}+\delta_v/2}\boldsymbol{S}_\mathrm{f}(v,d_\mathrm{c})\,\mathrm{d}v} \quad \text{avec } \boldsymbol{S}=\boldsymbol{S}_\mathrm{fc} \text{ ou } \boldsymbol{S}^\mathrm{M}_\mathrm{fc}, \tag{IV.21}$$

$$\boldsymbol{R}^{G}_{PUIS}(\boldsymbol{S}(v,d_\mathrm{c})) = 10\log_{10}\frac{\displaystyle\int_{0}^{v_\mathrm{a}}\boldsymbol{S}(v,d_\mathrm{c})\,\mathrm{d}v}{\displaystyle\int_{0}^{v_\mathrm{a}}\boldsymbol{S}_\mathrm{f}(v,d_\mathrm{c})\,\mathrm{d}v} \quad \text{avec } \boldsymbol{S}=\boldsymbol{S}_\mathrm{fc} \text{ ou } \boldsymbol{S}^\mathrm{M}_\mathrm{fc}, \tag{IV.22}$$

qui s'identifient donc à des rapports de puissance. Le scalaire δ_v définit la longueur de l'intervalle d'intégration des spectres, centré autour de v_c, fixé en pratique à 3,1 m/s. Ce choix se justifie par le fait que la contribution énergétique du point brillant est sensée être très localisée en vitesse. Le critère $\boldsymbol{R}^{L}_{PUIS}$ est donc une mesure locale d'excès de puissance généré par la présence d'un point brillant, qui dans le cas idéal devrait valoir 50 dB puisque $R^\mathrm{cf}_\mathrm{dB} = 0$ dB. Le rapport $\boldsymbol{R}^{G}_{PUIS}$ où $v_\mathrm{a} = 50$ m/s permet de vérifier que l'on ne se place pas dans une situation trop favorable où le point brillant prédominerait sur le fouillis. Ce critère mesure alors le gain en puissance sur toute la case d_c des spectres comprenant le point brillant par rapport à $\boldsymbol{S}_\mathrm{f}$.

La Figure IV.17(a) permet de mettre en évidence, pour $\boldsymbol{S} = \boldsymbol{S}_\mathrm{fc}$ et $\boldsymbol{S} = \boldsymbol{S}^\mathrm{M}_\mathrm{fc}$, que la puissance du point brillant est d'autant mieux restituée que celui-ci est loin du fouillis. On a de plus observé que plus δ_v était choisi petit, plus la valeur de $\boldsymbol{R}^{L}_{PUIS}$ était grande, et finissait même par tendre vers 50 dB lorsque $\delta_v = 0,4$ m/s, situation conduisant quasiment à $\boldsymbol{R}^{L}_{PUIS} = \boldsymbol{R}_\mathrm{dB}(v_\mathrm{c})$. On comprend donc pourquoi l'allure générale de la courbe de la Figure IV.17(a) suit celle de la Figure IV.12(a).

La Figure IV.12(b) permet de contrôler que la puissance supplémentaire introduite par le point brillant ne dépasse pas 5 dB, c'est-à-dire deux fois plus que le surplus de puissance empirique généré par l'ajout de la sinusoïde à l'écho de pluie dans d_c. Ce dépassement est assez logique puisqu'à partir d'un échantillonnage temporel si grossier ($N = 8$), il est probable qu'une partie de la puissance du vrai spectre ait disparue.

Notons aussi sur $\boldsymbol{R}^{L}_{PUIS}$ et $\boldsymbol{R}^{G}_{PUIS}$ un gain de l'ordre de 10 dB en faveur de l'approche bimodèle, dans les zones de vitesse extérieures au fouillis. Ce gain met à la fois en évidence la capacité du bimodèle à restaurer la puissance des points brillants pour $\boldsymbol{R}_\mathrm{dB} = 0$ dB et $v_\mathrm{c} \in [0,\ 10] \cup [22,\ 25]$ m/s, mais aussi le lissage spectral, déjà mentionné, de l'approche monomodèle. Les gains précédents disparaissent lorsque la vitesse du point brillant v_c est proche de 10 m/s ou 22 m/s. Les rapports $\boldsymbol{R}^{L}_{PUIS}$ et $\boldsymbol{R}^{G}_{PUIS}$ deviennent même inférieurs à 0 dB, confirmant le fait que les deux approches ont perdu toute trace du point brillant dans ces plages de vitesse.

Finalement, cette étude conduit aux deux conclusions suivantes :

- l'approche bimodèle est capable de *séparer* les composantes spectrales étalées de celles plus résolues, et de les restaurer avec une fidélité que ne peut atteindre l'approche monomodèle ;
- quelle que soit la méthode, les points brillants sont toujours mieux restitués lorsqu'ils sont loin du fouillis.

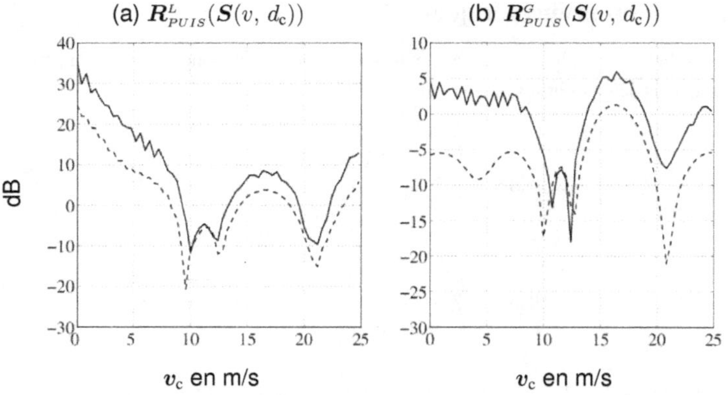

Figure IV.17: *Évolution de $R^{L}_{PUIS}(S(v,\, d_c))$ et de $R^{G}_{PUIS}(S(v,\, d_c))$ en fonction de v_c. En trait plein, résultats donnés par le bimodèle c'est-à-dire pour $Sb = S^{M}_{fc}$; en trait pointillé, résultats du monomodèle, c'est-à-dire pour $Sb = S_{fc}$.*

Malgré la qualité de ces résultats, l'approche bimodèle présente une limitation : le fait de devoir régler huit hyperparamètres, dont certains présentent une variabilité importante. Une étude simple [9] sur la sensibilité aux hyperparamètres (τ_0, λ_R) de l'approche bimodèle, a montré que pour des paramètres distants d'un ordre de grandeur, les spectres obtenus dans d_c différaient sensiblement de ceux présentés à la Figure IV.14. Ces différences apparaissent à deux niveaux :

- pour λ_R plus grand, le spectre restitué par le bimodèle est proche de celui estimé par le monomodèle, tandis que pour λ_R plus petit, la douceur du fouillis estimé diminue.
- Pour τ_0 plus petit, la puissance de la raie estimée dépasse la vraie puissance alors que pour τ_0 plus grand, le phénomène opposé se produit, et conduit si l'on fait croître davantage τ_0, à la perte du point brillant.

Enfin, il faudrait envisager de mener cette étude pour d'autres valeurs de rapport R_{dB}, de l'ordre de -5 ou -10 dB.

IV.7.6 Poursuite en vitesse et en distance d'un point brillant

Des premières simulation non rapportées ici ont montré qu'il était possible de suivre temporellement (sur plusieurs cases distance) un point brillant (même configuration : fouillis de pluie et $R^{cf}_{dB} = 0$ dB), lorsque celui-ci se déplace à vitesse constante ou variable, hors du fouillis ou proche de celui-ci ($v_c \approx 8$ m/s). Toutefois, ces premiers résultats attendent d'être confirmés sur d'autres données, fournies par la société THOMSON-CSF AIRSYS. Cette étude doit être menée à la fin du mois de juillet. Il s'agira aussi d'évaluer la capacité de la méthode à séparer en vitesse et en distance de plusieurs points brillants.

9. seuls τ_0, λ_R varient, les autres sont fixés au réglage moyen choisi précédemment.

IV.8 Conclusion générale et perspectives

Les résultats obtenus tant pour la caractérisation spectrale des fouillis atmosphériques que pour la détection de points brillants en mouvement conduisent aux trois conclusions suivantes :

1 les approches markoviennes supervisées développées dans ce chapitre sont les plus précises pour :
   - restaurer chaque fouillis, en configuration isolée ou mélangée ;
   - séparer le fouillis du bruit thermique ;
   - distinguer différents fouillis, en **distance** et en **vitesse**.

2 Comme illustré en annexe IV.A, l'approche monomodèle est assez sensible à certaines fluctuations d'hyperparamètres, notamment λ et ε.

3 la technique du bimodèle est la seule des méthodes présentées qui possède un caractère séparateur : elle est capable à la fois de restituer un fouillis régulier et des entorses parcimonieuses modélisant les points brillants.

Nous discutons maintenant d'une perspective envisageable à brève échéance. Il s'agit d'adapter les algorithmes proposés pour inverser le *flou en profondeur* introduit par des prétraitements spécifiques des radars Doppler (démodulation, filtrage adapté et compression d'impulsions).

IV.8.1 Résolution spatiale

Jusqu'à maintenant, nous avons fait l'hypothèse que les données présentes dans une case distance sont indépendantes de celles des autres cases distance. Cette hypothèse se traduit directement sur le modèle d'observation par la structure bloc-diagonale de la matrice $\mathcal{W}$ (voir (IV.7)). En réalité, cette structure de $\mathcal{W}$ résulte d'une approximation consistant à négliger les prétraitements précités. Ces derniers introduisent une fonction d'appareil en profondeur qui a pour effet de corréler les signaux utiles des cases distance voisines. La prise en compte de cette fonction d'appareil est essentielle pour améliorer la résolution spatiale des cartes distance-vitesse estimées. Elle peut être modélisée par un opérateur $\mathcal{H}$ de convolution latérale ; sa forme est connue et caractéristique de l'instrumentation et des prétraitements. Son intégration dans les équations d'observation des mono- et bimodèles a pour seul effet d'introduire une modification des termes d'adéquation aux données $\mathcal{Q}$ et $\mathcal{Q}_{\mathrm{M}}$, définis maintenant par

$$\begin{aligned} \mathcal{Q}(\mathcal{X}) &= \|\mathcal{Y} - \mathcal{W}\mathcal{H}\mathcal{X}\|^2, \\ \mathcal{Q}(\mathcal{X}^{\mathrm{R}}, \mathcal{X}^{\mathrm{F}}) &= \|\mathcal{Y} - \mathcal{W}\mathcal{H}(\mathcal{X}^{\mathrm{F}} + \mathcal{X}^{\mathrm{R}})\|^2. \end{aligned}$$

Du point de vue de la convexité, les critères $\mathcal{J}$ et $\mathcal{J}_{\mathrm{M}}$, résultant de cette modification possèdent les mêmes propriétés que précédemment. Les mêmes estimateurs spectraux peuvent donc être définis sous réserve de satisfaire les conditions de convexité (IV.9), pour que les solutions calculées correspondent bien à celle définies.

Puisque l'introduction de $\mathcal{H}$ ne modifie pas la structure quadratique de $\mathcal{Q}$ et $\mathcal{Q}_{\mathrm{M}}$, l'existence de critères semi-quadratiques $\mathcal{K}_{\mathrm{DT}}^{\mathrm{GY}}$ et $\mathcal{K}_{\mathrm{M}}^{\mathrm{GY}}$, associés respectivement à $\mathcal{J}$ et $\mathcal{J}_{\mathrm{M}}$, est toujours assurée. Par conséquent les algorithmes de relaxation par blocs minimisant $\mathcal{K}_{\mathrm{DT}}^{\mathrm{GY}}$ et $\mathcal{K}_{\mathrm{M}}^{\mathrm{GY}}$ sont parfaitement implémentables : seule la structure de remise à jour de $\mathcal{X}$ est modifiée. Elle reste en tout cas parallélisable.

IV.A Sensibilité aux hyperparamètres

IV.A.1 Monomodèle 1-D

Dans cette annexe, nous étudions la sensibilité aux hyperparamètres du monomodèle. Nous travaillons dans une seule case distance pour limiter le nombre de paramètres qui varient à quatre : le paramètre global de régularisation λ, le seuil de rappel à zéro ε, et les deux paramètres de douceur spectrale (μ_D ; τ_1). Nous avons considéré trois valeurs distinctes pour chaque paramètre, séparées chacune d'un ordre de grandeur. La valeur centrale correspond au réglage moyen retenu aux paragraphes IV.5.3, IV.5.4, IV.5.5 et IV.5.6 pour les trois configurations isolées et celle mélangée.

Pour les fouillis séparés, nous avons retenu la case distance la plus proche de la distance (L_1) moyenne au vrai spectre, distance figurant respectivement dans les Tableau IV.1-IV.3 pour les trois fouillis. Ainsi, les cases retenues sont :

- $d = 46$ pour le fouillis de sol ;
- $d = 25$ pour le fouillis de pluie ;
- $d = 38$ pour le fouillis de mer.

Pour le fouillis mélangé, nous avons procédé différemment en considérant une case distance où les trois fouillis étaient présents simultanément, à savoir $d = 47$.

Le Tableau IV.5 résume les distances L_1 au vrai spectre de fouillis de sol dans la case $d = 46$, calculées pour chacun des 81 vecteurs d'hyperparamètres. Ici, comme dans les tableaux suivants, le réglage moyen proposé au paragraphe IV.5.3 pour obtenir l'image distance-vitesse de la Figure IV.2(d), correspond à la case centrale du tableau, *i.e.,* à une distance de $6,96\,10^6$. Cette étude permet de tirer les conclusions suivantes :

- le réglage proposé donne pratiquement la distance L_1 est la plus petite ; la distance minimale étant atteinte pour τ_1 plus grand et ε plus petit.
- La sensibilité vis à vis de ε est *importante*, avec toujours une augmentation de la distance au vrai spectre lorsqu'un un paramètre trop grand est choisi.
- La sensibilité vis à vis de λ est *importante et dissymétrique* : sa diminution entraîne une augmentation autour de 10 % de la distance au vrai spectre par rapport au réglage moyen, alors que cette distance double pratiquement lors d'une augmentation de λ.
- Pour l'estimation du fouillis de sol, la méthode s'avère être *peu sensible* aux variations par défaut de μ_D (autour de 10 %), alors que la distance au vrai spectre fait plus que doubler lorsqu'au contraire μ_D est surestimé. Ceci tient au fait que le fouillis de sol est très résolu ; une information de douceur spectrale constitue donc une hypothèse fallacieuse.
- Puisque μ_D est choisi petit, le paramètre τ_1 n'a que *peu d'influence* (moins de 1 % de variation de la distance entre deux réglages différents de τ_1, en considérant μ_D fixé). Notons néanmoins, qu'il est toujours préférable de surestimer τ_1, plutôt que l'inverse.

Concernant le fouillis de pluie, le Tableau IV.6 résume les distances L_1 au vrai spectre dans la case $d = 25$. L'analyse de ce tableau appelle les commentaires suivants :

- le réglage moyen proposé pour toute **l'image distance-vitesse** n'est pas celui qui fournit la distance L_1 la plus petite (égale à $6,15\,10^6$) dans la case $d = 25$. Pour atteindre cette valeur, à partir des paramètres sélectionnés, il faut diminuer ε et λ d'un ordre de grandeur. Tourtefois, l'image distance-vitesse calculée en considérant ces nouveaux paramètres ne

Tableau IV.5: *Sensibilité aux hyperparamètres dans la case* $d = 46$ *pour le fouillis de sol.*

$\varepsilon \setminus \tau_1$		$2\,10^1$			$2\,10^2$			$2\,10^3$		
	$\lambda \setminus \mu$	10^{-3}	10^{-2}	10^{-1}	10^{-3}	10^{-2}	10^{-1}	10^{-3}	10^{-2}	10^{-1}
$2\,10^1$	$6\,10^1$	$9,59\,10^6$	$1,11\,10^7$	$1,59\,10^7$	$9,71\,10^6$	$1,06\,10^7$	$1,56\,10^7$	$9,20\,10^6$	$9,50\,10^6$	$1,12\,10^7$
	$6\,10^2$	$9,77\,10^6$	$1,01\,10^7$	$1,54\,10^7$	$9,61\,10^6$	$9,03\,10^6$	$1,48\,10^7$	$9,33\,10^6$	$6,42\,10^6$	$1,09\,10^7$
	$6\,10^3$	$1,29\,10^7$	$1,34\,10^7$	$1,43\,10^7$	$1,29\,10^7$	$1,36\,10^7$	$1,43\,10^7$	$1,29\,10^7$	$1,35\,10^7$	$1,41\,10^7$
$2\,10^2$	$6\,10^1$	$1,00\,10^7$	$7,85\,10^6$	$1,58\,10^7$	$1,00\,10^7$	$7,58\,10^6$	$1,52\,10^7$	$9,90\,10^6$	$7,51\,10^6$	$1,08\,10^7$
	$6\,10^2$	$7,94\,10^6$	$6,96\,10^6$	$1,49\,10^7$	$7,91\,10^6$	$6,96\,10^6$	$1,43\,10^7$	$7,74\,10^6$	$6,89\,10^6$	$1,05\,10^7$
	$6\,10^3$	$1,37\,10^7$	$1,41\,10^7$	$1,44\,10^7$	$1,37\,10^7$	$1,41\,10^7$	$1,43\,10^7$	$1,37\,10^7$	$1,40\,10^7$	$1,42\,10^7$
$2\,10^3$	$6\,10^1$	$1,96\,10^7$	$9,84\,10^6$	$1,30\,10^7$	$1,96\,10^7$	$9,41\,10^6$	$1,27\,10^7$	$1,95\,10^7$	$1,04\,10^7$	$1,15\,10^7$
	$6\,10^2$	$1,59\,10^7$	$1,05\,10^7$	$1,28\,10^7$	$1,59\,10^7$	$1,00\,10^7$	$1,26\,10^7$	$1,58\,10^7$	$8,94\,10^6$	$1,16\,10^7$
	$6\,10^3$	$1,42\,10^7$	$1,43\,10^7$	$1,44\,10^7$	$1,42\,10^7$	$1,43\,10^7$	$1,43\,10^7$	$1,42\,10^7$	$1,42\,10^7$	$1,43\,10^7$

donne pas entière satisfaction : en diminuant λ donc la contribution des termes de rappel à zéro, des spectres de fouillis de pluie sont recouvrés dans les cases où il n'y a que du bruit.

- La valeur proposée pour ε ne conduit jamais à la distance *minimale* ; pour calculer un seul spectre, une sous-estimation de ε semble toujours préférable. Cette remarque tient aussi pour λ.
- La méthode est finalement peu sensible aux fluctuations de ε (entre 5 et 25 % de variation des distance L_1), alors qu'elle l'est beaucoup plus à celles de λ (variation maximale de la distance au vrai spectre de l'ordre de 100 %).
- Le réglage moyen proposé pour μ_D, à λ fixé, donne toujours la distance L_1 la plus petite, quels que soient τ_1 et ε. L'approche monomodèle est très sensible aux fluctuations de μ_D par rapport au réglage moyen ; les écarts de distance pouvant dépasser 100 % de celle calculée pour le jeu de paramètres préconisé.

Tableau IV.6: *Sensibilité aux hyperparamètres dans la case* d $= 25$ *pour le fouillis de pluie.*

$\varepsilon \setminus \tau_1$		10^2			10^3			10^4		
	$\lambda \setminus \mu$	$7,5\,10^{-1}$	$7,5$	$7,5\,10^1$	$7,5\,10^{-1}$	$7,5$	$7,5\,10^1$	$7,5\,10^{-1}$	$7,5$	$7,5\,10^1$
$2\,10^1$	$5\,10^{-1}$	$1,27\,10^7$	$7,46\,10^6$	$2,69\,10^7$	$1,14\,10^7$	$6,15\,10^6$	$1,57\,10^7$	$1,36\,10^7$	$7,51\,10^6$	$6,53\,10^6$
	$5\,10^1$	$1,22\,10^7$	$8,13\,10^6$	$2,45\,10^7$	$1,07\,10^7$	$6,87\,10^6$	$1,51\,10^7$	$1,32\,10^7$	$7,50\,10^6$	$7,27\,10^6$
	$5\,10^2$	$1,10\,10^7$	$1,62\,10^7$	$1,76\,10^7$	$1,11\,10^7$	$1,43\,10^7$	$1,67\,10^7$	$1,20\,10^7$	$1,21\,10^7$	$1,44\,10^7$
$2\,10^2$	5	$1,25\,10^7$	$7,61\,10^6$	$2,69\,10^7$	$1,10\,10^7$	$6,45\,10^6$	$1,57\,10^7$	$1,33\,10^7$	$7,51\,10^6$	$6,81\,10^6$
	$5\,10^1$	$1,22\,10^7$	$8,35\,10^6$	$2,45\,10^7$	$1,06\,10^7$	$7,14\,10^6$	$1,51\,10^7$	$1,30\,10^7$	$7,55\,10^6$	$7,50\,10^6$
	$5\,10^2$	$1,12\,10^7$	$1,62\,10^7$	$1,76\,10^7$	$1,13\,10^7$	$1,43\,10^7$	$1,67\,10^7$	$1,20\,10^7$	$1,22\,10^7$	$1,44\,10^7$
$2\,10^3$	5	$9,33\,10^6$	$9,73\,10^6$	$2,67\,10^7$	$8,81\,10^6$	$7,94\,10^6$	$1,54\,10^7$	$1,16\,10^7$	$7,49\,10^6$	$8,15\,10^6$
	$5\,10^1$	$8,97\,10^6$	$1,04\,10^7$	$2,45\,10^7$	$8,67\,10^6$	$8,50\,10^6$	$1,49\,10^7$	$1,14\,10^7$	$7,60\,10^6$	$8,69\,10^6$
	$5\,10^2$	$1,21\,10^7$	$1,55\,10^7$	$1,77\,10^7$	$1,20\,10^7$	$1,36\,10^7$	$1,57\,10^7$	$1,10\,10^7$	$1,22\,10^7$	$1,36\,10^7$

- Le réglage moyen proposé pour τ_1, à μ_D fixé, donne assez souvent la distance L_1 la plus faible. Lorsque ce n'est pas le cas il est préférable en général de surestimer τ_1 plutôt que de le sous-estimer. L'approche monomodèle est finalement peu sensible aux fluctuations de ce paramètre (30 % au maximum de variation de la distance au vrai spectre).

Les simulations ont montré que l'étude de sensibilité conduite sur le fouillis de mer faisait ressortir les mêmes comportements que ceux observés pour la pluie. C'est la raison pour laquelle, le tableau des distances L_1 associées n'est pas présenté.

Concernant le fouillis mélangé, le Tableau IV.7 résume les distances L_1 au vrai spectre dans la case $d = 47$. L'analyse de ces distances suscite les remarques suivantes :

- le réglage moyen proposé pour toute l'image distance-vitesse n'est pas celui qui fournit la distance L_1 la plus petite (égale à $6,2\,10^6$) dans la case $d = 25$, tout simplement parce qu'il tient compte d'une dimension supplémentaire, l'axe distance. Pour atteindre la dis-

Tableau IV.7: *Sensibilité aux hyperparamètres dans la case* d = 47 *pour le fouillis mélangé.*

$\varepsilon \setminus \tau_1$		$4\,10^{1}$			$4\,10^{2}$			$4\,10^{3}$		
	$\lambda \setminus \mu$	$4\,10^{-2}$	$4\,10^{-1}$	4	$4\,10^{-2}$	$4\,10^{-1}$	4	$4\,10^{-2}$	$4\,10^{-1}$	4
10^{2}	$2\,10^{-2}$	$1,86\,10^{8}$	$1,09\,10^{8}$	$7,12\,10^{7}$	$1,35\,10^{8}$	$1,07\,10^{8}$	$6,74\,10^{7}$	$1,50\,10^{8}$	$9,77\,10^{7}$	$6,51\,10^{7}$
	$2\,10^{-1}$	$1,61\,10^{8}$	$1,03\,10^{8}$	$7,11\,10^{7}$	$1,60\,10^{8}$	$1,02\,10^{8}$	$6,74\,10^{7}$	$1,67\,10^{8}$	$9,72\,10^{7}$	$6,51\,10^{7}$
	2	$1,79\,10^{8}$	$1,05\,10^{8}$	$7,10\,10^{7}$	$1,89\,10^{8}$	$1,02\,10^{8}$	$6,72\,10^{7}$	$1,78\,10^{8}$	$9,71\,10^{7}$	$6,50\,10^{7}$
10^{3}	$2\,10^{-2}$	$1,36\,10^{8}$	$1,01\,10^{8}$	$7,12\,10^{7}$	$1,29\,10^{8}$	$9,82\,10^{7}$	$6,73\,10^{7}$	$1,32\,10^{8}$	$9,18\,10^{7}$	$6,48\,10^{7}$
	$2\,10^{-1}$	$1,43\,10^{8}$	$9,82\,10^{7}$	$7,11\,10^{7}$	$1,44\,10^{8}$	$9,56\,10^{7}$	$6,74\,10^{7}$	$1,43\,10^{8}$	$9,18\,10^{7}$	$6,48\,10^{7}$
	2	$1,46\,10^{8}$	$9,81\,10^{7}$	$7,10\,10^{7}$	$1,45\,10^{8}$	$9,55\,10^{7}$	$6,72\,10^{7}$	$1,45\,10^{8}$	$9,17\,10^{7}$	$6,47\,10^{7}$
10^{4}	$2\,10^{-2}$	$7,00\,10^{7}$	$6,71\,10^{7}$	$7,05\,10^{7}$	$6,99\,10^{7}$	$6,64\,10^{7}$	$6,76\,10^{7}$	$7,01\,10^{7}$	$6,71\,10^{7}$	$6,21\,10^{7}$
	$2\,10^{-1}$	$7,00\,10^{7}$	$6,71\,10^{7}$	$7,05\,10^{7}$	$6,99\,10^{7}$	$6,64\,10^{7}$	$6,76\,10^{7}$	$7,01\,10^{7}$	$6,71\,10^{7}$	$6,21\,10^{7}$
	2	$6,99\,10^{7}$	$6,71\,10^{7}$	$7,04\,10^{7}$	$6,98\,10^{7}$	$6,63\,10^{7}$	$6,75\,10^{7}$	$7,00\,10^{7}$	$6,71\,10^{7}$	$6,20\,10^{7}$

tance minimale, il faut simultanément choisir l'ordre de grandeur supérieur pour les quatre paramètres.

- La méthode présente une *très grande sensibilité* vis à vis du paramètre ε, pour lequel il convient de le surestimer. Lors d'une augmentation de ε d'un ordre de grandeur, la distance au vrai spectre baisse pratiquement de 50 % par rapport à celle calculée pour un ε plus petit, en supposant les trois autres paramètres fixés.
- Pour un triplet $(\varepsilon,\ \mu_{\mathrm{D}},\ \tau_1)$ fixé, les fluctuations de λ sont sans effet sur la distance au vrai spectre (environ 1 % de variation au maximum). Ce constat, assez différent de celui dressé lors de l'étude de chaque fouillis, rassure dans la mesure où une configuration mélangée est plus réaliste.
- Pour $(\lambda,\ \varepsilon,\ \tau_1)$ fixés, la sensibilité de la méthode par rapport aux fluctuations de μ_{D} est *relativement importante et dissymétrique* : il est préférable de surestimer μ_{D} (de l'ordre de

30 % de fluctuation), compte tenu de la douceur des fouillis de pluie et de mer à restituer, plutôt que de le sous-estimer.

- Finalement, pour restituer un mélange des différents fouillis, l'approche monomodèle ne présente pas une grande sensibilité vis à vis de τ_1. En supposant fixés les trois autres paramètres, les variations en distance générées par les fluctuations de τ_1 sont de l'ordre de quelques %. Dans tous les cas, plus grande est la valeur de τ_1, plus la distance au vrai spectre diminue.

IV.A.2 Approche AR-long 1-D

À des fins comparatives, nous avons étudié la sensibilité de l'équivalent monodimensionnel [Kitagawa et Gersch, 1985a] de l'approche ARD2, aux fluctuations du seul paramètre λ_D.

Nous avons considérons trois valeurs différentes de λ_D, associées à trois ordres de grandeur, centrées autour du réglage proposé aux paragraphes IV.5.3, IV.5.4, IV.5.5 et IV.5.6 pour l'estimation de fouillis de sol, de pluie, de mer, et mélangé. Les résultats ne sont pas présentés ici mais rejoignent ceux établis pour l'extension bidimensionnelle dans [Giovannelli, 1995]. Cette approche présente une grande robustesse aux fluctuations de λ_D, mais la distance L_1 au vrai spectre reste toujours supérieure à celle calculée avec notre approche pour le réglage moyen de $(\lambda, \varepsilon, \mu_D, \tau_1)$.

IV.A.3 Conclusion

Cette étude a mis en évidence une sensibilité aux hyperparamètres plus importante pour notre approche, comparativement à celle de l'alternative paramétrique étudiée. Il convient par conséquent d'envisager un cadre adapté au développement d'une approche monomodèle *non supervisée*. C'est l'objet de la discussion menée à la fin de ce document (voir Annexe B). Une stratégie bayésienne pour estimer les hyperparamètres à partir des données y est proposée dans le cadre monodimensionnel (analyse spectrale).

CHAPITRE V

TRAITEMENT DE DONNÉES RÉELLES

L'objet de ce chapitre est de présenter les résultats obtenus lors de l'étude menée chez THOMSON-CSF AIRSYS au mois de juillet 2000, sur le traitement de données radar réelles. Dans un premier temps, nous donnons quelques éléments sur les caractéristiques des données fournies. Sur la base de ces observations, nous expliquons ensuite les principes d'un traitement de référence simple pour extraire des objets ponctuels au sein du fouillis atmosphérique. Les raisons qui motivent le recours à une méthode d'estimation profondeur-fréquence comme celle proposée au chapitre précédent, sont alors explicitées. Pour valider notre approche, nous considérons trois exemples, correspondant à trois situations de difficulté croissante. Il apparaît alors en configuration réaliste que la capacité du bimodèle à séparer des objets ponctuels de phénomènes plus réguliers est confirmée. Pour conclure, nous discutons de la fiabilité des résultats présentés, et des perspectives de cette étude.

V.1 Caractéristiques des enregistrements

V.1.1 Informations relatives au radar

Les données traitées concernent des enregistrements obtenus à partir d'un radar de surface 2D tournant autour d'un axe vertical en quelques secondes. Durant chaque tour, le radar émet une séquence de plusieurs centaines de *rafales* de quelques *impulsions* (typiquement $N = 8$). Chaque rafale image donc un secteur angulaire de quelques degrés. Dans la suite, on ne considère qu'une zone angulaire de $K = 20$ rafales environ. Cette dimension angulaire permet ainsi de localiser la direction d'un objet dans le champ du radar. La seconde dimension est l'axe profondeur qui donne accès à une mesure de distance du radar aux réflecteurs. Les radars étant d'une portée voisine de la centaine de kilomètres, seules de brèves portions en distance (environ 2 km) ont été considérées pour mener cette étude. Plus précisément, nous avons observé $M = 48$ cases distance autour d'une distance moyenne $d_{\text{moy}} = 5$ ou 10 km, chaque case mesurant une cinquantaine de mètres.

Au total, nous disposons donc de $N \times K \times M$ données par tour d'antenne. La rotation du radar ajoute une troisième dimension temporelle, puisqu'il est possible d'analyser le déplacement *radial* de chacun des réflecteurs, c'est-à-dire d'un secteur angulaire à l'autre, au fil des tours d'antenne.

Par ailleurs, il est important pour la suite, de mentionner que les caractéristiques des impulsions émises changent d'une rafale à l'autre : par exemple, les fréquences d'émission (f_e) et de récurrence (f_{rec}) peuvent fluctuer. La modulation de fréquence mise en œuvre à l'émission permet, en moyenne, d'augmenter la puissance reçue en provenance des réflecteurs. La surface équivalente radar de ceux-ci varie en effet en fonction de la fréquence (alternance de creux et de bosses), et l'utilisation de plusieurs fréquences permet d'éviter de tomber systématiquement dans des creux d'énergie. La conséquence principale de cette modification est qu'il est impossible d'effectuer directement, c'est-à-dire sans recalage fréquentiel, une analyse Doppler de rafales adjacentes. La fréquence de Shannon-Nyquist peut effectivement varier d'une rafale à l'autre puisqu'elle vaut $f_{rec}/2$ (voir section IV.1).

Notons qu'il existe aussi des radars 3-D qui opèrent en plus un mouvement d'élévation (rotation partielle autour de l'axe horizontal) afin d'obtenir des informations à différentes altitudes dans une direction fixée. Nous n'avons pas traité de données enregistrées à partir de tels radars mais les principes restent les mêmes. Néanmoins, pour un radar 3-D, si la durée d'un tour d'antenne reste égale à T secondes, le nombre de récurrences émises dans chaque direction et à chaque altitude devient $N' = N/h$, où h est le nombre d'altitudes distinctes visitées.

V.1.2 Données avec référence « fouillis » faible

Pour tenter de distinguer les échos provenant du fouillis de ceux issus d'objets plus *ponctuels*, il est intéressant de commencer par analyser des échos de fouillis seul. Un deuxième jeu de données enregistré dans les mêmes conditions de fouillis mais cette fois en présence d'un objet ponctuel, doit permettre d'identifier la réponse de ce dernier, si la puissance du fouillis est relativement faible. En pratique, ces deux jeux de données pourraient très bien correspondre à des tours d'antenne d'un même enregistrement, suffisamment espacés dans le temps. Dans les deux premiers exemples traités, nous disposons en fait de deux enregistrements distincts, un premier pour la référence fouillis et un second pour la configuration avec un objet ponctuel.

La Figure V.1(a) montre une image distance-récurrence du fouillis seul. Sur cette image, les récurrences des rafales successives sont juxtaposées les unes à côté des autres ; par exemple, la 9-ème récurrence désigne la première impulsion de la seconde rafale. Par conséquent, cette image a $(N \times K)$ colonnes et M lignes. Étant formée à partir des modules des données complexes reçues sur un tour complet d'antenne, cette carte ne montre pas d'analyse en fréquence des phénomènes atmosphériques enregistrés. Elle permet plutôt de mener une analyse en puissance, rafale par rafale, sur l'ensemble des cases distance.

La zone sélectionnée en distance pour ce premier exemple est située autour de $d_{\mathrm{moy}} = 10$ km. Elle correspond à une région où les événements géographiques et météorologiques ne génèrent quasiment pas de fouillis radar : très peu de zones d'amplitude élevée (c'est-à-dire claires) s'étalent à la fois sur un nombre important de rafales et de cases distance (supérieur à trois dans les deux directions). Enfin, le fond gris homogène qu'on peut distinguer sur la Figure V.1(a) correspond à du bruit thermique.

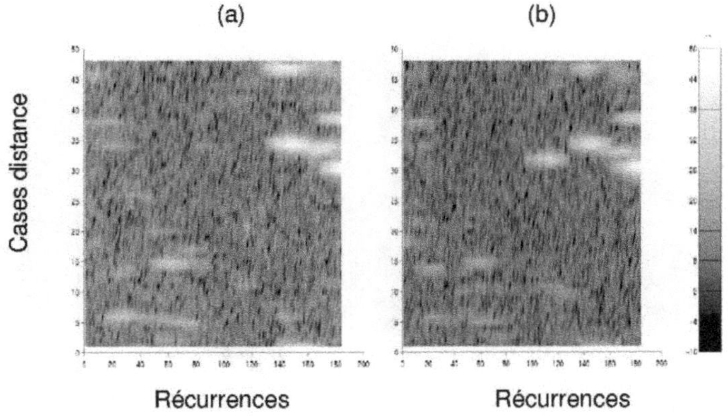

Figure V.1: *Analyse distance-récurrence : images de taille* 48×184 *(*$K = 23$*), correspondant à une zone d'observation autour de* $d_{moy} = 10$ *km. Les niveaux de gris correspondent aux modules des données exprimés en échelle logarithmique (dB). À gauche, fouillis faible sur fond de bruit thermique ; à droite présence supplémentaire d'une cible autour de la 32-ème case distance des rafales 14 et 15 (récurrences 105 à 120).*

L'image distance-récurrence présentée sur la Figure V.1(b) correspond au deuxième scénario : le fouillis enregistré présente les mêmes caractéristiques que celui de la Figure V.1(a), mais cette fois, un objet ponctuel a réfléchi une partie de l'énergie des impulsions émises. La présence de ce réflecteur est matérialisée par une trace rectiligne d'amplitude significative autour de la 32-ème case distance de la 14-ème rafale. C'est précisément grâce au faible niveau de fouillis qu'on peut localiser cette cible en comparant les deux images. En ce sens, ce premier exemple correspond à une situation facile. D'ailleurs, l'œil d'un spécialiste est capable à partir de la seule image de la Figure V.1(b), de diagnostiquer la présence d'un appareil.

En terme d'analyse spectrale, la question posée par cet exemple est de savoir si la méthode proposée (le bimodèle, voir section IV.6) peut restaurer des raies (associées à la cible, voir § V.2.1) sur un fond de bruit blanc (hypothèse réaliste pour le bruit thermique). Comme nous l'avons vu au chapitre I, il existe des méthodes spécifiques pour traiter ce problème, les résultats obtenus par notre approche ne seront donc pas nécessairement les meilleurs ni ceux fournis à moindre coût de calcul.

V.1.3 Données avec référence « fouillis » fort

Les images distance-récurrence proposées à la Figure V.2 illustrent une situation légèrement plus compliquée dans laquelle du fouillis radar apparaît de manière significative. Toutefois, les zones de fouillis ne recouvrent pas la case distance où se trouve la cible. Sur la Figure V.2(b), on note aussi que la direction de cet appareil est moins bien localisée qu'au premier exemple, dans la mesure où sa présence se remarque sur trois rafales consécutives. Il reste identifiable à la lecture

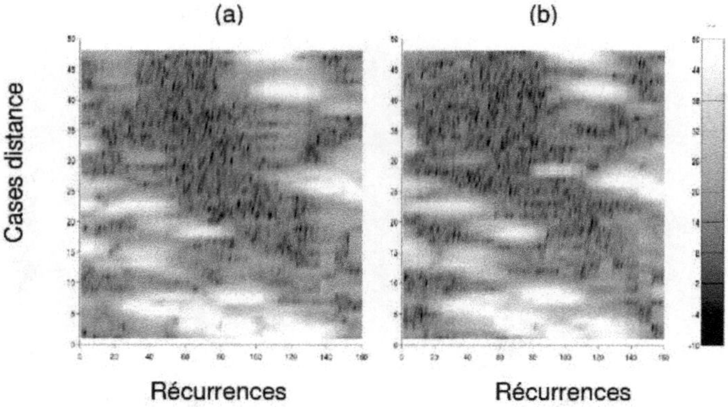

Figure V.2: *Analyse distance-récurrence : images de taille* 48×160 *(*$K = 20$*), correspondant à une zone d'observation autour de* $d_{moy} = 5$ *km. À gauche, fouillis plus puissant ; à droite présence supplémentaire d'une cible autour de la 28-ème case distance des rafales 12 à 14 (récurrences 89 à 112).*

des deux cartes, mais devient plus difficile à discerner sur la seule base de l'image de droite.

La raison qui a motivé la validation de notre méthode d'analyse profondeur-fréquence dans cette configuration est la suivante. Cette situation nécessite d'estimer à la fois des composantes spectrales régulières associées au fouillis et d'autres plus impulsionnelles caractérisant la cible. L'intérêt supplémentaire de ce scénario est la simplicité d'évaluation de la qualité des résultats, puisque les différents phénomènes ne se recouvrent pas en profondeur.

V.1.4 Données sans référence « fouillis »

La configuration la plus difficile traitée dans ce document correspond à la présence d'un fouillis fort sur un ensemble de cases distance recouvrant celle de la cible. Elle est illustrée à la Figure V.3. Ici, une seule image est disponible, mais une référence « fouillis seul » serait de peu d'utilité. Il apparaît clairement que l'observation de cette image distance-récurrence est insuffisante pour distinguer la signature de l'aéronef.

Ce type de situation est certainement le plus fréquemment rencontré en pratique, par exemple lorsque l'appareil est en survol à basse altitude (fouillis de sol). En termes d'estimation spectrale, il s'agit d'évaluer en configuration réelle la capacité du bimodèle à restaurer les deux types de spectres (fouillis et cible) dans la même case distance.

V.1.5 Nécessité d'une analyse Doppler

À la vue de ces trois exemples, plusieurs raisons motivent un traitement des données pour identifier voire classifier les objets repérés :

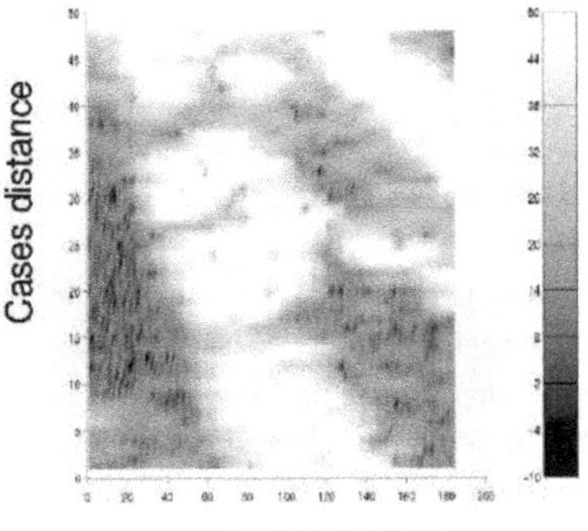

Figure V.3: *Analyse distance-récurrence : image de taille* 48×184 *(*$K = 23$*), correspondant à une zone d'observation autour de* $d_{moy} = 10$ *km en présence d'un fouillis fort. La cible, présente autour de la 29-ème case distance des rafales 12 à 14, n'est plus discernable.*

- En situation opérationnelle, une seule image est disponible, sans connaissance *a priori* sur la présence d'éventuels réflecteurs présentant un danger potentiel. Peut-on alors distinguer à partir d'une seule image distance-récurrence la réponse d'un réflecteur ponctuel de celle d'un fouillis peu étalé spatialement (en profondeur et en angle) ?
- Même dans une configuration facile, peut-on conclure précisément sur la nature de l'objet ponctuel localisé à partir des seules observations : s'agit-il d'un avion, d'un hélicoptère, d'un blindé, d'une voiture ... ?
- Dans une situation difficile où le contraste énergétique est défavorable (fouillis de puissance élevée), comment localiser des aéronefs noyés dans un fond homogène au moins aussi puissant ?

Ces problématiques peuvent être levées en partie en effectuant une analyse Doppler qui consiste à filtrer les composantes fréquentielles associées au fouillis tout en préservant celles des réflecteurs ponctuels. Ce traitement est détaillé dans la section suivante ; il correspond à un traitement de référence simple pour «extraire» des cibles. Les limites de cette approche motivent le développement d'une analyse complémentaire, telle que celle que nous proposons.

V.2 Extraction de cibles par analyse Doppler

V.2.1 Caractéristiques fréquentielles des phénomènes étudiés

Afin de ne pas diffuser d'éléments confidentiels sur la réponse fréquentielle des cibles considérées, nous dirons seulement qu'elle est composée d'un ensemble de raies (aux fréquences f_1, f_2, ...) disposées autour d'une fréquence centrale f_c. La partie la plus énergétique peut dans certaines configurations de vol être centrée sur $f_c = 0$, donc fortement mélangée aux échos de fouillis de sol. La discrimination entre le fouillis radar et la cible devient d'autant plus difficile que le fouillis est puissant.

V.2.2 Traitement de référence

L'idée d'un traitement de référence simple, pris à titre de comparaison pour étalonner la méthode proposée, est de filtrer la composante continue (en $f = 0$) afin d'éliminer le fouillis. Naturellement, une telle opération fait perdre aussi la contribution énergétique de la cible à cette fréquence. La signature de ce type d'appareils est toutefois conservée si la gamme de fréquences « coupées » n'inclut pas tout le support de la réponse fréquentielle de la cible. Plus précisément, l'opération réalisée dans chaque case distance m correspond à une opération de filtrage linéaire transverse, invariante dans le temps. Il s'agit donc d'une convolution de forme *covariance*, c'est-à-dire pour laquelle on ne fait aucune hypothèse sur les échantillons des données non observés. Elle est décrite par la relation

$$z_{m,n}^k = \sum_{q=1}^{Q} h_q y_{m,n-q}^k = \boldsymbol{h}^{\mathrm{t}} \boldsymbol{y}_m^k \tag{V.1}$$

où le vecteur $\boldsymbol{y}_m^k = \left[y_{m,1}^k, \ldots, y_{m,N}^k\right]$ rassemble les données de la m-ème case distance de la k-ème rafale, et où la réponse impulsionnelle du filtre est décrite par $\boldsymbol{h} = [h_Q, \ldots, h_1, 0 \ldots, 0]^{\mathrm{t}}$ avec $Q \leqslant N$. L'ensemble des échantillons filtrés $\boldsymbol{z}_m^k$ est alors donné par l'extension vectorielle de (V.1) :

$$\boldsymbol{z}_m^k = \begin{bmatrix} z_{m,1}^k \\ \\ \vdots \\ \\ z_{m,N-Q+1}^k \end{bmatrix} = \begin{bmatrix} h_Q & \ldots & h_1 & 0 & \ldots & & 0 \\ 0 & h_Q & \ldots & h_1 & 0 & \ldots & 0 \\ \vdots & \ddots & \ddots & & \ddots & \ddots & \vdots \\ 0 & \ldots & 0 & h_Q & \ldots & h_1 & 0 \\ 0 & \ldots & & 0 & h_Q & \ldots & h_1 \end{bmatrix} \begin{bmatrix} y_{m,1}^k \\ y_{m,2}^k \\ \\ \vdots \\ \\ y_{m,N-1}^k \\ y_{m,N}^k \end{bmatrix}.$$

En pratique, le filtre est de taille maximale ($Q = N$), si bien qu'une seule composante filtrée $z_{m,1}^k$ est disponible par rafale dans chaque case distance. De plus, le filtre utilisé pour extraire des hélicoptères immobiles n'est pas le plus adéquat pour identifier des appareils en mouvement. C'est pourquoi, ce traitement de référence repose sur l'utilisation d'un banc de filtres miroirs $\mathbf{H} = [\boldsymbol{h}_{-f_R}, \ldots \boldsymbol{h}_{-f_1}, \boldsymbol{h}_{f_1}, \ldots, \boldsymbol{h}_{f_R}]$ dont les gabarits sont centrés sur les fréquences $\pm f_1, \ldots, \pm f_R$. Ils permettent ainsi d'analyser plus finement la répartition de la distribution énergétique sur tout l'axe fréquentiel.

V.2.3 Applications

Pour illustrer ce traitement, nous montrons les images distance-rafale sur les Figures V.4(a)-(b) associées respectivement aux deux images distance-récurrence de la Figure V.1. Ces images comme les suivantes sont celles obtenues en appliquant sur les données le filtre $\boldsymbol{h}_f$ [1], dont le

1. Le filtre miroir $\boldsymbol{h}_{-f}$ fournit une réponse très proche puisque le spectre d'une cible immobile est théoriquement symétrique autour de $f_c = 0$; c'est pourquoi nous ne représentons pas la sortie de ce filtre.

gabarit fréquentiel est le plus adapté pour détecter des cibles immobiles. Le résultat de l'analyse Doppler pour la configuration de fouillis seul est décrit à la Figure V.4(a). Aucun réflecteur ponctuel n'est détectable sur cette image, ce qui est conforme aux données. L'image représentée sur la Figure V.4(b) illustre le résultat du traitement Doppler effectué sur des données dans lesquelles une cible apparaît. Elle met en évidence l'efficacité de ce traitement : la seule région de la surface balayée où apparaît une zone claire (amplitude élevée) coïncide précisément avec l'endroit où se trouve la cible.

Les deux images distance-rafale représentées sur les Figures V.4(c)-(d) correspondent aux enregistrements effectués à $d_{\mathrm{moy}} = 5$ km. Elles sont donc à mettre en regard avec les images distance-récurrence de la Figure V.2. On tire d'ailleurs dans cette situation les mêmes conclusions que pour les données de l'exemple précédent. Notons néanmoins qu'on retrouve sur l'image distance-rafale décrite à la Figure V.4(d) le même étalement radial de la cible que celui déjà observé sur les données (voir Figure V.2(b)). Il est donc important de constater que ce traitement Doppler n'améliore pas la résolution spatiale de la cible.

La dernière situation, la plus difficile, permet de mieux apprécier les performances de ce filtrage Doppler. La Figure V.5 montre le résultat du traitement réalisé sur le troisième jeu de données (voir Figure V.3) : elle illustre la détection et la localisation de l'appareil autour de la 29-ème case distance des rafales 12 à 14.

V.2.4 Intérêt d'une analyse profondeur-fréquence

La question qui se pose alors est de savoir quel peut être l'intérêt d'une analyse profondeur-fréquence telle que celle proposée au chapitre IV. Plusieurs raisons motivent son utilisation :

- Elle apporte des informations orthogonales ; chaque image distance-rafale est en fait un cliché pris à une fréquence fixe. Le passage d'une fréquence à l'autre se fait alors en étudiant les sorties des différents filtres. L'analyse profondeur-fréquence fournit quant à elle une image spectrale de chaque rafale.
- Une réorganisation des sorties des différents filtres Doppler permet d'effectuer une analyse profondeur-fréquence. La raison qui motive le recours à une analyse plus fine réside dans la nécessité d'une plus grande résolution et d'une meilleure précision d'estimation. Cette analyse devrait permettre de mieux discriminer en fréquence les objets détectés, notamment à partir de connaissances *a priori* sur la forme de leur spectre, en comparant par exemple les résultats obtenus avec une base de références. En effet, sur la seule base d'un filtrage Doppler, il n'apparaît pas évident de distinguer deux signatures associées à deux réflecteurs ponctuels de nature différente.

V.3 Analyse profondeur-fréquence

V.3.1 Remarques générales

Tous les résultats présentés dans cette section concernent l'analyse en distance et en fréquence d'*une seule* rafale pour les raisons évoquées au § V.1.1. Autrement dit, nous disposons de $N = 8$ échantillons par case distance pour conduire l'analyse profondeur-fréquence. Pour les données où

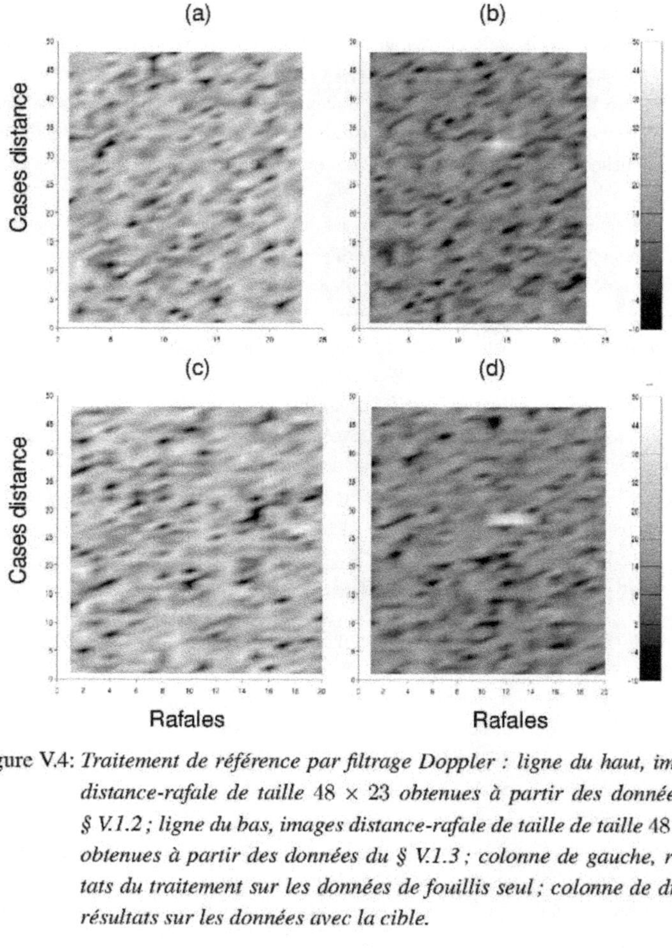

Figure V.4: *Traitement de référence par filtrage Doppler : ligne du haut, images distance-rafale de taille* 48×23 *obtenues à partir des données du § V.1.2 ; ligne du bas, images distance-rafale de taille de taille* 48×20 *obtenues à partir des données du § V.1.3 ; colonne de gauche, résultats du traitement sur les données de fouillis seul ; colonne de droite, résultats sur les données avec la cible.*

une cible a été identifiée, soit à partir de l'image distance-récurrence, soit après le filtrage Doppler, la rafale sélectionnée r_c correspond à celle où apparaît la cible. Pour les donnée dans lesquelles il n'y a pas de cible, la même rafale r_c est considérée par souci de cohérence vis-à-vis du fouillis observé.

Les résultats que nous donnons ici sont uniquement comparés à ceux fournis par un périodogramme fenêtré (fenêtre de Hamming, voir [Marple, 1987, pp. 136–144]). Par ailleurs, sauf mention explicite, les images spectrales rapportées dans cette partie ont été obtenues par la technique du bimodèle. Il pourrait être intéressant à terme de tester la méthode ARD2 sur ces données réelles, car elle n'a été éprouvée au chapitre IV, que pour estimer des suites de spectres réguliers.

Toutes les images spectrales ont été calculées sur une grille fréquentielle composée de $P = 64$

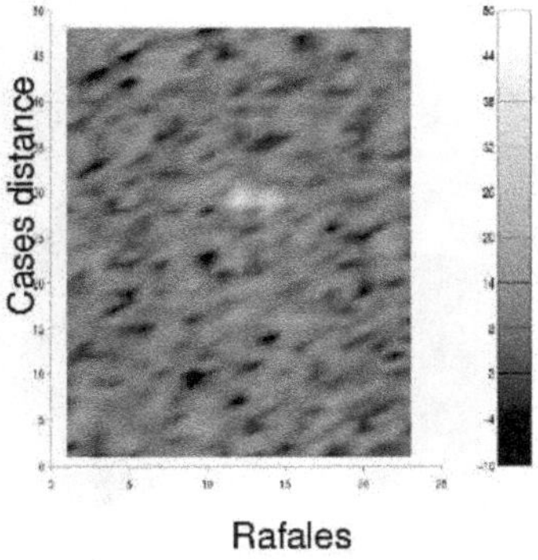

Figure V.5: *Filtrage Doppler des données du § V.1.4 : image distance-rafale de taille 48 × 23. La cible est détecté autour de la 29-ème case distance des rafales 12 à 14.*

échantillons, pour atteindre une résolution huit fois « plus élevée » que celle de Fourier. Les niveaux de gris dans les images présentées correspondent aux modules au carré des amplitudes spectrales complexes minimisant le critère $\mathcal{J}_{\mathrm{M}}$ défini par (IV.17) (voir p. 114). Ces niveaux sont exprimés en échelle logarithmique (dB) : par une moyenne dans chaque case distance, nous accédons directement à une information sur la puissance restituée. Cette grandeur ne pouvait être mesurée lors du filtrage Doppler qu'en considérant les réponses de tous les filtres dans chaque case.

Enfin, pour chaque exemple, les différentes images profondeur-fréquence représentées ont été obtenues à partir du même jeu d'hyperparamètres $\boldsymbol{\theta}_{\mathrm{M}} = [\lambda_{\mathrm{R}}, \tau_0, \lambda_{\mathrm{F}}, \varepsilon, \mu_{\mathrm{D}}, \tau_1, \mu_{\mathrm{T}}, \tau_2]^{\mathrm{t}}$. La signification de ces paramètres est disponible aux pages 100-114.

V.3.2 Configuration facile

Les quatre images apparaissant sur la Figure V.6 ont été calculées à partir des données de la rafale $r_c = 14$. Les résultats obtenus à partir des données de fouillis seul sont proposés aux Figures V.6(a)-(b), et ceux avec la cible, aux Figures V.6(c)-(d). En guise de comparaison, les périodogrammes fenêtrés des données apparaissent sur les Figures V.6(a)-(c). Ils illustrent le fait que le fouillis est peu puissant, confirmant d'un point de vue spectral ce qui était directement observable sur les images distance-récurrence. Les cartes spectrales estimées par notre approche sont donc représentées sur les Figures V.6(b)-(d). Par souci de confidentialité, les valeurs des paramètres $\boldsymbol{\theta}_{\mathrm{M}}$, exploitées pour fournir les résultats présentés, ne sont pas divulguées.

Pour les données sans cible, l'image spectrale représentée à la Figure V.6(b) renforce le fait qu'aucun objet ponctuel n'est observé ; seules des composantes spectrales assez régulières apparaissent dues au fouillis. Le fond homogène de puissance faible s'apparente à du bruit blanc.

Pour l'enregistrement avec cible, le périodogramme, sur la Figure V.6(c), montre la présence d'une composante plus puissante autour de la 32-ème case distance, c'est-à-dire celle de l'ap-

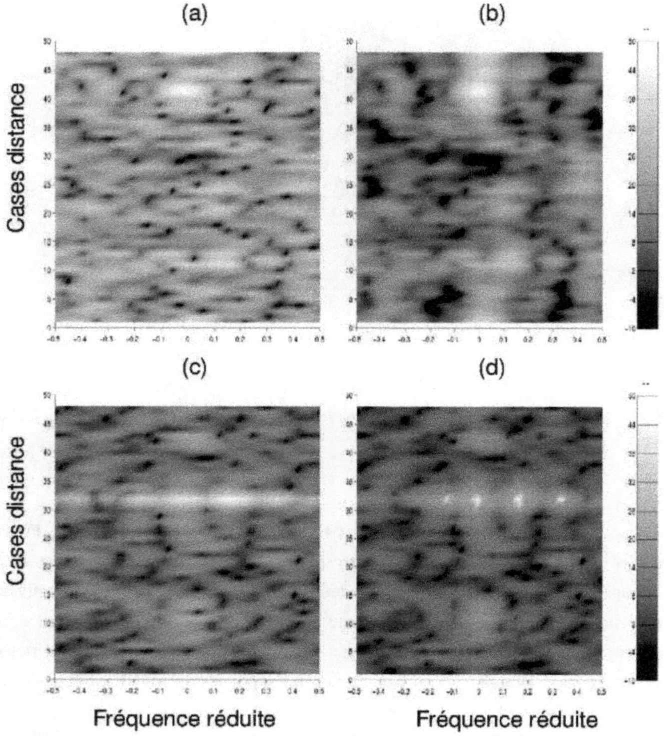

Figure V.6: *Analyse profondeur-fréquence de la 14-ème rafale des données du § V.1.2 : images de taille* 48×64 *; ligne du haut, résultats obtenus à partir de la référence fouillis faible ; ligne du bas, présence supplémentaire d'une cible immobile ; colonne de gauche, périodogrammes fenêtrés des données ; colonne de droite, résultats du bimodèle.*

pareil (voir Figures V.1(b)-V.4(b)), mais ne permet pas de conclure quant à sa nature compte tenu de son étalement spectral. L'image estimée par le bimodèle dans cette circonstance est plus informative : dans cette même case distance, un point brillant apparaît autour de $f_c = 0$, et deux autres relativement symétriquement($f_1 = -0,15$ et $f_2 = 0,18$) autour de cette fréquence. Compte tenu de la position immobile de la cible, la raie en f_c s'explique facilement. De plus, la nature (non divulguée) des cibles considérées permet d'interpréter les raies aux fréquences f_1 et f_2. En revanche, le dernier point brillant apparaissant autour de $f_3 = 0,35$ s'interprète plus difficilement. L'avis d'un expert du domaine permettrait de savoir s'il s'agit d'un artefact de la méthode (fausse alarme), ou si les données expliquent la présence de ce point brillant.

La comparaison des Figures V.6(b)-(d) montre que pour le même jeu d'hyperparamètres, le bimodèle peut fournir en fonction des données une image assez lisse ou plus résolue.

Remarquons aussi que dans l'état actuel, la méthode proposée n'atténue pas le flou en profondeur introduit par une fonction d'appareil synthétisant un certain nombre de prétraitements (démodulation, filtrage adapté et compression d'impulsions). C'est la raison pour laquelle, les points brillants apparaissent en moyenne sur trois cases distance. À la fin du chapitre précédent, nous avons toutefois précisé un moyen de prendre en compte cette fonction d'appareil, de forme connue.

V.3.3 Configuration intermédiaire

La convention de représentation des résultats du paragraphe précédent est conservée. Les quatre images de la Figure V.7 ont cette fois été calculées à partir des données de la rafale $r_c = 12$.

La présence d'un fouillis de puissance élevée sur les premières et dernières cases distance peut être constatée sur les périodogrammes fenêtrés (Figures V.7(a)-(c)), compte tenu de l'étalement en distance des phénomènes atmosphériques sous-jacents. La différence entre ces deux images apparaît nettement : la Figure V.7(c) fait ressortir autour de la 28-ème case distance une composante spectrale puissante, centrée sur $f_c = 0$, mais assez étalée. Cette énergie est due à la présence de la cible. Son faible étalement en profondeur semble être la seule information qui permette de discriminer l'appareil du fouillis.

Les images estimées par le bimodèle (voir Figures V.7(b)-(d)) ont été obtenues pour un jeu d'hyperparamètres $\boldsymbol{\theta}_{\text{M}}$ différent de celui de l'exemple précédent. Cette variation s'explique en partie par la nécessité de prendre en compte la puissance empirique dans le réglage. Les données de cette seconde configuration étant plus puissantes, il est nécessaire d'abaisser les valeurs de λ_{R} et λ_{F} pour restaurer des spectres de puissance plus élevée. Une mise à l'échelle homogène de λ_{R} et λ_{F} a donc été réalisée. Pour limiter les fluctuations des paramètres, nous avons attribué dans les deux cas, le même poids $\lambda_{\text{R}}/(\lambda_{\text{F}} * (1 + \mu_{\text{D}} + \mu_{\text{T}}))$ à l'énergie séparable $\mathcal{R}_{\text{R}}$ par rapport à celui de l'énergie markovienne $\mathcal{R}_{\text{F}}$, dans le critère $\mathcal{J}_{\text{M}}$ (voir (IV.17)). Il est aussi intéressant de remarquer dans les deux cas que

- les seuils de douceur τ_1 et τ_2 sont du même ordre de grandeur ;
- le paramètre de rappel ε de l'énergie $\mathcal{R}_{\text{F}}$ est plus grand d'au moins un ordre de grandeur que τ_0, son homologue pour $\mathcal{R}_{\text{R}}$. Choisir cette proportion entre ces deux seuils se conçoit puisque cela permet de restaurer des raies uniquement dans le spectre de raies $|\widehat{\mathcal{X}}^{\text{R}}|^2$.

De la sorte, on aboutit au réglage de la moitié des paramètres. Il semble nécessaire d'introduire d'autres règles heuristiques pour découvrir les valeurs adéquates des paramètres restant et limiter la tâche de l'utilisateur.

Pour les données de fouillis seul, la Figure V.7(b) montre un fouillis de puissance élevée, bien localisé en distance et en fréquence, autour de $f = 0$. En présence de la cible, la Figure V.7(d) fait apparaître les mêmes caractéristiques de fouillis qu'à la Figure V.7(b), ainsi que trois points brillants significatifs aux fréquences $f_c = 0$, $f_1 = -0,18$, et $f_2 = 0,35$ dans la case distance de la cible. Le point brillant situé en f_c est moins résolu que dans l'exemple précédent mais reste toutefois moins étalé qu'une composante de fouillis. Notons aussi qu'aucune trace ponctuelle n'apparaît à la fréquence symétrique de f_1. Dans cette même case distance, la Figure V.8(a) montre une coupe monodimensionnelle de l'image produite par le bimodèle. Comme attendu, chaque point brillant est associé à une raie, et celle en f_c est la plus large. La Figure V.8(b) illustre la même coupe sur

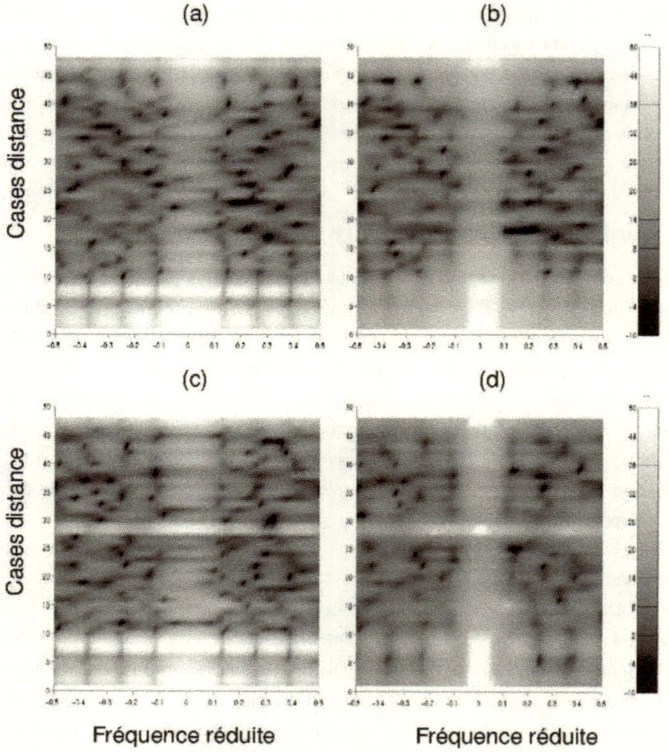

Figure V.7: *Analyse profondeur-fréquence de la 12-ème rafale des données du § V.1.3 : images de taille* 48×64 *; ligne du haut, résultats obtenus à partir de la référence fouillis fort ; ligne du bas, présence supplémentaire d'une cible immobile ; colonne de gauche, périodogrammes fenêtrés des données ; colonne de droite, résultats du bimodèle.*

les données sans cible. Elle permet de vérifier l'adéquation du réglage des paramètres $\boldsymbol{\theta}_{\mathrm{M}}$ avec le périodogramme des données : là où il n'y a ni fouillis ni point brillant, les deux méthodes se comportent de manière identique. Toutefois, l'apparition sur la Figure V.7(d) d'un point brillant isolé, autour de la fréquence $f = 0,13$ et dans la 15-ème case distance, nuance quelque peu les commentaires précédents. L'analyse de la coupe monodimensionnelle dans cette case distance (voir Figure V.9) montre que la distinction entre cette *fausse alarme* et un événement significatif reste possible si ce dernier présente des raies spectrales ailleurs qu'en $f = 0$. C'est précisément le cas pour les cibles considérées.

Comme au paragraphe précédent, nous constatons sur les Figures V.7(b)-(d) qu'en fonction des données, la technique du bimodèle pour $\boldsymbol{\theta}_{\mathrm{M}}$ fixé, permet d'imager soit des composantes de fouillis, soit une configuration mélangée de fouillis et de points brillants.

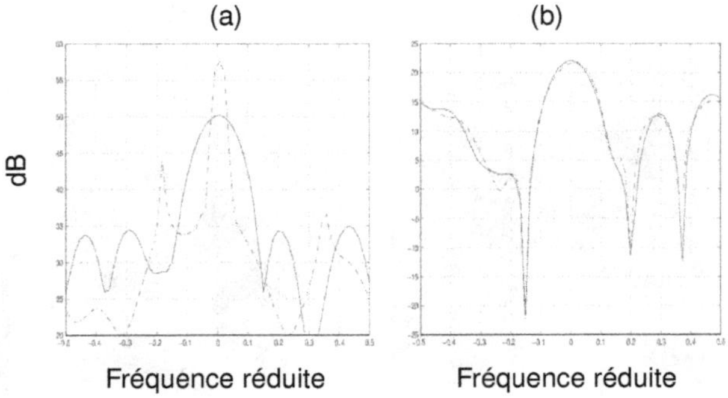

Figure V.8: *Coupe monodimensionnelle réalisée dans la 28-ème case distance, celle de la cible. À gauche données en présence de la cible ; à droite données de fouillis seul. En trait plein, périodogrammes des données ; en trait mixte, courbes estimées par le bimodèle.*

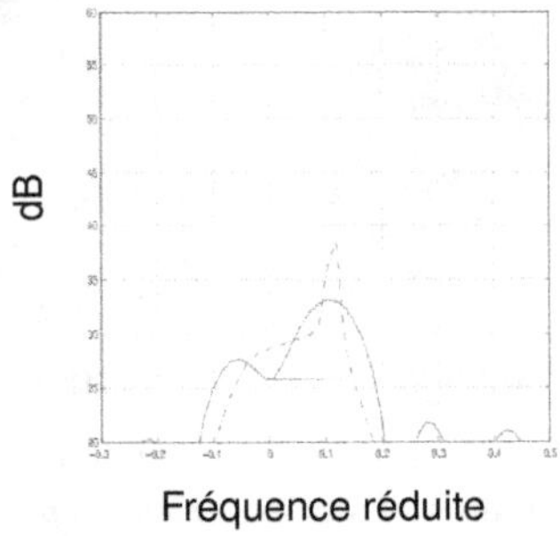

Figure V.9: *Coupe monodimensionnelle réalisée dans la 15-ème case distance, où apparaît la fausse alarme. En trait plein, périodogramme des données ; en trait mixte, courbe estimée par le bimodèle.*

Dans cette situation où le fouillis est significatif, il est important de comparer les résultats fournis par le bimodèle avec ceux produits par une méthode d'analyse de raies, comme celle de Sacchi *et al.* [Sacchi et al., 1998], dans le but d'identifier les aéronefs. Dans le formalisme du chapitre IV, il s'agit ici d'appliquer la méthode du monomodèle avec une pénalisation séparable selon les axes fréquence et profondeur (voir p. 100). Les paramètres de régularisation de douceur $(\mu_{\mathrm{D}}\ ;\ \mu_{\mathrm{T}})$ sont donc nuls.

Les Figures V.10(a)-(b) montrent respectivement sur les données de fouillis seul, les images produites par le monomodèle et le bimodèle, les Figures V.10(c)-(d) étant associées de la même façon aux données enregistrées en présence de la cible. L'effet de la régularisation markovienne introduite sur le fouillis dans le bimodèle est clairement illustré sur les Figures V.10(b)-(d). En effet, le fouillis restauré par notre approche est plus étalé spatialement et spectralement que celui

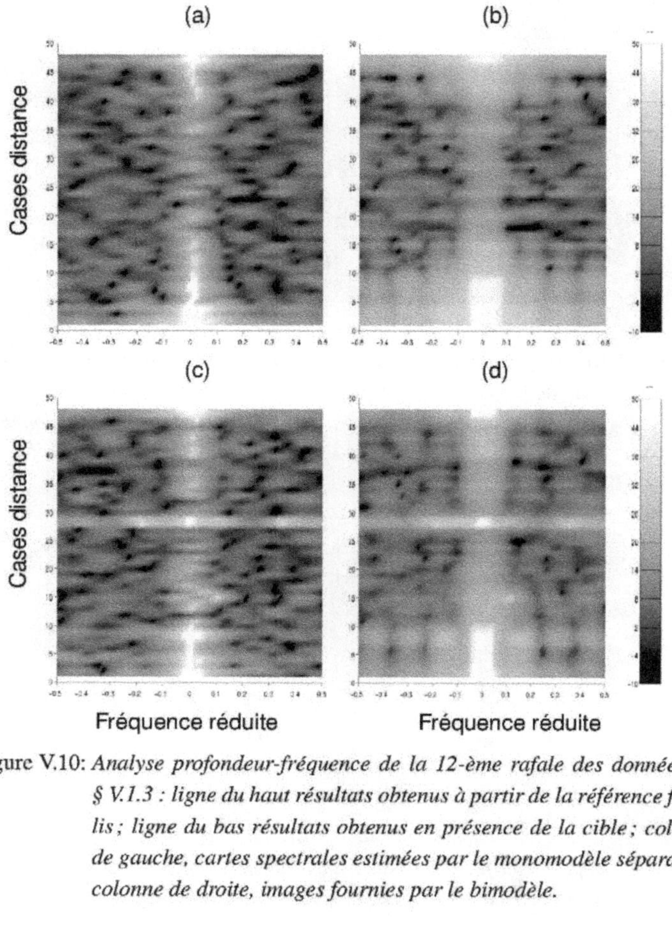

Figure V.10: *Analyse profondeur-fréquence de la 12-ème rafale des données du § V.1.3 : ligne du haut résultats obtenus à partir de la référence fouillis ; ligne du bas résultats obtenus en présence de la cible ; colonne de gauche, cartes spectrales estimées par le monomodèle séparable ; colonne de droite, images fournies par le bimodèle.*

estimé par une méthode d'analyse de raies. C'est pourquoi, il semble difficile sur la Figure V.10(c) de distinguer la contribution de la cible de points brillants associés au fouillis. Autrement dit, plus de fausses alarmes apparaissent avec le « monomodèle séparable » (Figure V.10(c)) qu'avec le bimodèle (Figure V.10(d)). En contrepartie, il n'y a que deux paramètres de régularisation à régler avec cette approche.

Dans cette configuration, nous analysons enfin la qualité d'estimation du fouillis, en comparant les résultats fournis par le bimodèle avec ceux obtenus par le « monomodèle doublement markovien » (voir section IV.4, p. 98). Comme nous l'avons vu, cette méthode est conçue pour estimer des composantes de fouillis uniquement. Les valeurs de (λ, ε) utilisées pour calculer les images des Figures V.10(a)-(c) sont conservées. Les paramètres de douceur $(\mu_D, \tau_1, \mu_T, \tau_2)$ sont fixés aux mêmes valeurs que celles exploitées par le bimodèle sur cet exemple.

Les Figures V.11(a)-(b) montrent respectivement sur les données de fouillis seul les images produites respectivement par le monomodèle et le bimodèle. Elles sont très proches l'une de l'autre, même si le contraste énergétique entre le fouillis et le bruit thermique semble plus favorable sur la Figure V.11(a). La technique du monomodèle fournissant en quelque sorte un résultat « optimal » pour l'image du fouillis, cette comparaison montre que le bimodèle estime une carte proche de l'optimum.

Sur les données où apparaît la cible, le fouillis estimé par les deux approches présente les mêmes caractéristiques spatiales et fréquentielles qu'en l'absence de réflecteur ponctuel. Ce constat est illustré par les Figures V.11(c)-(d). Pour ce qui concerne l'estimation de la réponse fréquentielle de la cible, la situation est bien différente. La Figure V.11(c) montre que le monomodèle détecte la présence d'une composante continue dans la 28-ème case distance. Toutefois, il est incapable de produire un pic d'énergie plus résolu que ceux associés aux composantes de fouillis. De plus, dans cette case distance, aucune contribution énergétique n'apparaît à une fréquence non nulle. Ces limites soulignent l'inadéquation du monomodèle à estimer des points brillants, et mettent aussi en exergue le pouvoir de résolution du bimodèle (voir Figure V.8(a)).

Ce premier traitement en configuration réaliste montre en fait toute la difficulté du problème : outre la localisation des raies nécessaire à l'identification des caractéristiques spectrales de l'appareil, il faut aussi estimer les composantes de fouillis afin de mieux discriminer ces deux phénomènes. Parmi les approches concurrentes, seule une méthode capable d'identifier des raies et du bruit coloré à partir de très peu d'observations semble *a priori* pouvoir fournir des résultats comparables à ceux que nous proposons.

V.3.4 Configuration difficile

Les images représentées aux Figures V.12(a)-(b) ont été calculées à partir des données de la rafale $r_c = 12$, qui d'après le filtrage Doppler illustré à la Figure V.5, correspond à un secteur angulaire où se trouve la cible. La présence d'un fouillis fort sur l'ensemble des cases distance se remarque sur le périodogramme fenêtré des données (voir Figure V.12(a)). Il semble donc illusoire de chercher à identifier la présence d'un aéronef à partir de cette image.

Le résultat du bimodèle représenté sur la Figure V.12(b) moyennant une adaptation des hyperparamètres, en fonction de la puissance empirique. Le poids de l'énergie $\mathcal{R}_{\mathrm{R}}$ par rapport à celui de $\mathcal{R}_{\mathrm{F}}$ a été maintenu à la même valeur que précédemment, les seuils τ_1 et τ_2 ont été pris égaux et ε a été choisi plus grand que τ_0 comme précédemment.

Le bimodèle apporte une information très précise sur la localisation en profondeur de l'appareil (29-ème case distance). Deux points brillants apparaissent en effet aux fréquences réduites $f_1 = -0,29$ et $f_2 = 0,28$, alors que la composante continue semble totalement masquée par la présence du fouillis. La coupe monodimensionnelle réalisée dans cette même case distance (voir Figure V.13(a)) permet d'évaluer la largeur des raies associées à ces deux points brillants. Par ailleurs, le pic d'énergie présent à la fréquence nulle semble se décomposer en deux contributions bien distinctes : la base large due au fouillis, et la portion plus impulsionnelle attribuée à la cible.

C'est donc dans ce type de situations que notre approche peut conforter les analyses effectuées par le filtrage Doppler. D'ailleurs, pour une rafale fixée, une coopération optimale entre ces techniques consistera à réaliser une analyse spectrale des cases distance où la sortie du filtrage

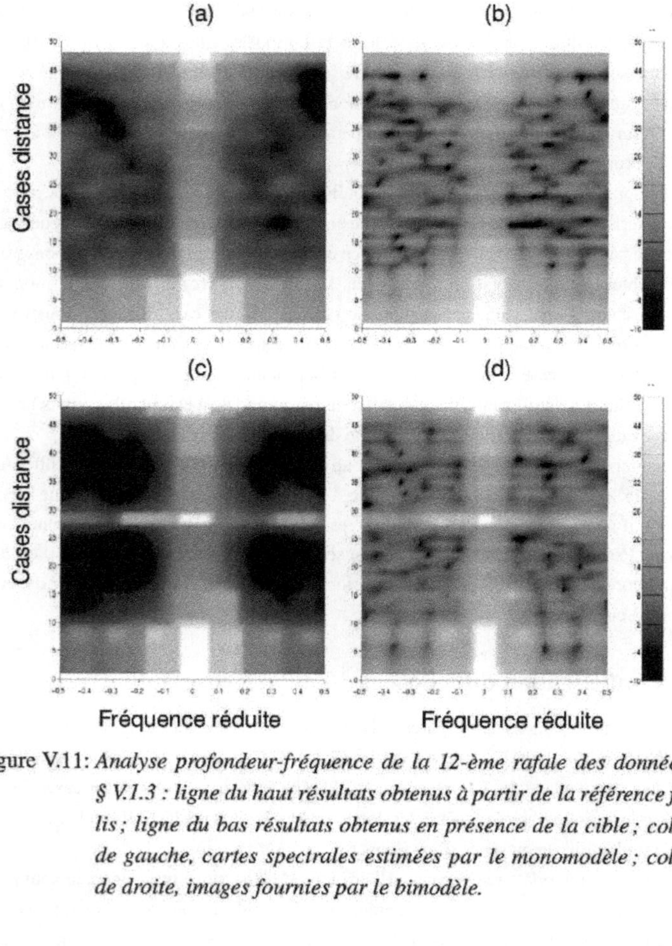

Figure V.11: *Analyse profondeur-fréquence de la 12-ème rafale des données du § V.1.3 : ligne du haut résultats obtenus à partir de la référence fouillis ; ligne du bas résultats obtenus en présence de la cible ; colonne de gauche, cartes spectrales estimées par le monomodèle ; colonne de droite, images fournies par le bimodèle.*

Doppler est significative.

Notons aussi sur la Figure V.12(b) l'absence de fausses alarmes pour ce réglage d'hyperparamètres. Il peut donc être intéressant d'analyser la sortie du bimodèle pour le même vecteur $\boldsymbol{\theta}_{\mathrm{M}}$ dans une rafale où aucune cible n'apparaît. En étudiant les réponses du banc de filtres H, il s'est avéré que la 18-ème rafale était suffisamment éloignée de r_c pour garantir l'absence d'aéronefs, et proposer une configuration de fouillis assez similaire. Les Figures V.12(c)-(d) montrent alors respectivement le périodogramme fenêtré des échantillons de cette rafale et l'image estimée par le bimodèle. On note alors sur la Figure V.12(c) le fait que le fouillis est moins étalé en profondeur que dans la 12-ème rafale. En particulier, la coupe monodimensionnelle réalisée dans la case distance de la cible (voir Figure V.13(b)) montre qu'il est de puissance très faible. Il est alors rassurant de constater que l'image profondeur-fréquence obtenue en sortie du bimodèle ne produit

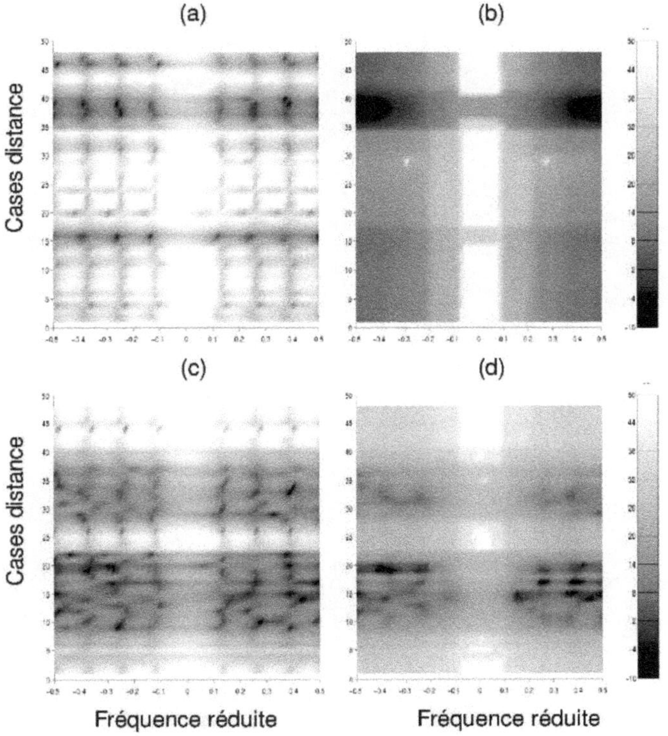

Figure V.12: *Analyse profondeur-fréquence des 12-ème (ligne du haut) et 18-ème (ligne du bas) rafales des données du § V.1.4 : images de taille* 64×48 *; colonne de gauche, périodogrammes fenêtrés des données ; colonne de droite, images profondeur-fréquence fournies par le bi-modèle.*

aucune raie dans cette case distance. Néanmoins, la Figure V.12(d) fait apparaître des points brillants isolés dans les 7-ème et 35-ème cases distance. Ils correspondent à des fausses alarmes. Pour mieux visualiser la situation, les Figures V.14(a)-(b) illustrent les réponses du bimodèle dans les cases distance incriminées. Ces coupes confirment le fait que les points brillants isolés sont à la fréquence nulle. Elles appellent par ailleurs les commentaires suivants :

- une raie étroite produite par le bimodèle en $f = 0$ n'est pas synonyme de la présence d'un appareil (comme on pouvait le croire à partir de la Figure V.13(a)) ;
- dans toutes les situations de fausses alarmes rencontrées, une seule raie apparaît par case distance, ce qui reste facilement distinguable de la présence du type des cibles considérées, mais qu'en est-il vis-à-vis d'autres réflecteurs ponctuels ?

Il est clair que l'augmentation du paramètre λ_R contrôlant le caractère impulsionnel de la

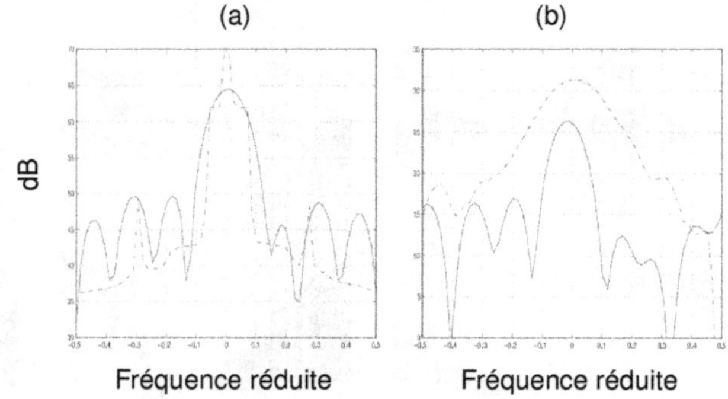

Figure V.13: *Coupes monodimensionnelles des 12-ème et 18-ème rafales réalisées dans la 29-ème case distance. En trait plein, le périodogramme des données ; en trait mixte, la courbe estimée par le bimodèle.*

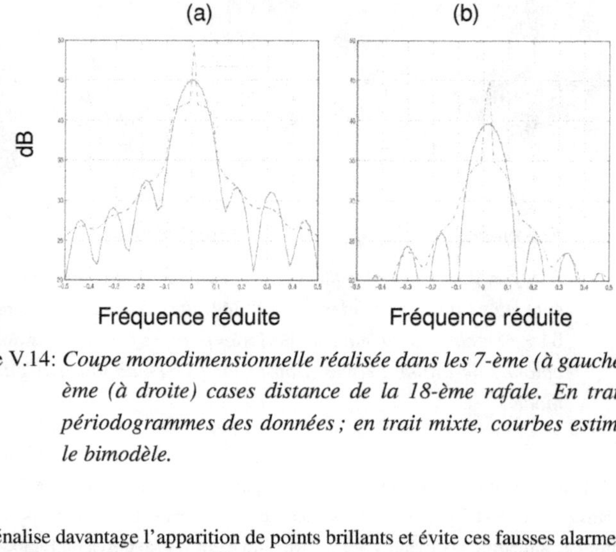

Figure V.14: *Coupe monodimensionnelle réalisée dans les 7-ème (à gauche) et 35-ème (à droite) cases distance de la 18-ème rafale. En trait plein, périodogrammes des données ; en trait mixte, courbes estimées par le bimodèle.*

solution pénalise davantage l'apparition de points brillants et évite ces fausses alarmes : c'est précisément ce qu'illustre la Figure V.15(a). Elle montre l'image profondeur-fréquence estimée par le bimodèle à partir des données de la 18-ème rafale, pour $\lambda'_{\mathrm{R}} = 2\lambda_{\mathrm{R}}$, et les autres hyperparamètres inchangés. En contrepartie, ce réglage limite la détection des points brillants associés à la cible dans la rafale r_c (voir Figure V.15). Un compromis est donc à trouver entre une image trop douce et une autre trop résolue. Ce compromis reste difficile à établir compte tenu de la sensibilité de la méthode aux variations de λ_{R}.

Parmi les approches concurrentes, il faut cette fois imaginer une méthode capable à faible nombre d'échantillons d'estimer des composantes spectrales régulières *juxtaposées* à d'autres plus résolues : par rapport à la situation du § V.3.3, une phase de *séparation* ou de *discrimination* semble

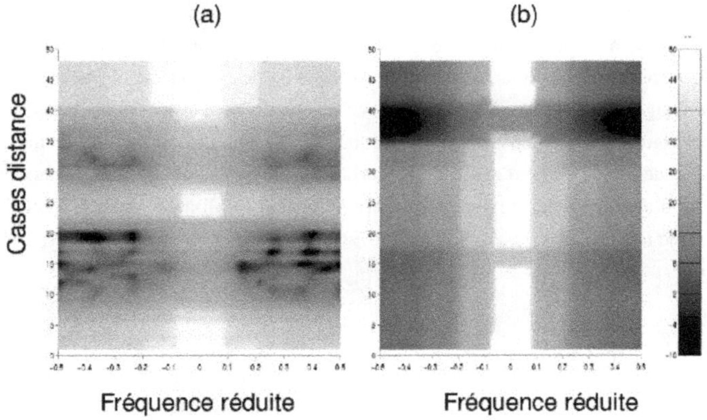

Figure V.15: *Images profondeur-fréquence des 12-ème (à droite) et 18-ème (à gauche) rafales produites en sortie du bimodèle à partir des données du § V.1.4 et pour $\lambda'_R = 2\lambda_R$, et les autres paramètres inchangés.*

indispensable. À notre connaissance, aucune approche n'est susceptible de répondre correctement à cette problématique.

V.4 Conclusions et perspectives

Ce chapitre a permis d'évaluer sur données réelles les performances de la méthode d'imagerie spectrale préconisée pour l'estimation des caractéristiques du fouillis radar et de réflecteurs ponctuels. Les résultats obtenus sont très prometteurs à plusieurs égards. D'une part, en termes de précision d'estimation de chacune des composantes, d'autre part en termes de discrimination des différents phénomènes. La bonne restauration d'un réflecteur ponctuel s'est traduite par la présence dans la case distance de l'appareil d'un ensemble de raies étroites. Elle s'est parfois accompagnée de pics parasites dans d'autres cases distance. Dans les configurations testées, la distinction entre ces fausses alarmes et la présence effective d'une cible est restée possible. De plus, il semble préférable de proposer un réglage des paramètres $\boldsymbol{\theta}_M$ fournissant des images à haute résolution et quelques fausses alarmes, plutôt qu'une absence de détection.

Cette étape de validation reste toutefois incomplète pour plusieurs raisons. D'une part, dans les exemples traités, nous n'avons observé qu'une seule cible. Pour qualifier davantage le *pouvoir de résolution* de la méthode, il serait intéressant d'analyser une configuration avec deux appareils, l'un immobile, l'autre volant à vitesse réduite. Ensuite, pour tester davantage le *pouvoir de discrimination* de notre approche, il serait souhaitable d'obtenir des données dans lesquelles des réflecteurs de caractéristiques spectrales différentes apparaissent. Cette validation permettrait d'apporter une contribution significative au filtrage Doppler en place. Dans une telle situation, ce traitement risque en effet de produire des pics d'amplitude élevée dans la gamme de fréquence de chaque appareil, sans pouvoir comparer le danger que représente chacun d'eux.

À titre de perspectives, il semble nécessaire d'envisager le développement d'une technique permettant la mise à l'échelle automatique des hyperparamètres en fonction de la puissance des données. Il serait aussi souhaitable de choisir la majorité des degrés de liberté subsistant, soit par apprentissage, soit à l'aide d'heuristiques à découvrir. Ces considérations permettraient de réduire à un voire deux le nombre de paramètres que l'utilisateur devrait fixer lui-même. Dans les problèmes de détection, il est d'usage de laisser à l'utilisateur le soin de fixer le taux de fausse alarme et/ou d'absence de détection. Dans notre approche, l'utilisateur pourrait fixer librement λ_R, qui comme nous l'avons vu sur le dernier exemple, fait varier de manière implicite le taux de fausse alarme.

CHAPITRE VI

CONCLUSION ET PERSPECTIVES

LE PRINCIPAL OBJECTIF de ce travail a été d'aborder le problème de l'estimation en temps-court d'un spectre mélangé. Le contexte applicatif visé est l'imagerie radar Doppler des turbulences atmosphériques et des aéronefs. D'autres applications peuvent toutefois être envisagées, en particulier la vélocimétrie Doppler ultrasonore en génie biomédical, ou la synthèse de Fourier en astronomie.

Les principales contributions de cette thèse sont de trois ordre : méthodologique, algorithmique, et applicative.

Sur le plan méthodologique, nous avons choisi d'aborder le problème de l'estimation spectrale à faible nombre d'échantillons comme celui de la synthèse de Fourier. Formulé sous cet angle, ce problème est *mal-posé* car *indéterminé*. Ce cadre a été retenu par le passé par différents auteurs [Sacchi et al., 1998; Fuchs, 1997] pour estimer sur une grille fréquentielle discrète des spectres de raies. Pour combler le déficit d'informations des données et lever l'indétermination du problème, des informations *a priori* sont introduites sous la forme d'une fonction de pénalisation. Fuchs [1997] et Sacchi et al. [1998] ont démontré qu'une énergie *circulaire séparable* était bien adaptée à la prise en compte du caractère impulsionnel. La fusion de cette fonction de régularisation et du terme d'adéquation aux données est établie au sein d'un critère dont le minimiseur définit l'estimateur spectral complexe. C'est la prise du module au carré des composantes de ce vecteur qui fournit le spectre de puissance recherché.

La première originalité de cette thèse a consisté à proposer dans cette formulation une méthode pour restaurer un spectre régulier. Même si le problème a été initialement formulé à fréquence continue, le cadre privilégié dans la majeure partie du document est celui de l'estimation à fréquence échantillonnée. Dans ce contexte, c'est le choix d'une énergie *circulaire* de Gibbs-Markov qui a permis de modéliser la douceur spectrale. Garantir la *convexité* et le caractère *continûment différentiable* (C^1) de l'énergie de régularisation devaient permettre de calculer simplement le spectre solution. Toutefois, concilier ces *desiderata* au sein d'une fonction circulaire markovienne s'est avéré être un problème délicat. Des résultats originaux sur la convexité des fonctions *circulaires* ont permis finalement de proposer une énergie satisfaisant les conditions précitées.

Ce travail préliminaire et les contributions consacrées à l'estimation de spectres de raies [Fuchs, 1997; Sacchi et al., 1998], ont servi de prérequis pour aborder dans le même cadre l'estimation en temps-court d'un spectre mélangé, c'est-à-dire constitué de raies et de phénomènes plus réguliers. Toutefois, il ne suffisait pas d'ajouter des pénalisations séparable et markoviennes pour restaurer simultanément les deux formes de spectre. L'idée développée dans cette thèse a consisté à reformuler ce problème comme celui de l'estimation de deux spectres structurellement différents, l'un pour les composantes impulsionnelles, l'autre pour les zones plus régulières. La conséquence de cette nouvelle approche est une modification du terme d'adéquation aux données. Une fois cette discrimination établie, il suffit d'introduire sur chaque spectre inconnu les informations *a priori* disponibles : une fonction circulaire séparable pour restaurer des raies, une énergie circulaire markovienne pour rétablir la douceur spectrale. Le choix de pénalisations convexes et C^1 confère au critère global les mêmes propriétés. Le spectre mélangé solution est alors défini à partir de la somme des minimiseurs du critère global. Les résultats présentés sur l'exemple de Kay et Marple montrent que cette approche est bien adaptée puisque capable d'estimer les deux familles de spectres. Elle est en fait polyvalente puisqu'elle permet de passer continûment d'un spectre très doux à un spectre de raies par le biais d'une variation continue des hyperparamètres. La restauration d'un spectre mélangé passe donc par la détermination d'un équilibre entre les différents hyperparamètres. Peu de méthodes concurrentes offrent de tels résultats dans le contexte temps-court.

L'une des principales critiques qu'on peut formuler sur ces approches régularisées est leur aspect supervisé. Elles nécessitent effectivement l'intervention de l'utilisateur pour régler plusieurs hyperparamètres. Le cadre régularisé retenu étant non quadratique, peu d'outils simples peuvent être mis en œuvre pour l'estimation de ces paramètres. Le recours à des techniques telle que l'estimation au sens du maximum de vraisemblance (MV) nécessite habituellement une charge calculatoire élevée. Le souci d'abaisser ce coût nous a conduit à formuler ce problème dans le cadre bayésien en vue de l'estimation d'un spectre impulsionnel. L'approche développée repose sur l'échantillonnage stochastique d'une loi de probabilité *a posteriori* construite à partir de l'interprétation bayésienne d'un critère semi-quadratique. Son mérite est d'avoir apporter une réponse acceptable sur le plan calculatoire pour l'échantillonnage des variables auxiliaires. Cette contribution dépasse d'ailleurs le cadre de cette thèse puisque son application en restauration d'images s'avère plus simple que dans le présent contexte. Néanmoins, même pour un spectre de raies, la solution proposée souffre encore de quelques limitations, particulièrement pour estimer le paramètre global de régularisation. Ainsi toute tentative d'extension au cas des spectres régulier et mélangé semble pour l'instant repoussée à plus long terme.

À un niveau secondaire, nous avons illustré le fait que l'estimateur de spectre régulier proposé possède à nombre fini d'échantillons, une erreur quadratique moyenne plus faible que le périodogramme. Toutefois, ces propriétés ne sont pas suffisantes pour en déduire qu'il possède un meilleur comportement asymptotique. L'analyse du cas séparable régularisé quadratiquement a montré qu'à paramètre de régularisation fixé, le spectre estimé souffrait d'un biais asymptotique, et qu'un moyennage était nécessaire pour faire chuter la variance vers zéro.

Sur le plan algorithmique, les contributions de cette thèse ne se placent pas toutes au même niveau. Tout d'abord, le souci d'une mise en œuvre simple et efficace du calcul d'un spectre doux nous a conduit à proposer un algorithme classique de *Non Différentiabilité Graduelle*, convergeant plus rapidement que la méthode de relaxation par blocs initialement développée.

Ensuite, en vertu de l'identité établie entre les algorithmes IRLS et RSD [Sacchi et al., 1998; Yarlagadda et al., 1985] et des méthodes de relaxation par blocs travaillant sur une version semi-quadratique et augmentée du critère à minimiser (respectivement de la forme de Geman et Reynolds [1992] pour l'IRLS, et de Geman et Yang [1995] pour le RSD), l'objectif fut de proposer des méthodes de la même famille pour optimiser des critères convexes non plus séparables mais markoviens. Derrière cet objectif se cachait le souhait d'obtenir des algorithmes aussi rapides que l'IRLS et le RSD, qui s'avèrent dans leur contexte plus efficaces qu'une méthode de gradient pseudo-conjugué. L'originalité du travail réalisé dans ce domaine tient à une extension multivariée des principes de construction de critères semi-quadratiques, proposés dans [Geman et Yang, 1995]. Ces derniers ne permettaient pas de construire l'équivalent semi-quadratique d'une pénalisation circulaire, qu'elle soit séparable ou markovienne. Le second aspect du travail réalisé a concerné la démonstration de la convergence de la méthode de relaxation par blocs, minimisant chaque critère semi-quadratique, vers le minimiseur global du critère convexe de départ. Néanmoins, la vitesse de convergence des procédures d'estimation de spectre régulier et mélangé n'est pas au niveau de nos espérances : les résultats obtenus permettent de placer au même niveau d'efficacité ce type de méthodes avec un algorithme de gradient pseudo-conjugué. En conclusion, il semble que ce soit la forme du critère et plus particulièrement celle de la pénalisation qui fixe la vitesse de convergence : pour une pénalisation séparable, la convergence est toujours plus rapide que pour une pénalisation markovienne.

En guise de perspectives, les axes de recherche plutôt académiques à privilégier sont les suivants :

- l'étude des conditions de convergence d'une suite de spectres discrétisés vers un spectre continu défini comme le minimiseur d'un critère fonctionnel, dans le but d'aborder le problème de l'estimation spectrale à fréquence continue. Dans le cas d'un spectre de raies, il semble que la convergence puisse être établie de manière assez simple grâce au caractère convexe des critères à fréquences continue et discrète. Dans le cas markovien, la plage de paramètres rendant convexe le critère diminue avec le pas de discrétisation, si bien que l'extension fonctionnelle du critère de douceur semble délicate. À cet égard, des travaux récents menés en segmentation d'images dans un cadre non convexe (fonctionnelle de Mumford-Shah [Chambolle, 1999]) pourrait servir de base à l'étude du cas markovien.
- l'étude plus approfondie des propriétés asymptotiques des estimateurs spectraux proposés (cas séparable non quadratique, cas markovien, cas mélangé), et des conditions de convergence en moyenne quadratique vers la « vraie » densité spectrale de puissance.
- le développement d'une analyse multirésolution pour estimer sur une grille plus grossière les composantes spectrales régulières, et au contraire sur une grille plus fine les raies. Il s'agirait de faire un « zoom spectral » sur des zones fréquentielles présentant des pics afin d'analyser si certaines raies n'apparaissent pas par dédoublement lorsqu'on augmente la résolution. L'intérêt calculatoire de ce type d'approche est évident. De plus, l'adaptation de la résolution limite l'influence du choix *a priori* du pas de la grille fréquentielle, au contraire d'une stratégie monorésolution.

Le dernier volet de ce travail est plus appliqué. Il concrétise une étroite collaboration avec la société THOMSON-CSF AIRSYS, entamée depuis plusieurs années, et concerne l'extension profondeur-fréquence des méthodes et des algorithmes développés dans le cadre monodimensionnel précédent. Le résultat final est la mise au point d'une méthode d'imagerie des turbulences atmosphériques et des aéronefs. Un travail important de validation a été mené tant sur données synthétiques que réelles. Il a montré à la fois la pertinence de l'approche proposée mais aussi quelques limites, qui fixent les perspectives à court et moyen termes :

- à court terme, la prise en compte de la fonction d'appareil s'avère nécessaire pour atténuer l'effet du flou en profondeur introduit par un ensemble de prétraitements, et produire des estimées cohérentes avec la réalité : il n'est pas vraisemblable d'observer la signature spectrale d'un aéronef sur plusieurs cases distance, alors que chacune est de l'ordre de cinquante mètres ;

- à moyen terme, le développement d'une méthode semi-automatique d'adaptation des hyperparamètres, soit par apprentissage, soit à partir d'heuristiques restant en partie à établir, s'avère incontournable.

ANNEXE A

OPTIMISATION DE CRITÈRES MARKOVIENS NON DIFFÉRENTIABLES

LA PREMIÈRE partie (Sections A.1-A.5) de ce chapitre est consacrée à une synthèse bibliographique sur les algorithmes de minimisation de critères convexes non différentiables. Nous discutons uniquement des approches non contraintes. Le lecteur intéressé par les méthodes de programmation convexe, consistant à reformuler le problème non différentiable initiale en un problème différentiable contraint, pourra consulter [Ciarlet, 1988; Bertsekas, 1995].

La section A.1 récapitule l'influence de la convexité et du caractère *continûment différentiable* (C^1) lors de l'optimisation d'une fonction multivariée. La section A.2 rappelle les principes des méthodes du *premier ordre* (à base de gradient). Puis, quelques outils mathématiques sont exposés à la Section 3 pour pouvoir introduire à la section A.3 l'extension de ces algorithmes, connues sous le nom de *méthodes des sous-gradients* [Shor, 1985], et capables de minimiser les critères précités. Plusieurs de ces extensions ne définissent pas en tant que telles des méthodes de *descente*. C'est la raison pour laquelle la section A.5 évoque très brièvement quelques alternatives.

Dans la seconde partie de ce chapitre (Sections A.6-A.7), nous proposons une contribution originale pour minimiser des critères convexes non différentiables, tels que ceux construits en vue de l'estimation de spectres réguliers (voir chapitre II). Sur la base des résultats de convergence des méthodes de *relaxation* pour des critères convexes non différentiables *séparables* [Cea et Glowinski, 1973; Glowinski et al., 1976], rappelés en section A.6, nous proposons en section A.6 une variante adaptée au cas *markovien*. Sans pouvoir démontrer sa convergence théorique, nous illustrons sa convergence numérique, que nous comparons à celle d'une méthode de *Non Différentiabilité Graduelle*.

Sans pouvoir démontrer sa convergence théorique, nous illustrons sa convergence numérique, que nous comparons à celle d'une méthode de *Non Différentiabilité Graduelle*.

A.1 Convexité et différentiabilité

La convexité et le caractère C^1 d'une fonction multivariée sont des propriétés essentielles [1] pour garantir la convergence d'algorithmes déterministes de descente (gradient, gradient conjugué, relaxation,...) vers un minimiseur global.

La convexité garantit le caractère *global* de l'optimisation, au sens où tout minimum local d'une fonction convexe est global. De plus, pour un critère *strictement* convexe, l'ensemble convexe des minima se réduit à un *singleton* ce qui garantit la convergence des algorithmes précités vers l'*unique minimiseur global*. La perte de convexité ne se traduit pas forcément par l'existence de minima locaux. En effet, le critère peut encore admettre un seul bassin d'attraction c'est-à-dire aucun minimum local s'il est *unimodal* [Bertsekas, 1995, p. 605]. Néanmoins, contrairement à la convexité, il n'existe pas de caractérisation simple de l'unimodalité. Si l'on définit un estimateur comme le minimiseur d'un critère, on préfère donc en pratique sélectionner ce dernier au sein de la classe des fonctions convexes.

Au-delà des fonctions unimodales, se trouve la classe des critères *multimodaux*, c'est-à-dire admettant plusieurs minima locaux. Pour ces critères, on ne peut garantir qu'une convergence locale des algorithmes déterministes de descente [Bertsekas, 1995]. Pour réaliser une optimisation globale, il devient nécessaire de recourir à la famille des algorithmes stochastiques dans laquelle se trouve le recuit simulé [Geman et Geman, 1984]. Compte tenu du coût de calcul engendré par cette classe de méthodes, on trouve dans la littérature du traitement d'image [Blake et Zisserman, 1987; Blake, 1989; Carfantan, 1996; Nikolova et al., 1998; Nikolova, 1999] des stratégies d'optimisation sous-optimales, déterministes, mais qui convergent très rapidement vers un minimiseur local.

Pour mieux appréhender le rôle joué par le caractère C^1, nous introduisons la notion de direction de descente.

Définition 1 Soit $f : \mathbb{R}^n \to \mathbb{R}$, on dit que $\boldsymbol{v} \in \mathbb{R}^n$ est une direction de descente de f au point $\boldsymbol{x}$ si

$$f(\boldsymbol{x}+t\boldsymbol{v}) < f(\boldsymbol{x}), \qquad \forall t > 0 \text{ suffisamment petit.}$$

Le caractère continûment différentiable facilite la détermination d'une direction de descente du critère : lorsque le critère est C^1, on sait qu'en un point donné, sa direction de descente de plus grande pente est donnée par l'opposé de son gradient [Ciarlet, 1988]. De plus, cette propriété permet d'établir une condition nécessaire d'optimalité en un point donné, à savoir la nullité du gradient en ce point [Bertsekas, 1995, p. 4]. Les points caractérisés par cette condition sont appelées points *stationnaires*. Ils définissent les minima et maxima du critère considéré. Les minima sont quant à eux décrits par la condition suffisante supplémentaire de définie positivité du Hessien du critère [Bertsekas, 1995, p. 6]. Ainsi, dans le cas convexe, les minima se confondent avec les points stationnaires, et la norme du gradient définit alors un critère d'arrêt fiable [2] d'un algorithme

1. en fait suffisantes si l'on suppose aussi la fonction coercive, *i.e.*, infinie à l'infini.
2. sauf pour des critères ayant des vallées quasi plates.

de descente. Nous verrons plus loin que dans le cas non différentiable, un tel critère n'est plus valable.

Parmi les plus importantes avancées en optimisation ces trente dernières années, beaucoup concernent des extensions des résultats existants, obtenues en remplaçant l'hypothèse C^1 du critère à minimiser par celle de convexité [Rockafellar, 1970; Bertsekas, 1975; Clarke, 1975; Wolfe, 1975; Glowinski et al., 1976; Lemaréchal, 1980; Shor, 1985; Kiwiel, 1986b; Patriksson, 1997].

Les deux propriétés discutées ci-dessus apparaissent généralement *décorrélées*, au sens où la satisfaction de l'une n'entraîne ou n'exclut pas nécessairement l'autre. Néanmoins, il est intéressant de remarquer sur notre problématique que convexité et différentiabilité peuvent sembler *mutuellement exclusives*. Pour minimiser des critères convexes non différentiables, plusieurs choix peuvent être envisagés. Le premier est celui qui a été retenu au chapitre II et consiste à construire une suite d'approximations de classe C^1 du critère markovien initial. Nous proposons maintenant d'envisager d'autres voies à des fins comparatives, notamment les méthodes de sous-gradients et de relaxation. Avant cela, nous rappelons brièvement les fondements des méthodes de gradient dans le cas C^1.

A.2 Rappels sur les méthodes de gradient

Pour trouver le minimiseur d'une fonction multivariée unimodale régulière définie sur $\mathbb{R}^n$ et à valeurs dans $\mathbb{R}$, des algorithmes itératifs exploitant des informations du premier ordre (gradient) sont couramment utilisés. Lorsque n est grand, ces algorithmes convergent sans qu'il soit nécessaire d'effectuer le calcul très coûteux du Hessien ou de l'une de ses approximations. À partir d'une initialisation quelconque $\boldsymbol{x}^0$, on génère à l'itération $k+1$ un nouveau point à l'aide de la récurrence suivante :

$$\boldsymbol{x}_{k+1} = \boldsymbol{x}_k + \mu_{k+1}\,\boldsymbol{d}_k, \tag{A.1}$$

où $\boldsymbol{d}_k$ est la direction de descente et $\mu_k > 0$ le pas de descente. On peut imaginer de nombreuses mises en œuvre d'un tel algorithme se distinguant par :

- le choix de la direction de descente (gradient, gradient conjugué, corrections de Vignes et de la bissectrice [Polak, 1971; Fletcher et Reeves, 1964]), illustré à la Figure A.1. La méthode la plus simple consiste à prendre comme direction de descente, celle de plus grande pente c'est-à-dire $\boldsymbol{d}_k = -\nabla f(\boldsymbol{x}_k)$. Ce choix est cependant particulièrement inefficace dans le cas où l'on se trouve dans une vallée très étroite du critère (la direction propre associée à la plus petite valeur propre du Hessien).
- l'adaptation du pas de descente (constant, adaptatif). Pour une mise à jour adaptative, le pas peut être défini comme le minimiseur de la fonction uni-dimensionnelle :

$$\mu_{k+1} = \arg\min_{\mu>0} f(\boldsymbol{x}_k + \mu\,\boldsymbol{d}_k), \tag{A.2}$$

Dans la littérature, la méthode du gradient à pas constant est référencée comme la méthode de Richardson [Lascaux et Theodor, 1987, p. 503]. L'algorithme associé à la mise à jour adaptative (A.2) est quant à lui connu sous le nom du gradient à pas optimal [Lascaux et Theodor, 1987, p. 495].

Figure A.1: *Différents choix pour la direction de descente.*

L'objectif de la suite est de présenter des extensions de ces méthodes pour minimiser des fonctions convexes mais non différentiables, *i.e.*, dont le gradient présente des discontinuités.

A.3 Formalisme des méthodes d'optimisation non différentiables du premier ordre

Dans cette section, nous synthétisons les problèmes générés par la perte du caractère C^1 du critère à minimiser dans les algorithmes de gradient. Dans un second temps, les outils classiques d'analyse *sous-différentielle* sont présentés pour pouvoir résoudre les problèmes préalablement identifiés.

A.3.1 Difficultés

L'extension des méthodes de descente du premier ordre au cas des fonctions non différentiables présente deux difficultés. La première, purement technique, est liée à l'introduction d'une quantité plus générale que le gradient mais identique à celui-ci là où il existe. Les notions de *sous-gradients*, de *dérivée directionnelle unilatérale*, introduites dans le paragraphe suivant, permettent de lever cette difficulté.

Le second problème induit par la perte de régularité est double : il concerne le choix d'une *direction de descente* et d'un *pas*, ou mieux, d'une règle fixant la longueur du déplacement effectué dans la direction choisie. En effet, pour une fonction convexe non différentiable, déterminer une direction de descente est un problème difficile : il peut nécessiter un coût de calcul prohibitif. De plus, la complexité du calcul de la longueur du déplacement dépend fortement de la direction retenue. En particulier, les règles de sélection du pas dans le cas C^1 ne conduisent plus à des algorithmes convergents.

A.3.2 Analyse sous-différentielle

En premier lieu, nous présentons les outils mathématiques nécessaires à la généralisation du gradient aux points de non différentiabilités d'une fonction multivariée convexe. Dans un deuxième temps, nous présentons une synthèse des résultats connus pour caractériser l'ensemble de ses minimiseurs globaux et ses directions de descente.

A.3.2.1 Dérivée directionnelle unilatérale et sous-gradients

Définition 2 Pour une fonction $f : S \subset \mathbb{R}^n \to \bar{\mathbb{R}}$, l'ensemble

$$\{(\boldsymbol{x}, \mu) \mid \boldsymbol{x} \in S, \mu \in \mathbb{R}, \mu \geq f(\boldsymbol{x})\}$$

s'appelle *l'épigraphe* de f, noté $\mathrm{epi} f$.

On peut définir f comme étant une fonction convexe sur S si $\mathrm{epi} f$ est convexe en tant que sous-ensemble de $\mathbb{R}^{n+1}$.

Définition 3 On appelle domaine effectif d'une fonction convexe f et on note $\mathrm{dom} f$, l'ensemble défini comme la projection sur $\mathbb{R}^n$ de l'épigraphe de f :

$$\mathrm{dom} f = \{\boldsymbol{x} \mid \exists\, \mu \text{ tel que } (\boldsymbol{x}, \mu) \in \mathrm{epi} f\} = \{\boldsymbol{x} \in \mathbb{R}^n \mid f(\boldsymbol{x}) < +\infty\}$$

Définition 4 On appelle *dérivée directionnelle unilatérale* de f en $\boldsymbol{x}$, dans la direction $\boldsymbol{v} \in \mathbb{R}^n$, la limite ainsi définie

$$f'(\boldsymbol{x} \; ; \; \boldsymbol{v}) = \lim_{t \downarrow 0} \frac{f(\boldsymbol{x} + t\boldsymbol{v}) - f(\boldsymbol{x})}{t}, \tag{A.3}$$

si elle existe.

Notons que si f est différentiable en $\boldsymbol{x}$, alors

$$f'(\boldsymbol{x} \; ; \; \boldsymbol{v}) = \langle \nabla f(\boldsymbol{x}), \boldsymbol{v} \rangle \quad \forall \boldsymbol{v}, \tag{A.4}$$

où $\nabla f(\boldsymbol{x})$ est le gradient de f en $\boldsymbol{x}$. Cette limite, sous réserve qu'elle existe, permet donc d'étendre la définition de la différentielle aux points de non différentiabilité de f. Le résultat suivant garantit l'existence de $f'(\boldsymbol{x} \; ; \; \boldsymbol{v})$ lorsque f est convexe.

Proposition 1 [Rockafellar, 1970, Th. 23.1]
Soit f une fonction convexe, et soit $\boldsymbol{x} \in \mathrm{int}(\mathrm{dom} f)$ [3]*, alors $f'(\boldsymbol{x} \; ; \; \boldsymbol{v})$ existe pour tout $\boldsymbol{v} \in \mathbb{R}^n$ et $f'(\boldsymbol{x} \; ; \; t\boldsymbol{v})$ est une fonction croissante de t pour tout $\boldsymbol{v}$ et $\boldsymbol{x}$ fixés.*

Pour une fonction C^1, nous avons présenté le lien existant entre la dérivée directionnelle unilatérale et le gradient. Compte tenu du résultat d'existence de $f'(\boldsymbol{x} \; ; \; \boldsymbol{v})$ pour la classe des fonctions convexes, il est intéressant d'étudier l'extension de la relation (A.4) à la classe des fonctions convexes. Pour ce faire, la notion de sous-gradient est maintenant présentée.

Définition 5 Un vecteur $\boldsymbol{g}_f$ est appelé sous-gradient d'une fonction convexe f au point $\boldsymbol{x} \in \mathrm{dom} f$ si

$$f(\boldsymbol{v}) \geqslant f(\boldsymbol{x}) + \langle \boldsymbol{g}_f, \boldsymbol{v} - \boldsymbol{x} \rangle, \quad \forall \boldsymbol{v}. \tag{A.5}$$

3. où $\mathrm{int}(S)$ désigne l'intérieur de S.

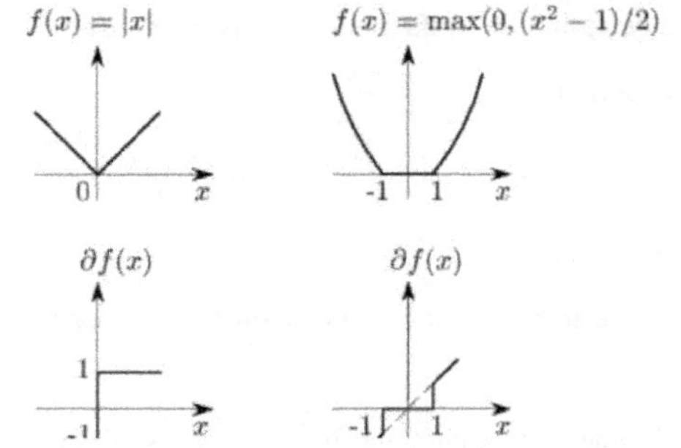

Figure A.2: *Illustration de la définition de la sous-différentielle.*

Cette condition, souvent appelée *inégalité des sous-gradients*, a une interprétation géométrique assez simple lorsque $\boldsymbol{x} \in \text{dom} f$: elle signifie que le graphe de la fonction affine $h(\boldsymbol{v}) = f(\boldsymbol{x}) + \langle \boldsymbol{g}_f, \boldsymbol{v} - \boldsymbol{x} \rangle$ est un hyperplan *non vertical* supportant l'ensemble convexe $\text{epi} f$ au point $(\boldsymbol{x}, f(\boldsymbol{x}))$. Ainsi, chaque sous-gradient $\boldsymbol{g}_f$ définit une linéarisation différente de f au point $\boldsymbol{x}$, notée $\bar{f}(\boldsymbol{v}\ ;\ \boldsymbol{g}_f)$ par la suite. Dans le cas C^1, cette approximation du premier ordre est unique et donnée par la formule de Taylor :

$$f(\boldsymbol{v}) = f(\boldsymbol{x}) + \langle \nabla f, \boldsymbol{v} - \boldsymbol{x} \rangle + o(\|\boldsymbol{v} - \boldsymbol{x}\|),$$

où $o(t)/t \to 0$ quand $t \to 0$. L'inégalité (A.5) où $\boldsymbol{g}_f = \nabla f$, caractérise alors en tout point $\boldsymbol{x}$ la convexité de f à partir de son gradient.

Dans le cas général, l'inégalité (A.5) montre qu'il peut exister plusieurs sous-gradients en un point donné. L'ensemble de ces vecteurs est décrit par la notion suivante.

Définition 6 L'ensemble des sous-gradients de f au point $\boldsymbol{x}$ s'appelle la *sous-différentielle* de f en $\boldsymbol{x}$, notée $\partial f(\boldsymbol{x})$.

Exemple 1 Soit $f(x) = |x|$, $n = 1$, et $x = 0$, alors (A.5) fournit $\partial f(0) = [-1, 1]$, et pour $n = 2$ (fonction module), on a $\partial f(0) = C(0, 1)$, le cercle de centre 0 et de rayon 1. Par ailleurs, la Figure A.2 illustre la définition de la sous-différentielle pour les deux fonctions $f(x) = |x|$ et $f(x) = \max\left(0, (x^2 - 1)/2\right)$.

Sans hypothèse spécifique sur f, $\partial f(\boldsymbol{x})$ peut être vide, contenir un seul vecteur $(\nabla f(\boldsymbol{x}))$, dans ce cas f est différentiable au point $\boldsymbol{x}$, ou un ensemble de plusieurs vecteurs : dans la suite, on se restreint aux deux dernières situations, compte tenu de la proposition suivante.

Proposition 2 [Shor, 1985, Th. 1.7]
Pour une fonction convexe f, la sous-différentielle $\partial f(\boldsymbol{x})$ en tout point $\boldsymbol{x} \in$ int(dom$f$) est un ensemble non vide, fermé, borné (donc compact) et convexe.

Le fait que $\partial f(\boldsymbol{x}) \neq \varnothing$ pour f convexe confère à f la propriété d'être *sous-différentiable*. Plus exactement, on a la définition suivante.

Définition 7 Soit $f : \mathbb{R}^n \to \mathbb{R}$, on dit que f est *sous-différentiable* en $\boldsymbol{x} \in \text{int}(\text{dom}f)$ lorsque $\partial f(\boldsymbol{x}) \neq \varnothing$, ou de manière équivalente si $f'(\boldsymbol{x}; \boldsymbol{v})$ existe pour tout $\boldsymbol{v} \in \mathbb{R}^n$. Une fonction *sous-différentiable* en tout point de l'intérieur de son domaine effectif est dite *sous-différentiable*.

Par exemple, il existe des fonctions convexes définies sur $\mathbb{R}^n$ qui ne sont pas sous-différentiables sur $\mathbb{R}^n$: celles pour qui $\text{dom}f \subsetneq \mathbb{R}^n$ comme

$$f(x) = \begin{cases} -\sqrt{1-|x|^2} & \text{si } |x| \leqslant 1 \\ +\infty & \text{sinon.} \end{cases}$$

Cette fonction est sous-différentiable (en fait différentiable) pour tout $|x| < 1$, mais $\partial f(x) = \varnothing$ quand $|x| \geqslant 1$.

Le résultat généralisant (A.4) à la classe des fonctions convexes sous-différentiables s'énonce alors de la manière suivante.

Théorème 1 [Bertsekas, 1995, Prop. B.24], [Shor, 1985, Th. 1.8]
Soit $f : \mathbb{R}^n \to \mathbb{R}$ *une fonction convexe, alors* f *est sous-différentiable et l'on a*

$$f'(\boldsymbol{x} \,;\, \boldsymbol{v}) = \max_{\boldsymbol{g}_f \in \partial f(\boldsymbol{x})} \langle \boldsymbol{g}_f, \boldsymbol{v} \rangle. \tag{A.6}$$

Preuve 1
Sans vouloir présenter la démonstration de cette égalité (par une inégalité double), il n'est pas difficile d'établir directement $f'(\boldsymbol{x} \,;\, \boldsymbol{v}) \geqslant \langle \boldsymbol{g}_f, \boldsymbol{v} \rangle$ pour $\boldsymbol{g}_f \in \partial f(\boldsymbol{x})$. Il suffit de considérer l'inégalité (A.5) et d'utiliser ensuite la Proposition 1 (croissance de $f'(\boldsymbol{x} \,;\, t\boldsymbol{v})$ en t) pour obtenir

$$\begin{aligned} \boldsymbol{g}_f \in \partial f(\boldsymbol{x}) \quad &\Longleftrightarrow \quad f'(\boldsymbol{x} \,;\, \boldsymbol{v}) \geqslant \langle \boldsymbol{g}_f, \boldsymbol{v} \rangle, \qquad \forall \boldsymbol{v} \in \mathbb{R}^n. \\ &\Longleftrightarrow \quad f'(\boldsymbol{x} \,;\, \boldsymbol{v}) \geqslant \max_{\boldsymbol{g}_f \in \partial f(\boldsymbol{x})} \langle \boldsymbol{g}_f, \boldsymbol{v} \rangle. \end{aligned}$$

L'autre sens de la preuve est plus technique et nous renvoyons à [Bertsekas, 1995, p. 597].

A.3.2.2 Caractérisation d'un minimiseur global

Il est possible d'énoncer des conditions nécessaires d'optimalité d'un point $\widehat{\boldsymbol{x}}$, à partir de la sous-différentielle ou de la dérivée directionelle unilatérale. Dans le cas d'une fonction convexe, ces conditions nécessaires s'avèrent aussi suffisantes (CNS), et généralisent ainsi la CNS de nulllité du gradient, pour une fonction convexe et C^1 [Bertsekas, 1995, Prop. 1.1.2].

Théorème 2 [Kiwiel, 1986b, Lemme 2.11]
Soit $f : \mathbb{R}^n \to \mathbb{R}$ *une fonction convexe. Alors,* $\widehat{\boldsymbol{x}} \in \text{dom}f$ *est un minimiseur global de* f *si et seulement si* $0 \in \partial f(\widehat{\boldsymbol{x}})$.

Preuve 2
En écrivant l'inégalité (A.5) pour le sous-gradient $\boldsymbol{g}_f = 0$, au point $\widehat{\boldsymbol{x}}$, on obtient exactement $f(\boldsymbol{v}) \geqslant f(\widehat{\boldsymbol{x}})$, pour tout $\boldsymbol{v} \in \mathbb{R}^n$, ce qui définit exactement $\widehat{\boldsymbol{x}}$ comme minimiseur global de f.

De façon équivalente, il existe un résultat de caractérisation de $\widehat{\boldsymbol{x}}$ à partir de la dérivée directionnelle unilatérale.

Théorème 3 [Yosida, 1971, p. 264]
Soit $f : \mathbb{R}^n \to \mathbb{R}$ une fonction convexe, alors $\widehat{\boldsymbol{x}} \in \mathrm{dom} f$ est un minimiseur global de f si et seulement si

$$f'(\boldsymbol{x}\ ;\ \boldsymbol{v}) \geqslant 0, \qquad \forall \boldsymbol{v} \in \mathbb{R}^n. \tag{A.7}$$

Preuve 3
si $\widehat{\boldsymbol{x}} \in \mathrm{dom} f$ est un minimiseur global de f alors $\forall t > 0$ et $\boldsymbol{v} \in \mathbb{R}^n$

$$f(\widehat{\boldsymbol{x}} + t\boldsymbol{v}) \geqslant f(\widehat{\boldsymbol{x}}),$$

soit de manière équivalente

$$\frac{f(\widehat{\boldsymbol{x}} + t\boldsymbol{v}) - f(\widehat{\boldsymbol{x}})}{t} \geqslant 0. \tag{A.8}$$

Supposons tout d'abord que $\widehat{\boldsymbol{x}} \in \mathrm{int}(\mathrm{dom} f)$. Puisque f est convexe, $f'(\boldsymbol{x}\ ;\ \boldsymbol{v})$ existe sur $\mathrm{int}(\mathrm{dom} f)$, si bien qu'en prenant la limite dans (A.8) lorsque $t \to 0$, on obtient (A.7). Si $\widehat{\boldsymbol{x}} \notin \mathrm{int}(\mathrm{dom} f)$, alors f atteint son minimiseur $\widehat{\boldsymbol{x}}$ en un point au bord de $\mathrm{dom} f$, et dans ce cas, f est discontinue en $\widehat{\boldsymbol{x}}$, c'est-à-dire que $f'(\boldsymbol{x}\ ;\ \boldsymbol{v}) = +\infty$, donc (A.7) est vérifiée.

Dans le cas général, c'est-à-dire sans l'hypothèse de convexité de f, un point $\widehat{\boldsymbol{x}}$ vérifiant $0 \in \partial f(\widehat{\boldsymbol{x}})$ est souvent référencé comme un point *critique* [Lemaréchal, 1980; Mine et Fukushima, 1981] ou *stationnaire* [Kiwiel, 1986b].

Pour mettre en œuvre la majorité des algorithmes présentés par la suite, il est important de pouvoir caractériser les directions de descente d'une fonction f en tout point $\boldsymbol{x} \in \mathrm{int}(\mathrm{dom} f)$.

A.3.2.3 Directions de descente

Les directions de descente d'une fonction convexe f peuvent être identifiées soit à partir de sa dérivée directionnelle unilatérale $f'(\boldsymbol{x}; \boldsymbol{v})$, soit à partir de sa sous-différentielle $\partial f(\boldsymbol{x})$.

Proposition 3 [Kiwiel, 1986b, Lemme 2.10]
Soit $f : \mathbb{R}^n \to \mathbb{R}$ une fonction convexe[4]*, $\boldsymbol{x} \in \mathrm{int}(\mathrm{dom} f)$, et $\boldsymbol{v} \in \mathbb{R}^n$ satisfaisant*

$$f'(\boldsymbol{x}; \boldsymbol{v}) < 0, \tag{A.9}$$

alors $\boldsymbol{v}$ est une direction de descente de f en $\boldsymbol{x}$.

Parmi l'ensemble des vecteurs $\boldsymbol{v} \in \mathbb{R}^n$ vérifiant (A.9), on distingue la *direction de descente de plus grande pente*, définie comme suit.

Définition 8 Soit $f : \mathbb{R}^n \to \mathbb{R}$ une fonction convexe. Une direction $\boldsymbol{v} \neq 0$, normalisée, $\|\boldsymbol{v}\| = 1$, est appelée direction de descente de plus grande pente en $\boldsymbol{x} \in \mathrm{int}(\mathrm{dom} f)$, si

$$f'(\boldsymbol{x}\ ;\ \boldsymbol{v}) = \min_{\|\boldsymbol{w}\|=1} f'(\boldsymbol{x}\ ;\ \boldsymbol{w}).$$

4. ce résultat est valable sous l'hypothèse plus faible : f localement lipschitzienne.

Dans le cas différentiable, puisque

$$f'(\boldsymbol{x}\ ;\ \boldsymbol{v}) = \langle \nabla f(\boldsymbol{x}), \boldsymbol{v} \rangle, \qquad \forall \boldsymbol{v},$$

on a d'après l'inégalité de Cauchy-Schwarz :

$$\min_{\|\boldsymbol{v}\|=1} f'(\boldsymbol{x}\ ;\ \boldsymbol{v}) = -\nabla f(\boldsymbol{x}).$$

On retrouve ainsi la justification des algorithmes de gradient qui procèdent dans la direction de plus grande pente, opposée à celle du gradient. Notons cependant dans le cas non différentiable qu'un sous-gradient quelconque ne définit pas nécessairement une direction de descente. Pour le voir, il suffit de considérer la linéarisation de f en $\boldsymbol{x}$:

$$\bar{f}(\boldsymbol{z}\ ;\ \boldsymbol{g}_f) = f(\boldsymbol{x}) + \langle \boldsymbol{g}_f, \boldsymbol{z} - \boldsymbol{x} \rangle. \tag{A.10}$$

En fixant $\boldsymbol{z} = \boldsymbol{x} + t\boldsymbol{v}$ où $\boldsymbol{v} = -\boldsymbol{g}_f(\boldsymbol{x})$ et $t > 0$, la relation (A.10) permet d'établir que $\bar{f}(\boldsymbol{z}\ ;\ \boldsymbol{g}_f) < f(\boldsymbol{x}) = \bar{f}(\boldsymbol{x}\ ;\ \boldsymbol{g}_f)$, c'est-à-dire que $\boldsymbol{v} = -\boldsymbol{g}_f(\boldsymbol{x})$ est une direction de descente pour $\bar{f}$ au point $\boldsymbol{x}$, mais pas nécessairement pour f. En effet, si $\boldsymbol{g}_f(\boldsymbol{x}) \neq 0$, alors $\boldsymbol{x}$ n'est pas un point stationnaire de f, et $\bar{f}(\boldsymbol{x} + t\boldsymbol{v}\ ;\ \boldsymbol{g}_f) = f(\boldsymbol{x}) - t\,\|\boldsymbol{g}_f(\boldsymbol{x})\|^2 < f(\boldsymbol{x})$, ce qui prouve qu'en $\boldsymbol{x}$, $\boldsymbol{v}$ est une direction de descente pour $\bar{f}$. Mais dans le cas non différentiable :

$$f(\boldsymbol{x} + t\boldsymbol{d}) \neq f(\boldsymbol{x}) + t\langle \boldsymbol{g}_f(\boldsymbol{x}), \boldsymbol{d} \rangle + o(t), \qquad \forall t > 0,$$

si bien que $f(\boldsymbol{x} + t\boldsymbol{v}) \neq \bar{f}(\boldsymbol{x} + t\boldsymbol{v}\ ;\ \boldsymbol{g}_f)$, et donc $\boldsymbol{v}$ ne définit pas nécessairement une direction de descente de f en $\boldsymbol{x}$.

Compte tenu de la relation (A.6), la direction de descente de plus grande pente peut aussi être caractérisée à partir de la sous-différentielle.

Proposition 4 [Shor, 1985, Th. 1.11]
Soit f convexe définie comme précédemment, et soit $\boldsymbol{x} \in \mathrm{int}(\mathrm{dom} f)$. Supposons que $0 \notin \partial f(\boldsymbol{x})$, et que $\boldsymbol{g}_f^*$, élément de $\partial f(\boldsymbol{x})$, soit le plus proche sous-gradient de l'origine, alors $\boldsymbol{g}_f^*$ est la direction de descente de plus grande pente de f en $\boldsymbol{x}$.

À partir des notions introduites dans cette section, nous décrivons maintenant les principes des algorithmes de sous-gradients.

A.4 Méthodes des sous-gradients

L'extension directe des méthodes de gradient est étudiée à travers la description de l'algorithme des *sous-gradients* [Shor, 1985], simple à mettre en œuvre mais lent à converger. La raison essentielle excluant cette famille d'algorithmes des méthodes de descente est explicitée.

Dans le cas sous-différentiable, la Proposition 4 montre que pour exploiter la direction de descente de plus grande pente au sein d'un algorithme de minimisation, il est nécessaire de rechercher le sous-gradient le plus proche de l'origine. Pour caractériser un tel sous-gradient, il peut s'avérer nécessaire de calculer toute la sous-différentielle. Cette étape augmente toutefois de façon prohibitive le coût de calcul, et rend l'algorithme de descente associé irréalisable en pratique [Bertsekas et Mitter, 1973]. C'est pourquoi les algorithmes de sous-gradients présentés dans cette section s'affranchissent de cette caractérisation, et se contentent de calculer une direction de déplacement qui n'est pas automatiquement une direction de descente.

A.4.1 Version standard : comment choisir la longueur du pas ?

Pour une fonction convexe $f : \mathbb{R}^n \to \mathbb{R}$, la méthode des sous-gradients est un algorithme qui génère une suite de points $\{\boldsymbol{x}_k\}_{k=0}^{\infty}$ selon la règle

$$\boldsymbol{x}_{k+1} = \boldsymbol{x}_k - \mu_{k+1}(\boldsymbol{x}_k)\, \boldsymbol{g}_f(\boldsymbol{x}_k) \tag{A.11}$$

où $\boldsymbol{x}_0$ est le point de départ, $\boldsymbol{g}_f(\boldsymbol{x}_k) \in \partial f(\boldsymbol{x}_k)$, et $\mu_{k+1}(\boldsymbol{x}_k)$ désigne le pas qui doit être choisi de façon à garantir la décroissance du critère à chaque itération. À première vue, la formule (A.11) ne diffère pas de (A.1) où $\boldsymbol{d}_k = -\nabla f(\boldsymbol{x}_k)$, surtout si l'on prend en compte le fait que $\boldsymbol{g}_f(\boldsymbol{x}_k)$ et $\nabla f(\boldsymbol{x}_k)$ coïncident presque partout, puisque f est convexe.

Compte tenu de (A.11), cette méthode sélectionne *a priori* comme direction de déplacement, celle opposée à un sous-gradient quelconque. Malheureusement, comme nous l'avons vu à la section précédente, un déplacement dans cette direction n'entraîne pas forcément une décroissance de f. Pour rendre l'algorithme convergent, il faut donc relâcher la condition de décroissance monotone du critère, c'est-à-dire que si le point généré par (A.11) est tel que $f(\boldsymbol{x}_{k+1}) > f(\boldsymbol{x}_k)$, alors on pose $\boldsymbol{x}_{k+1} = \boldsymbol{x}_k$, et on calcule un autre sous-gradient en $\boldsymbol{x}_k$ en espérant cette fois-ci qu'il génère une direction de descente [5]. Un tel algorithme ne définit donc pas à proprement parler une méthode de descente, et s'avère sous cette forme très lent à converger.

Une fois la direction sélectionnée, il reste à définir la longueur μ_{k+1} du déplacement pour générer $\boldsymbol{x}_{k+1}$ selon (A.11). Dans le cas C^1 (voir section A.2), deux règles de sélection du pas sont habituellement utilisées. La première consiste à choisir un pas constant : $\mu_{k+1} = \mu$ pour une constante $\mu > 0$ suffisamment petite. Dans le cas où la fonction f est seulement convexe, cette stratégie ne garantit pas la convergence de l'algorithme des sous-gradients vers le minimiseur $\widehat{\boldsymbol{x}}$, parce que f peut être non différentiable en ce point. Dans un tel cas, la suite $\{\boldsymbol{g}_f(x_k)\}_{k=0}^{\infty}$ ne tend pas nécessairement vers zéro, et alors $\widehat{\boldsymbol{x}}$ n'est pas le point fixe du schéma numérique (A.11).

La seconde règle pour choisir μ_{k+1} requiert une étape de minimisation de ligne. Ici, elle consiste à choisir à l'itération $k+1$ la solution d'un problème très voisin de (A.2) :

$$\mu_{k+1} = \arg\min_{\mu>0} f(\boldsymbol{x}_k - \mu\, \boldsymbol{g}_f(\boldsymbol{x}_k)). \tag{A.12}$$

Dans le cas non différentiable, cet algorithme peut converger vers un point de discontinuité du gradient qui n'est pas un minimiseur. Une telle situation se produit dans l'exemple de Wolfe [Wolfe, 1975], (voir aussi [Shor, 1985, p. 23]).

Pour récapituler, une méthode de sous-gradient avec les règles usuelles de choix du pas ne définit pas une méthode de descente lorsqu'on cherche à minimiser une fonction sous-différentiable. C'est pourquoi, nous étudions maintenant la règle de sélection du pas la plus simple, qui garantit la convergence de cet algorithme vers un minimiseur global $\widehat{\boldsymbol{x}}$ lorsque le critère est convexe.

A.4.2 Étude du « pas normalisé »

Pour comprendre les contraintes introduites ci-après sur la suite des pas $\{\mu_k\}_{k=0}^{\infty}$, nous examinons la situation d'un pas constant où chaque sous-gradient est normalisé :

$$\mu_{k+1}(\boldsymbol{x}_k) = \mu / \|\boldsymbol{g}_f(\boldsymbol{x}_k)\|, \qquad \mu > 0.$$

5. On sait d'après la Proposition 4 qu'il en existe au moins une.

Dans ce cas, Shor montre (voir [Shor, 1985, Th. 2.1]) que la décroissance de la distance du point courant $\boldsymbol{x}_k$ à l'ensemble des minima de f, noté $\mathcal{M}$, est garantie uniquement en dehors d'un certain voisinage de $\mathcal{M}$, dont la taille dépend de la valeur de μ. Par conséquent, pour obtenir la convergence vers un élément de $\mathcal{M}$, il est nécessaire de faire tendre la suite des pas μ_k vers zéro au cours des itérations. Néanmoins, cette réduction de la longueur du pas ne doit pas être trop rapide. En particulier, si la série $\sum_{k=1}^{\infty} \mu_k$ converge, la suite $\{\boldsymbol{x}_k\}_{k=0}^{\infty}$ n'a pas toujours pour limite un point appartenant pas à $\mathcal{M}$. Il est donc nécessaire d'imposer les conditions suivantes :

$$\mu_k > 0, \quad \lim_{k\to\infty} \mu_k = 0, \quad \sum_{k=1}^{\infty} \mu_k = +\infty. \tag{A.13}$$

Exemple 2 Un choix classique de μ_k consiste à prendre $\mu_k = 1/k$.

Shor montre alors le résultat de convergence suivant.

Théorème 4 [Shor, 1985, Th 2.2, p. 25]
Soit $f : S \subset \mathbb{R}^n \to \mathbb{R}$ une fonction convexe dont l'ensemble des minima $\mathcal{M}$ est borné, et soit une séquence $\{\mu_k\}_{k=1}^{\infty}$, satisfaisant (A.13). Alors pour toute initialisation $\boldsymbol{x}_0$, la séquence $\{\boldsymbol{x}_k\}_{k=0}^{\infty}$, générée selon

$$\boldsymbol{x}_{k+1} = \boldsymbol{x}_k - \mu_{k+1} \frac{\boldsymbol{g}_f(\boldsymbol{x}_k)}{\|\boldsymbol{g}_f(\boldsymbol{x}_k)\|} \tag{A.14}$$

a la propriété suivante : soit il existe un indice k^* tel que $\boldsymbol{x}_{k^*} \in \mathcal{M}$, soit

$$\lim_{k\to\infty} \min_{\boldsymbol{y}\in\mathcal{M}} \|\boldsymbol{x}_k - \boldsymbol{y}\| = 0 \text{ et } \lim_{k\to\infty} f(\boldsymbol{x}_k) = \min_{\boldsymbol{x}\in S} f(\boldsymbol{x}) = f^*. \tag{A.15}$$

En pratique, même quand la convergence théorique est assurée, cet algorithme peut être très lent à converger. En sus des raisons précédemment évoquées, la direction opposée au sous-gradient sélectionné peut être quasi perpendiculaire à celle définie par le point courant et le minimiseur $\widehat{\boldsymbol{x}}$. Dans le cas C^1, on connaît la même situation, baptisée phénomène de *zigzags*, que l'on sait résoudre de la manière suivante. Lorsqu'on détecte que la dernière direction de descente et le gradient au point courant forment un angle obtu (*i.e.*, $>$ 150 degrés) on génère une direction de descente qui est la bissectrice (correction de la bissectrice) ou la demi somme (correction de Vignes). La direction obtenue sera alors orientée dans la direction de la vallée plutôt que perpendiculairement à celle-ci (voir Figure A.1). La méthode des *sous-gradient dilatés* [Shor, 1985, Chap. 3] correspond à une certaine mise en œuvre de cette idée, même si l'on ne peut garantir une progression dans la direction du minimiseur. Il s'agit en tout cas de se diriger davantage vers ce point en choisissant une direction $\boldsymbol{d}_k$ qui n'est pas nécessairement un sous-gradient. D'autres algorithmes (*r-algorithm*) reprenant ces idées ont été proposés par [Camerini et al., 1975].

Après cet exposé des principes de base de la méthode des sous-gradients, nous n'avons pas cherché à dresser une liste exhaustive des variantes existantes de cet algorithme pour les raisons suivantes. Tout d'abord, certaines des méthodes non présentées ici sont moins génériques, au sens où elles ne s'appliquent qu'à certains types de critères [Shor, 1985, pp. 30–40]. De plus, même si certains raffinements conduisent à une convergence plus rapide en nombre d'itérations, il n'en va pas forcément de même en termes de temps de calcul : tout dépend du coût de calcul par itération.

Notons enfin que cette classe d'algorithmes ne fournit aucun critère d'arrêt judicieux : si dans le cas C^1, $\|\nabla f(\boldsymbol{x}_k)\| \longrightarrow \|\nabla f(\widehat{\boldsymbol{x}})\| = 0$ lorsque $\{\boldsymbol{x}_k\} \longrightarrow \widehat{\boldsymbol{x}}$, on ne peut évidemment pas tirer la même conclusion dans le cas sous-différentiables, puisque $\|\boldsymbol{g}_f(\boldsymbol{x}_k)\|$ ne tend pas vers zéro si $\widehat{\boldsymbol{x}}$ correspond à un point de discontinuité de ∇f.

Nous évoquons maintenant très succinctement le principe de quelques méthodes de descente (ε sous-gradients [Bertsekas et Mitter, 1973], sous-gradients conjugués [Wolfe, 1975; Lemarechal, 1975], *bundle method* [Lemaréchal, 1980; Kiwiel, 1986b]).

A.5 Algorithmes de descentes

La différence majeure entre une méthode de descente et un algorithme de sous-gradient est constituée par la résolution à chaque itération d'un sous problème d'optimisation fournissant une direction de descente. Dans plusieurs algorithmes de descente [Bertsekas, 1975; Wolfe, 1975; Lemarechal, 1975; Lemaréchal, 1980; Kiwiel, 1986a], cela consiste à résoudre un problème de programmation quadratique, c'est-à-dire à minimiser une fonction de coût quadratique sous des contraintes convexes. L'ensemble des contraintes définit en fait une approximation par défaut [6] de la sous-différentielle au point courant. Les principaux algorithmes de base (*sous-gradients conjugués* [Wolfe, 1975; Lemarechal, 1975], *bundle method* [Lemaréchal, 1980], sous-gradients agrégés [Kiwiel, 1986b], *linéarisations partielles* [Mine et Fukushima, 1981; Kiwiel, 1986a; Patriksson, 1993]) diffèrent au niveau du calcul de cette approximation. Il est clair que cette étape nécessite un coût par itération bien plus élevé que le choix d'un sous-gradient quelconque. En contrepartie, ces algorithmes convergent en beaucoup moins d'itérations qu'une méthode de sous-gradients.

Des distinctions entre ces méthodes de descente apparaissent aussi au niveau de l'étape de sélection du pas *i.e.,* de la *minimisation de ligne*. La convergence de certains algorithmes n'est garantie que lorsque cette minimisation de ligne est exacte [Mine et Fukushima, 1981] alors que d'autres peuvent se contenter d'une minimisation approchée [Kiwiel, 1986a; Patriksson, 1993] [7].

Une étude plus fine de ces algorithmes dépasse largement le cadre de ce manuscrit, d'autant que nous ne les avons pas implanté. Le lecteur intéressé pourra toutefois consulter l'ouvrage de synthèse récent [Patriksson, 1999], qui présente dans un cadre unificateur (« cost approximation framework »), un grand nombre de ces méthodes.

Le reste de ce chapitre est consacré à une classe d'algorithmes bien connus des traiteurs de signaux [Alliney, 1992; Alliney et Ruzinsky, 1994] et d'images [Bouman et Sauer, 1996; Brette et Idier, 1996; Carfantan et al., 1997], à savoir les méthodes de descente coordonnée par coordonnée [Bertsekas, 1995], encore appelées *méthodes de relaxation* [8]. Contrairement aux algorithmes de *descente globale* précédemment évoqués, ces techniques considèrent comme directions de descente successives les axes du système de coordonnées, pris dans un ordre arbitraire.

6. *i.e.,* incluse dans la sous-différentielle.
7. en utilisant par exemple une règle de sélection du pas de type Armijo modifiée [Armijo, 1966].
8. ou Single Site Update Algorithms en anglais.

A.6 Méthodes de relaxation

L'idée essentielle des méthodes de relaxation est de ramener, par un procédé itératif, la résolution de problèmes de grande dimension (se posant dans un espace produit $V = \prod_{i=1}^{K} V_i$), à la résolution d'une suite de sous-problèmes de même nature mais plus simples. Chaque problème élémentaire est résolu dans l'espace V_i s'il est non contraint, ou dans un sous-ensemble convexe non vide de V_i sinon. Dans la suite, on ne traite que des méthodes sans contrainte et l'on se place dans $V = \mathbb{R}^Q$. Parmi ces techniques, on distingue la version *ponctuelle* ($V_i = \mathbb{R}$, $K = Q$) des versions *par blocs*, qui sont en fait des extensions *multivariées* ($V_i = \mathbb{R}^M$, $K \times M = Q$ avec $M \geqslant 2$).

A.6.1 Méthode de relaxation ponctuelle

Nous rappelons tout d'abord comment opère une méthode de *relaxation ponctuelle* pour minimiser un critère $\mathcal{J}$, vérifiant les hypothèses suivantes

$$- \mathcal{J} : \mathbb{R}^Q \to \mathbb{R} \text{ est de classe } C^1, \tag{A.16a}$$

$$- \mathcal{J} \text{ est strictement convexe} \tag{A.16b}$$

$$- \mathcal{J} \text{ est coercif, } \textit{i.e.}, \lim_{\|\boldsymbol{x}\| \to \infty} \mathcal{J}(\boldsymbol{x}) = +\infty, \tag{A.16c}$$

qui garantissent l'existence d'un unique minimiseur de $\mathcal{J}$ défini par

$$\widehat{\boldsymbol{x}} = \arg\min_{\boldsymbol{x} \in \mathbb{R}^Q} \mathcal{J}(\boldsymbol{x}), \tag{A.17}$$

L'algorithme de relaxation *ponctuelle* procède par minimisation variable par variable : partant de $\boldsymbol{x}^0 = \left\{x_1^0, \ldots, x_Q^0\right\}$ et supposant $\boldsymbol{x}^n$ connu, on détermine x_i^{n+1}, solution de

$$\mathcal{J}(x_1^{n+1}, \ldots, x_{i-1}^{n+1}, x_i^{n+1}, \ldots, x_Q^n) \leqslant \mathcal{J}(x_1^{n+1}, \ldots, x_{i-1}^{n+1}, t_i, \ldots, x_Q^n), \quad \forall t_i \in \mathbb{R} \tag{A.18}$$

En résolvant le problème élémentaire (A.18) pour $i = 1, 2, \ldots, Q$ [9], on obtient ainsi $\boldsymbol{x}^{n+1}$.

En supposant vérifiées les conditions (A.16) par la fonctionnelle à minimiser $\mathcal{J}$, l'algorithme de relaxation ponctuelle converge vers $\widehat{\boldsymbol{x}}$ [Bertsekas, 1995, Chap. 1]. Lorsque (A.16a) n'est pas satisfaite, un tel algorithme peut rester bloquer sur un point de non différentiabilité de $\mathcal{J}$, différent de $\widehat{\boldsymbol{x}}$, comme l'illustre l'exemple suivant extrait de Glowinski et coll. [Glowinski et al., 1976, p. 73].

Exemple 3 Soit le critère à minimiser $\mathcal{J}(x_1, x_2) = x_1^2 + x_2^2 - 2(x_1 + x_2) + 2\,|x_1 - x_2|$. À partir d'une initialisation $\boldsymbol{x}^0 = \{x_1^0, x_2^0\}$ vérifiant $x_2^0 > 2$, une itération complète dans l'ordre lexicographique (x_1 puis x_2), de la méthode de relaxation conduit au point $\boldsymbol{x}^1 = \{2, 2\}$, comme l'illustre la Figure A.3. Toute itération supplémentaire donne $\boldsymbol{x}^n = \boldsymbol{x}^1$, $\forall n > 1$. De même, pour $\boldsymbol{x}^0 = \{x_1^0, x_2^0\}$ vérifiant $x_2^0 < 0$, on atteint le point de blocage $\widetilde{\boldsymbol{x}}^1 = \{0, 0\}$ en une itération. Par conséquent, $\boldsymbol{x}^1$ et $\widetilde{\boldsymbol{x}}^1$ sont des points fixes de l'algorithme, différents du minimiseur global $\widehat{\boldsymbol{x}} = \{1, 1\}$ de $\mathcal{J}$. Comme le montre la Figure A.3, le critère $\mathcal{J}$ est non différentiable en $\boldsymbol{x}^1$ et $\widetilde{\boldsymbol{x}}^1$, puisqu'ils appartiennent à la droite $x_1 = x_2$ sur laquelle $|x_1 - x_2|$ s'annule.

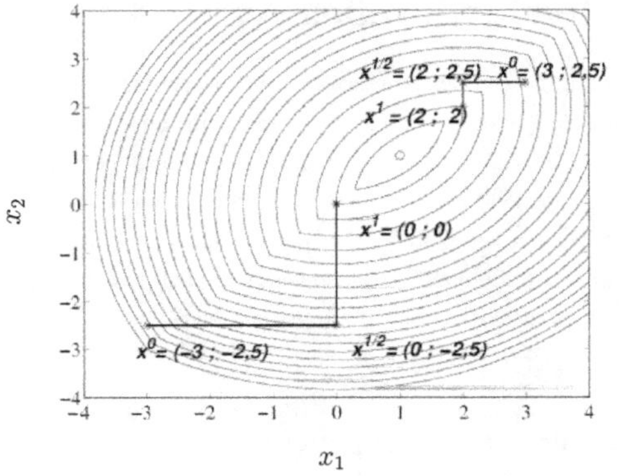

Figure A.3: *Contours de $\mathcal{J}(x_1, x_2)$ défini à L'Ex. 3 ; illustration du blocage de l'algorithme de relaxation ponctuelle en $\boldsymbol{x}^1$ et $\widetilde{\boldsymbol{x}}^1$, points de non différentiabilité de $\mathcal{J}$.*

Cependant, Glowinski et coll. [Glowinski et al., 1976, p73] démontrent un résultat positif pour la classe de critères de la forme

$$\mathcal{J}(\boldsymbol{x}) = \mathcal{J}_0(\boldsymbol{x}) + \sum_{i=1}^{Q} \alpha_i \, |x_i| \, , \qquad \alpha_i \geq 0, \tag{A.19}$$

$\mathcal{J}_0$ vérifie (A.16).

Théorème 5 Pour $\mathcal{J}$ défini par (A.19), l'algorithme de relaxation ponctuelle (A.18) converge vers $\widehat{\boldsymbol{x}}$ défini par (A.17).

Remarquons que si l'un des paramètres α_i est nul, alors minimiser $\mathcal{J}$ par rapport à x_i équivaut à résoudre (A.18) pour $\mathcal{J}_0$. Puisque ce critère vérifie (A.16), la convergence est toujours garantie dans ce cas. Si tous les α_i sont nuls, $\mathcal{J} = \mathcal{J}_0$, et l'algorithme converge compte tenu des propriété de $\mathcal{J}_0$.

Le paragraphe qui suit, donne une extension de ce résultat proposée par Céa et Glowinski dans [Cea et Glowinski, 1973], qui concerne la méthode de relaxation par blocs.

A.6.2 Méthode de relaxation par blocs

Rappelons tout d'abord le principe de cette méthode d'optimisation. Supposons toujours que $\mathcal{J}$ vérifie (A.16). L'algorithme de relaxation par *blocs* procède à la minimisation de plusieurs variables simultanément : partant de $\boldsymbol{x}^0 = \{x_1^0, x_2^0, \ldots, x_K^0\}$ où $x_i \in \mathbb{R}^M$, $M \geqslant 2$ tel que $K \times M = Q$, et supposant $\boldsymbol{x}^n$ connu, on détermine x_i^{n+1}, solution de

$$\mathcal{J}(x_1^{n+1}, \ldots, x_{i-1}^{n+1}, x_i^{n+1}, \ldots, x_K^n) \leqslant \mathcal{J}(x_1^{n+1}, \ldots, x_{i-1}^{n+1}, t_i, \ldots, x_K^n), \; \forall t_i \in \mathbb{R}^M \tag{A.20}$$

9. ou dans un ordre aléatoire.

En résolvant le problème élémentaire (A.20) pour $i = 1, 2, \ldots, K$, on obtient ainsi $\boldsymbol{x}^{n+1}$.

Remarque 1 Faisons l'hypothèse par exemple que la version ponctuelle ait pour vitesse de convergence asymptotique βQ^α, où Q désigne le nombre d'inconnues scalaires réelles, $\alpha \geqslant 1$ le taux ($\alpha = 1$: taux linéaire, $\alpha = 2$: taux quadratique), et $\beta > 0$ le coût de calcul pour résoudre le problème (A.18), alors la version par blocs converge en $\gamma K^\alpha = \gamma(Q/M)^\alpha$, où $\gamma > 0$ désigne le coût de calcul pour résoudre (A.20). Par conséquent, la version par blocs converge plus vite que l'alternative ponctuelle *si et seulement si* $\gamma < \beta M^\alpha$.

Pour ce qui concerne les fonctionnelles strictement convexes et non différentiables, Céa et Glowinski [Cea et Glowinski, 1973, § 2] démontrent le résultat de convergence suivant [10].

Théorème 6 Soit $\mathcal{J} : \mathbb{R}^Q \to \mathbb{R}$ *la fonctionnelle à minimiser, qui vérifie les hypothèses suivantes :*

$$\begin{array}{rcl} \mathcal{J} & = & \mathcal{J}_0 + \mathcal{J}_1, \\ \mathcal{J}_0 & & \textit{vérifie (A.16)}, \\ \mathcal{J}_1(\boldsymbol{x}) & = & \sum_{i=1}^{K} \alpha_i J_{1,i}(x_i), \quad \alpha_i \geqslant 0, \quad \forall i \in \{1, 2, \ldots, K\}, \\ J_{1,i} & : & \mathbb{R}^M \to \mathbb{R}_+ \textit{ est continue, convexe, } \forall i \in \{1, 2, \ldots, K\}. \end{array} \tag{A.21}$$

Alors, l'algorithme de relaxation par blocs (A.20) converge vers $\widehat{\boldsymbol{x}}$, *défini par (A.17).*

Dans la suite, nous discutons de l'application de ces méthodes à la minimisation de critères *markoviens* strictement convexes mais non différentiables en zéro. Une méthode par blocs est proposée et sa convergence est discutée. Les étapes de l'implémentation pour estimer des spectres réguliers sont détaillées. Dans sa version élémentaire, cet algorithme permet aussi d'estimer des spectres de raies. Des simulations comparent les performances numériques de l'algorithme avec celles d'une stratégie de *Non Différentiabilité Graduelle*, utilisée au chapitre II, dans les cas séparable et markovien.

A.7 Relaxation en estimation spectrale markovienne

A.7.1 Position du problème

Nous rappelons brièvement la forme du critère à minimiser pour l'estimation de spectres réguliers :

$$\begin{array}{rrcl} & \mathcal{J} & = & \mathcal{Q} + \lambda \mathcal{R}, \\ \text{avec} & \mathcal{Q}(\boldsymbol{x}) & = & \|\boldsymbol{y} - W_{NP}\boldsymbol{x}\|^2, \end{array} \tag{A.22}$$

$\boldsymbol{y} \in \mathbb{C}^N$ le vecteur des données, $\boldsymbol{x} \in \mathbb{C}^P$ le vecteur des amplitudes spectrales inconnues ($P \gg N$), reliées aux observées par l'opérateur de Fourier rectangulaire $W_{NP} = [w_0^{np}]$, où $w_0 = \exp(2j\pi/P)$, $n \in \mathbb{N}_N$ et $p \in \mathbb{N}_P$ si $\mathbb{N}_T = \{0, 1, \ldots, T-1\}$.

10. La démonstration présentée dans [Cea et Glowinski, 1973] traite également du cas contraint.

Pour la restauration de composantes spectrales étalées, nous avons mis en évidence au chapitre II qu'une pénalisation *markovienne circulaire*, est bien adaptée :

$$\mathcal{R}(\boldsymbol{x}) = \frac{1}{2}\sum_{p=0}^{P-1} l(x_p, x_{p+1}), \tag{A.23}$$

$$l(x_p, x_{p+1}) = R_2(\rho_p) + R_2(\rho_{p+1}) + 2\mu R_1(\rho_{p+1} - \rho_p). \tag{A.24}$$

Nous avons établi (voir Corollaire 1, page 42) des conditions suffisantes de convexité stricte de $\mathcal{R}$. Nous choisissons donc ici une fonction $R_2 : \mathbb{R}_+ \to \mathbb{R}$ strictement convexe et croissante sur $\mathbb{R}_+$, une fonction $R_1 : \mathbb{R} \to \mathbb{R}$ paire et convexe, et un paramètre $0 < \mu \leqslant \mu_{\text{sup}} = R_2'(0^+)/2R_1'(\infty)$, réglant la dose de douceur spectrale. Pour pouvoir choisir $\mu > 0$, il suffit que $R_2'(0^+) \neq 0$ c'est-à-dire que R_2 en tant que fonction de x_p soit non différentiable en zéro.

De plus, quelle que soit la méthode de relaxation retenue dans la suite, nous choisissons

$$R_2(\rho_p) = \rho_p + \lambda' R_0(\rho_p) \quad \forall p \in \mathbb{N}_P, \tag{A.25}$$

où $\lambda' > 0$, et R_0 est la fonction potentiel, strictement convexe, de classe C^1, définissant la pénalisation $\mathcal{R}_{\text{L}}$ (voir (II.10), page 40). Nous justifions ce choix de R_2 au paragraphe A.7.3. En pratique on peut choisir $\lambda' \approx 0$ de sorte que la part de R_0 dans $\mathcal{R}$ est négligeable. La Figure A.4 montre l'influence des paramètres λ' et τ_0 sur la valeur du potentiel R_2. En pratique, nous avons retenu la forme associée à $(\lambda' ; \tau_0) = (0,01 ; 5)$.

Dans la suite, nous commençons par identifier le schéma algorithmique (ponctuel ou par blocs) le plus performant pour minimiser (A.22). Puis, nous étudions sa convergence, et donnons les détails de son implémentation.

A.7.2 Relaxation ponctuelle ou par blocs ?

Afin d'analyser quelle méthode de relaxation est la mieux adaptée pour optimiser le critère (A.22), nous réécrivons $\mathcal{J}$ comme une fonction d'une seule amplitude spectrale complexe x_p, les autres étant supposées constantes. Pour ce faire, on note

$$\begin{aligned}
\boldsymbol{x}_{-p} &= [x_0, \ldots, x_{p-1}, 0, x_{p+1}, \ldots, x_{P-1}]^{\text{t}}, \\
\overline{\boldsymbol{y}} &= \boldsymbol{y} - W_{NP}\boldsymbol{x}, \\
\overline{\boldsymbol{y}}_{-p} &= \boldsymbol{y} - W_{NP}\boldsymbol{x}_{-p},
\end{aligned}$$

Alors, le terme d'adéquation aux données $\mathcal{Q}$ s'écrit :

$$\begin{aligned}
\mathcal{Q}(x_p ; \boldsymbol{x}_{-p}) &= \|\overline{\boldsymbol{y}}\|^2 \\
&= \left\|\overline{\boldsymbol{y}}_{-p} - \boldsymbol{w}_p x_p\right\|^2 \\
&= \|\boldsymbol{w}_p\|^2 |x_p|^2 + \left\|\overline{\boldsymbol{y}}_{-p}\right\|^2 - 2\Re(\boldsymbol{w}_p^\dagger \overline{\boldsymbol{y}}_{-p} x_p^*),
\end{aligned} \tag{A.26}$$

où $\boldsymbol{w}_p = \left[1, w_0^{(p-1)}, w_0^{2(p-1)}, \ldots, w_0^{(N-1)(p-1)}\right]^{\text{t}}$, « * » la conjugaison complexe, et « † » la transconjugaison. Comme attendu, l'expression (A.26) est un polynôme du deuxième degré en la variable x_p, et se simplifie en

$$\mathcal{Q}(x_p ; \boldsymbol{x}_{-p}) = N\rho_p^2 - 2\Re(b_p^* x_p) + \left\|\overline{\boldsymbol{y}}_{-p}\right\|^2,$$

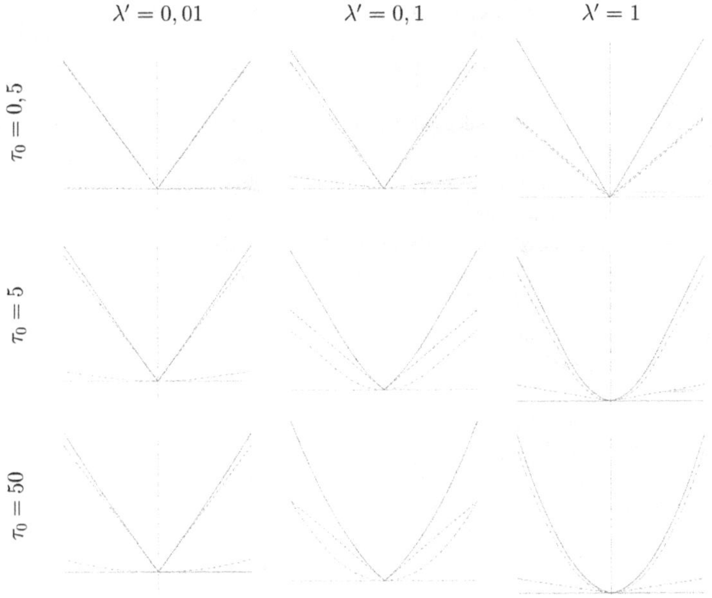

Figure A.4: *Choix de R_2. En pointillés, la partie $|.|$ (i.e., L_1) de R_2 ; en trait mixte, la partie L_{21} correspondant à la fonction de Huber φ_{τ_0}, et en trait plein le potentiel R_2.*

où $b_p = \boldsymbol{w}_p^\dagger \overline{\boldsymbol{y}}_{-p} = b_p^{\mathrm{r}} + j b_p^{\mathrm{i}}$.

Le terme de régularisation $\mathcal{R}$, en tant que fonction de x_p, fait intervenir la contribution séparabale $R_2(\rho_p)$ et les énergies markoviennes $R_1(\rho_p - \rho_{p-1})$ et $R_1(\rho_{p+1} - \rho_p)$. Si l'on note $r_p = \Re(x_p)$, $\imath_p = \Im(x_p)$, et C est une constante qui rassemble les termes indépendants de x_p, provenant aussi bien de $\mathcal{Q}$ que de $\mathcal{R}$, le critère global $\mathcal{J}$ vaut :

$$\begin{aligned} \mathcal{J}(x_p \,;\, \boldsymbol{x}_{-p}) &= N\rho_p^2 - 2\big(b_p^{\mathrm{r}} r_p + b_p^{\mathrm{i}} \imath_p\big) \\ &+ \lambda\Big(R_2(\rho_p) + \mu\big(R_1(\rho_p - \rho_{p-1}) + R_1(\rho_{p+1} - \rho_p)\big)\Big) + C, \end{aligned} \tag{A.27}$$

où .

Pour déterminer le minimiseur de (A.27), noté $\widehat{x}_p$, une première stratégie consiste à déterminer

$$(\widehat{r}_p, \widehat{\imath}_p) = \underset{(t_1, t_2) \in \mathbb{R}^2}{\arg\min}\ \mathcal{J}\big(t_1 + j t_2 \,;\, \boldsymbol{x}_{-p}\big).$$

Puisque $\mathcal{R}$ dépend de $\rho_p = (r_p^2 + \imath_p^2)^{1/2}$, les variables r_p et $\imath_p$ sont couplées dans les termes de régularisation markovien $R_1(\cdot)$. Ainsi, $\widehat{r}_p$ (resp. $\widehat{\imath}_p$) est une fonction de $\imath_p$ (resp. r_p). Une possibilité pour faire décroître $\mathcal{J}$ consiste donc, après calcul d'un minimiseur scalaire réel, par exemple

$$\widehat{r}_p = \underset{t \in \mathbb{R}}{\arg\min}\ \mathcal{J}\big(t + j \imath_p \,;\, \boldsymbol{x}_{-p}\big), \tag{A.28}$$

à injecter son expression dans (A.27) pour ensuite déterminer le second :

$$\widehat{\imath}_p = \arg\min_{t\in\mathbb{R}} \mathcal{J}\big(\widehat{r}_p + jt\ ;\ \boldsymbol{x}_{-p}\big). \tag{A.29}$$

Autrement dit, à cause de l'interdépendance entre r_p et $\imath_p$, deux balayages successifs tels que (A.28)–(A.29) ne conduisent pas au *bloc optimal* $\widehat{x}_p$, puisqu'ils ne résolvent pas le problème (A.20). Cette constatation mène donc à la conclusion suivante : une méthode de relaxation par blocs (chaque bloc étant un nombre complexe x_p) n'est pas envisageable avec la décomposition en partie réelle et partie imaginaire. En d'autres termes, *seule une méthode de relaxation ponctuelle procédant sur r_p puis sur $\imath_p$ pour tout $p \in \mathbb{N}_P$ (au total $2P$ variables) est susceptible d'atteindre* $\widehat{\boldsymbol{x}}$.

En exploitant la décomposition de x_p en module et phase, $x_p = \rho_p \exp(j\theta_p)$, l'expression (A.27) a pour équivalent

$$\begin{aligned}\mathcal{J}\left(x_p\ ;\ \boldsymbol{x}_{-p}\right) &= N\rho_p^2 - 2\big(b_p^{\mathrm{r}}\cos\theta_p + b_p^{\mathrm{i}}\sin\theta_p\big)\rho_p \\ &+ \lambda\Big(R_2(\rho_p) + \mu\big(R_1(\rho_p - \rho_{p-1}) + R_1(\rho_{p+1} - \rho_p)\big)\Big) + C. \end{aligned} \tag{A.30}$$

Puisque $\mathcal{R}$ est seulement fonction des modules, la détermination de

$$(\widehat{\rho}_p,\, \widehat{\theta}_p) = \arg\min_{(\rho,\,\theta)\in\mathbb{R}_+\times[0,\,2\pi[} \mathcal{J}\big(\rho\exp(j\theta)\ ;\ \boldsymbol{x}_{-p}\big), \tag{A.31}$$

se sépare en deux sous-problèmes plus simples. Tout d'abord, la phase optimale est donnée de indépendamment de ρ_p par :

$$\widehat{\theta}_p = \begin{cases} \operatorname{sgn}\left(b_p^{\mathrm{i}}\right)\frac{\pi}{2} & [\pi] \quad \text{si } b_p^{\mathrm{r}} = 0 \\ \arctan\frac{b_p^{\mathrm{i}}}{b_p^{\mathrm{r}}} + \epsilon\,\pi & [\pi] \quad \text{sinon,} \end{cases} \tag{A.32}$$

où $\epsilon = 0$ ou 1 (une valeur correspond à un minimiseur, l'autre à un maximum). Puisqu'il y a une indétermination à π près du minimiseur $\widehat{\theta}_p$, la seconde étape de (A.31) consiste à déterminer le module *signé* de x_p, noté $\widehat{m}_p$, et solution de

$$\widehat{m}_p = \arg\min_{m\in\mathbb{R}} \mathcal{J}\big(m\exp(j\widehat{\theta}_p)\ ;\ \boldsymbol{x}_{-p}\big). \tag{A.33}$$

Par conséquent, (A.32)-(A.33) définissent $\widehat{x}_p$, solution de (A.20), si bien qu'un algorithme de relaxation par blocs peut être mis en œuvre pour la décomposition en module et phase.

En pratique, vaut-il mieux choisir la méthode ponctuelle sur $(r_p,\, \imath_p)$ ou l'alternative par blocs sur $(m_p,\, \theta_p)$?

Compte tenu du calcul immédiat de $\widehat{\theta}_p$, il est plus intéressant de retenir la version par blocs si $\gamma < 2\beta$ où γ est le coût de la résolution de (A.33) et β celui de (A.28) (supposé identique à celui de (A.29)). En choisissant pour R_0 et R_1, les fonctions de Huber [Huber, 1981], notées ϕ_{τ_0} et ϕ_{τ_1}, où ϕ_τ ($\tau > 0$) est définie par

$$\varphi_\tau(\rho) = \begin{cases} \rho^2 & \text{si} \quad \rho < \tau, \\ 2\rho\tau - \tau^2 & \text{sinon,} \end{cases}$$

on montre que le calcul de $\widehat{r}_p$ ou $\widehat{\imath}_p$ nécessite la résolution d'une équation du quatrième degré. En revanche, la détermination de $\widehat{m}_p$ est effectuée en minimisant un critère quadratique par morceaux (chaque morceau est fonction des seuils τ_0 et τ_1). Par conséquent, on a $\gamma < \beta$, si bien que la méthode par blocs converge plus vite, à condition qu'elle converge. Dans la suite, nous discutons de la convergence théorique de l'algorithme de relaxation par blocs exploitant la décomposition en module et phase puis nous détaillons son implémentation.

A.7.3 Convergence de l'algorithme

Tout d'abord, notons que le vecteur $\boldsymbol{x}$ recherché est complexe si bien que pour appliquer le Théorème 6, on pose $n = 2P$, $K = 2$ (un bloc est défini par un nombre complexe) et

$$\begin{aligned} \mathcal{J}_0(\boldsymbol{x}) &= \|\overline{\boldsymbol{y}}\|^2 + \lambda' \mathcal{R}_{\mathrm{L}}(\boldsymbol{x}), \\ \mathcal{J}_1(\boldsymbol{x}) &= \lambda \sum_{p=0}^{P-1} \left(\rho_p + \mu R_1(\rho_{p+1} - \rho_p)\right). \end{aligned} \tag{A.34}$$

où $\mathcal{R}_{\mathrm{L}}$ est le terme de régularisation *circulaire séparable* défini à partir de R_0 (voir (II.10), page 40). Ce découpage du critère $\mathcal{J}$ induit les remarques suivantes. Tout d'abord, la stricte convexité de la partie différentiable $\mathcal{J}_0$ est assurée grâce à l'apport de $\mathcal{R}_{\mathrm{L}}$. Ensuite, la partie non différentiable définie par (A.34) n'est pas de la forme de (A.21) puisqu'elle n'est pas *séparable* : elle est effectivement *markovienne*, autrement dit les variables blocs sont connectées. Pour obtenir un terme $\mathcal{J}_1$ séparable, il suffit de choisir $\mathcal{J}_0$ de la façon suivante :

$$\mathcal{J}_0(\boldsymbol{x}) = \|\overline{\boldsymbol{y}}\|^2 + \lambda' \mathcal{R}_{\mathrm{L}}(\boldsymbol{x}) + \lambda\mu \sum_{p=0}^{P-1} R_1(\rho_{p+1} - \rho_p),$$

mais dans ce cas $\mathcal{J}_0$ n'est pas nécessairement convexe, donc ne vérifie pas (A.16).

De plus, pour $\mathcal{J}_1$ défini par (A.34), on ne peut obtenir un critère séparable, même en regroupant au sein d'un même bloc deux amplitudes spectrales adjacentes ($K = 4$). En effet, une variable est toujours commune à deux blocs adjacents. Par conséquent, nous avons conservé le découpage (A.34), et tenté de démontrer un résultat de convergence, où $\mathcal{J}_1$ vérifie les hypothèses suivantes :

$$\begin{aligned} \mathcal{J}_1(\boldsymbol{x}) &= \sum_{i=1}^{K} J_1(x_i, x_{i+1}), \quad x_{K+1} = x_1, \quad \alpha_i > 0, \quad \forall i \in \{1, 2, \ldots, K\}, \\ J_1 &: \mathbb{R}_+^{2M} \to \mathbb{R}_+ \text{ est continue, convexe, croissante coordonnée par coordonnée.} \\ J_1 &\text{ symétrique } : J_1(x_i, x_{i+1}) = J_1(x_{i+1}, x_i). \end{aligned} \tag{A.35}$$

Remarque 2 Sans entrer dans les détails, la démonstration du Théorème 6 tient en trois points : 1) décroissance de la suite $\{\mathcal{J}(\boldsymbol{x}^n)\}_n$, 2) $\{\boldsymbol{x}^n\}_n$ est de Cauchy, et 3) $\{\mathcal{J}(\boldsymbol{x}^n)\}_n$ converge vers la bonne valeur d'adhérence $\mathcal{J}(\widehat{\boldsymbol{x}})$. En l'état actuel, avec les hypothèses (A.35) portant sur $\mathcal{J}_1$, nous sommes capables d'établir les points 1) et 2), mais le point 3) n'est pas démontré. Toutefois, au vu de la démonstration, il semble bien que l'hypothèse de croissance coordonnée par coordonnée soit nécessaire pour obtenir le résultat.

Pour pouvoir détailler les différentes étapes de l'algorithme, nous étudions la forme du critère $\mathcal{J}(m\exp(j\widehat{\theta}_p))$, défini par (A.30), qui diffère suivant les valeurs τ_0 et τ_1 des seuils des fonctions de Huber R_0 et R_1. En effet, cette étape va permettre de simplifier la phase d'optimisation par rapport au module signé de x_p.

A.7.4 Critère univarié quadratique par morceaux

L'expression (A.30) suscite quelques remarques quant à la détermination de $\widehat{m}_p$. Selon les valeurs de $\rho_p - \rho_{p-1}$ et de $\rho_{p+1} - \rho_p$ par rapport à τ_1, la valeur du potentiel R_1 va différer sivant que ρ_p appartienne aux zones suivantes :

$$
\begin{aligned}
L_1^-(\rho_{p-1}) = \left]-\infty,\, \rho_{p-1}-\tau_1\right[,\quad L_2(\rho_{p-1}) = \left[\rho_{p-1}-\tau_1,\, \rho_{p-1}+\tau_1\right],\quad L_1^+(\rho_{p-1}) = \left]\rho_{p-1}+\tau_1,\, +\infty\right[,\\
L_1^-(\rho_{p+1}) = \left]-\infty,\, \rho_{p+1}-\tau_1\right[,\quad L_2(\rho_{p+1}) = \left[\rho_{p+1}-\tau_1,\, \rho_{p+1}+\tau_1\right],\quad L_1^+(\rho_{p+1}) = \left]\rho_{p+1}+\tau_1,\, +\infty\right[.
\end{aligned} \tag{A.36}
$$

Cette remarque est également valable pour la fonction R_0, dont le comportement varie en fonction du seuil τ_0, de façon symétrique par rapport à zéro. Cela induit trois nouvelles zones d'études :

$$
L_1^- = \left]-\infty,\, -\tau_0\right[,\quad L_2 = \left[-\tau_0,\, \tau_0\right[,\quad L_1^+ = \left[\tau_0,\, +\infty\right[. \tag{A.37}
$$

Ainsi, en triant par ordre croissant les six bornes distinctes ayant servies à définir les neuf zones précédentes (2 bornes pour 3 zones), on recense sept intervalles $I_p^k = \left[B_{\text{inf}}^{p,k},\, B_{\text{sup}}^{p,k}\right]$ (où p montre la dépendance des zones en les voisins de x_p) sur lesquels le critère $\mathcal{J}$ diffère. Pour simplifier la présentation, on rassemble les sept cas possibles dans l'expression générique suivante de $\mathcal{J}(m_p\exp(j\widehat{\theta}_p)\ ;\ \boldsymbol{x}_{-p})$:

$$
\mathcal{P}(m_p) = \mathcal{J}\left(m_p\exp(j\widehat{\theta}_p)\ ;\ \boldsymbol{x}_{-p}\right) = a_p m_p^2 - 2d_p m_p + c_p\,|m_p| + C', \tag{A.38}
$$

où $d_p = b_p^{\text{r}}\cos\widehat{\theta}_p + b_p^{\text{i}}\sin\widehat{\theta}_p$. Les cœfficients a_p, c_p, C' varientdans chaque intervalle I_p^k, en fonction de la position des bornes $B_{\text{inf}}^{p,k}$ et $B_{\text{sup}}^{p,k}$ par rapport aux autres bornes, définies en (A.36)-(A.37). Plus exactement, on a dans chaque intervalle I_p^k :

$$
\begin{aligned}
a_p &= a_{0,p} + a_{1,p}^- + a_{1,p}^+ + N,\\
c_p &= c_{0,p} + c_{1,p}^- + c_{1,p}^+,
\end{aligned}
$$

où $(a_{0,p},\, c_{0,p})$ proviennent de $R_0(\rho_p)$, $(a_{1,p}^-,\, c_{1,p}^-)$ de $R_1(\rho_p - \rho_{p-1})$ et $(a_{1,p}^+,\, c_{1,p}^+)$ de $R_1(\rho_{p+1} - \rho_p)$. Le tableau A.1 précise la valeurs des couples $(a_{1,p}^\pm,\, c_{1,p}^\pm)$, et $(a_{0,p},\, c_{0,p})$ [11] dans les trois zones $L_1^\pm$, L_2 du potentiel associé. Nous détaillons maintenant l'étape clé de l'algorithme, à savoir le calcul du module signé optimal $\widehat{m}_p$.

A.7.5 Minimisation unidimensionnelle

La procédure d'optimisation doit *a priori* travailler séquentiellement sur chaque intervalle $I_p^k = \left[B_{\text{inf}}^{p,k},\, B_{\text{sup}}^{p,k}\right]$, $k = 1, \ldots, 7$. Toutefois, comme $\mathcal{P}$ est strictement convexe, dès qu'une

11. Cette paire ne prend que deux valeurs distinctes, une dans les zones $L_1^\pm$, une autre dans L_2.

Tableau A.1: *Contributions des potentiels R_0 et R_1 à la détermination des cœfficients a_p et c_p du polynôme $\mathcal{P}$.*

Potentiel	Cœfficient a_p	$a_p(L_1^-)$	$a_p(L_2)$	$a_p(L_1^+)$
	Cœfficient c_p	$c_p(L_1^-)$	$c_p(L_2)$	$c_p(L_1^+)$
$R_2(\rho_p) = \rho_p + \lambda' R_0(\rho_p)$	$a_{0,p}$	0	$\lambda\lambda'$	0
	$c_{0,p}$	$\lambda(1+2\lambda'\tau_0)$	λ	$\lambda(1+2\lambda'\tau_0)$
$R_1(\rho_p - \rho_{p-1})$	$a_{1,p}^-$	0	$\lambda\mu$	0
	$c_{1,p}^-$	$-2\lambda\mu\tau_1$	$-2\lambda\mu\rho_{p-1}$	$2\lambda\mu\tau_1$
$R_1(\rho_{p+1} - \rho_p)$	$a_{1,p}^+$	0	$\lambda\mu$	0
	$c_{1,p}^+$	$-2\lambda\mu\tau_1$	$-2\lambda\mu\rho_{p+1}$	$2\lambda\mu\tau_1$

solution acceptable $\widehat{m}_p^*$, c'est-à-dire vérifiant les conditions énoncées ci-après (voir (A.39)-(A.40) et (A.41)), est trouvée, il est inutile de parcourir les intervalles suivants.

Dans chaque intervalle I_p^k, compte tenu de la définition de $\mathcal{P}$, deux cas sont à distinguer suivant le signe de m_p. On obtient deux polynômes $\mathcal{P}(m_p)$ distincts sur $\mathbb{R}_+^*$ et $\mathbb{R}_-^*$ qui conduisent à deux solutions potentielles différentes :

$$\widehat{m}_{p,k}^{(1)} = \frac{d_p - c_p}{a_p}, \qquad \text{et} \qquad \widehat{m}_{p,k}^{(1)} \geq 0 \tag{A.39}$$

$$\widehat{m}_{p,k}^{(2)} = \frac{d_p + c_p}{a_p}, \qquad \text{et} \qquad \widehat{m}_{p,k}^{(2)} \leq 0. \tag{A.40}$$

Notons qu'il peut arriver que $\widehat{m}_{p,k}^{(1)}$ et $\widehat{m}_{p,k}^{(2)}$ soient simultanément dans leur domaine de définition ($\mathbb{R}_+$ et $\mathbb{R}_-$ respectivement), notamment si $c_p < 0$, et $d_p < |c_p|$, puisque $a_p > 0$ pour tout $p \in \mathbb{N}_P$. Néanmoins puisque $\mathcal{P}$ est strictement convexe, une seule au plus parmi ces deux solutions, notée $\widehat{m}_{p,k}^*$, minimise (A.38) sur l'intervalle courant de recherche I_p^k, c'est-à-dire une seule au plus vérifie

$$|\widehat{m}_{p,k}^*| \in I_p^k. \tag{A.41}$$

Un commentaire s'avère nécessaire pour justifier que (A.41) doit être vérifié plutôt que $\widehat{m}_{p,k}^* \in I_p^k$. Il suffit de remarquer que les bornes des intervalles I_p^k ont été définies par rapport à $|m_p| = \rho_p$. En effet, R_0 et R_1 ont pour arguments respectifs ρ_p, $|\rho_p - \rho_{p-1}|$, et $|\rho_p - \rho_{p+1}|$. Il y a donc une indétermination de signe, qu'il faut prendre en compte en acceptant la solution négative $\widehat{m}_{p,k}^{(2)}$ dès lors que sa valeur absolue vérifie (A.41). De plus, le test (A.41) montre qu'il est inutile de parcourir les intervalles I_p^k de $\mathbb{R}_-$, c'est-à-dire tels que $B_{\text{sup}}^{p,k} < 0$, puisque la solution $\widehat{m}_p^*$ ne s'y trouve pas.

Par ailleurs, il peut arriver que ni $\widehat{m}_{p,k}^{(1)}$ ni $\widehat{m}_{p,k}^{(2)}$ n'appartienne à la bonne demi-droite réelle, notamment si $c_p > 0$ et $|d_p| < c_p$. Dans ce cas, le minimiseur de $\mathcal{P}$ est atteint au point de non différentiabilité, c'est-à-dire en zéro. Il reste alors à tester si $0 \in I_p^k$.

Une fois $\widehat{m}_{p,k}^*$ déterminé, on déduit $\widehat{x}_p = \widehat{m}_{p,k}^* \exp(j\widehat{\theta}_p)$. L'étape suivante consiste à calculer le « bloc optimal » $\widehat{x}_{p+1}$. Pour ce faire, un certain nombre de grandeurs prenant en compte la nouvelle valeur de x_p doivent être mises à jour. Nous détaillons maintenant le calcul de ces quantités.

A.7.6 Mise à jour des grandeurs intermédiaires

Puisque $\mathcal{R}$ est circulaire, il faut remettre à jour $\rho_p = |\widehat{m}^*_{p,k}|$, le module de l'amplitude spectrale x_p. En effet, il intervient dans le terme markovien $R_1(\rho_p - \rho_{p+1})$, qui contribue aux nouvelles valeurs des cœffcients a_{p+1} et c_{p+1} du polynôme $\mathcal{P}(m_{p+1})$.

Ensuite, il est également nécessaire de calculer les cœfficients b^{r}_{p+1} et b^{i}_{p+1} qui dépendent aussi de $\widehat{x}_p$. En effet, lors de la minimisation de $\mathcal{J}$ par rapport à x_p, b^{r}_p et b^{i}_p étaient définis respectivement comme les parties réelle et imaginaire de

$$b_p = \boldsymbol{w}_p^{\dagger}\overline{\boldsymbol{y}}_{-p},$$

avec

$$\overline{\boldsymbol{y}}_{-p} = \boldsymbol{y} - W_{NP}\boldsymbol{x}_{-p}.$$

Par conséquent, à l'itération suivante, où x_{p+1} est la variable courante, les nombres complexes $\overline{\boldsymbol{y}}_{-p}$ et b_p deviennent $\overline{\boldsymbol{y}}_{-(p+1)}$ et b_{p+1}, respectivement. Nous proposons maintenant de calculer $\overline{\boldsymbol{y}}_{-(p+1)}$ à partir de $\overline{\boldsymbol{y}}_{-p}$ en un nombre minimal d'opérations. Compte tenu de la définition de $\overline{\boldsymbol{y}}$, il y a une relation directe entre $\overline{\boldsymbol{y}}$ et $\overline{\boldsymbol{y}}_{-p}$:

$$\overline{\boldsymbol{y}}_{-p} = \overline{\boldsymbol{y}} + x_p\boldsymbol{w}_p.$$

Le terme $\overline{\boldsymbol{y}}$ est calculé [12] une seule fois, avant d'entamer le premier balayage des amplitudes spectrales. À la fin de l'itération p, $\widehat{x}_p$ est connu, il faut donc remmetre à jour $\overline{\boldsymbol{y}}$ à partir de la relation suivante :

$$\overline{\boldsymbol{y}} = \overline{\boldsymbol{y}}_{-p} - \widehat{x}_p\boldsymbol{w}_p. \tag{A.42}$$

Il suffit alors de calculer $\overline{\boldsymbol{y}}_{-(p+1)}$ à l'aide de (A.42) :

$$\overline{\boldsymbol{y}}_{-(p+1)} = \overline{\boldsymbol{y}} + x_{p+1}\boldsymbol{w}_{p+1},$$

pour obtenir $b_{p+1} = \boldsymbol{w}_{p+1}^{\dagger}\overline{\boldsymbol{y}}_{-(p+1)}$.

Nous discutons maintenant du calcul des critères d'arrêt de l'algorithme.

A.7.7 Critères d'arrêt

Comme dans toute technique itérative de descente, nous testons la convergence de l'algorithme de relaxation avec des critères d'arrêt portant sur l'estimée courante et la valeur de la fonction de coût $\mathcal{J}$. Nous avons retenu à des fins comparatives les mêmes critères que ceux utilisés au chapitre II :

$$\Delta\mathcal{J}^n = \left|\mathcal{J}(\boldsymbol{x}^n) - \mathcal{J}(\boldsymbol{x}^{n-1})\right| / \mathcal{J}(\boldsymbol{x}^n) < \alpha_1 \tag{A.43}$$

$$\Delta\boldsymbol{x}^n = \left\|\boldsymbol{x}^n - \boldsymbol{x}^{n-1}\right\|_1 / \left\|\boldsymbol{x}^n\right\|_1 < \alpha_2, \tag{A.44}$$

où $\boldsymbol{x}^n$ est le spectre estimé après le $n^{\text{ème}}$ balayage, $|\cdot|_1$ désigne la norme L_1, et $(\alpha_1, \alpha_2) = (10^{-7}, 10^{-5})$.

12. Le terme $W_{NP}\boldsymbol{x}$ n'est pas calculé directement mais par ifft sur P points, en ne conservant que les N premières valeurs.

Le calcul de (A.44) ne pose pas de difficulté. Concernant ceux de $\mathcal{J}$ et du critère d'arrêt (A.43), deux optiques sont envisageables : soit recalculer $\mathcal{J}$ à la fin de chaque balayage des amplitudes spectrales, soit calculer la variation locale du critère induite par la modification d'une seule amplitude spectrale. Dans ce cas, on peut maintenir à jour un *critère local* qui ne dépend que de l'amplitude spectrale modifiée et de ses voisines. Nous discutons maintenant de cette alternative.

A.7.8 Mise à jour du critère

Notons $\delta\mathcal{J}(\boldsymbol{x}_{p-1}^n, \boldsymbol{x}_p^n) = \mathcal{J}(\boldsymbol{x}_p^n) - \mathcal{J}(\boldsymbol{x}_{p-1}^n)$ le critère local (négatif), tenant compte uniquement de la variation de la $p^{\text{ème}}$ variable du $n^{\text{ème}}$ balayage, avec pour conventions :

$$\begin{aligned} \boldsymbol{x}_p^n &= \left[x_0^n, \dots, x_p^n, x_{p+1}^{n-1}, \dots, x_{P-1}^{n-1}\right]^{\mathrm{t}}, \qquad \forall p \in \mathbb{N}_P, \\ \text{et } \boldsymbol{x}_{-1}^n &= \boldsymbol{x}^{n-1}. \end{aligned}$$

Pour réaliser l'optimisation selon x_p, il suffit de connaître l'expression exacte du critère bivarié (A.27). Il n'est donc pas nécessaire de connaître le critère global $\mathcal{J}$ au point courant $\boldsymbol{x}^n$. De plus, le calcul de $\mathcal{J}$ coûte plus cher que celui de $\delta\mathcal{J}$. Néanmoins pour réobtenir $\mathcal{J}(\boldsymbol{x}^n)$ sans calcul global, P calculs de δ-critère sont nécessaires :

$$\mathcal{J}(\boldsymbol{x}^n) = \mathcal{J}(\boldsymbol{x}^{n-1}) + \sum_{p=0}^{P-1} \delta\mathcal{J}(\boldsymbol{x}_{p-1}^n, \boldsymbol{x}_p^n). \tag{A.45}$$

Pour comparer les coûts de calcul des stratégies locale et globale de la remise à jour du critère, nous détaillons la forme de $\delta\mathcal{J}(\boldsymbol{x}_{p-1}^n, \boldsymbol{x}_p^n)$.

Pour obtenir l'expression de $\delta\mathcal{J}$, on introduit les notations suivantes :

- $\delta x_p \in \mathbb{C}$ tel que $x_p^n = x_p^{n-1} + \delta x_p$,
- $\mathbf{1}_p$: $p^{\text{ème}}$ vecteur de la base canonique de $\mathbb{R}^P$,
- $\overline{\boldsymbol{y}}_{p-1}^n = \boldsymbol{y} - W_{NP}\boldsymbol{x}_{p-1}^n$
- $\mathcal{Q}(\boldsymbol{x}_{p-1}^n)$: adéquation aux données avant la remise à jour de x_p au $n^{\text{ème}}$ balayage.

On obtient sans difficulté :

$$\begin{aligned} \mathcal{Q}(\boldsymbol{x}_{p-1}^n + \delta x_p \mathbf{1}_p) &= \left\|\boldsymbol{y} - W_{NP}(\boldsymbol{x}_{p-1}^n + \delta x_p \mathbf{1}_p)\right\|^2 \\ &= \left\|\overline{\boldsymbol{y}}_{p-1}^n\right\|^2 + \|\boldsymbol{w}_p\|^2 |\delta x_p|^2 - 2\Re\big(\boldsymbol{w}_p^\dagger \overline{\boldsymbol{y}}_{p-1}^n \delta x_p^*\big) \\ &= \mathcal{Q}\left(\boldsymbol{x}_{p-1}^n\right) + N|\delta x_p|^2 - 2\Re\big(\boldsymbol{w}_p^\dagger \overline{\boldsymbol{y}}_{p-1}^n \delta x_p^*\big), \end{aligned}$$

si bien que

$$\delta\mathcal{Q}(\boldsymbol{x}_{p-1}^n, \boldsymbol{x}_p^n) = N|\delta x_p|^2 - 2\Re\big(\boldsymbol{w}_p^\dagger \overline{\boldsymbol{y}}_{p-1}^n \delta x_p^*\big).$$

Pour les termes de régularisation, le calcul est immédiat : on retranche aussi bien pour le terme séparable que pour les termes markoviens les potentiels dépendant de x_p^{n-1} à ceux faisant intervenir x_p^n. Autrement dit, on obtient finalement pour $\delta\mathcal{J}$:

$$\begin{aligned} \delta\mathcal{J}(\boldsymbol{x}_{p-1}^n, \boldsymbol{x}_p^n) &= \delta\mathcal{Q}(\boldsymbol{x}_{p-1}^n, \boldsymbol{x}_p^n) \\ &+ \lambda\Big(|x_p^n| - |x_p^{n-1}| + \lambda'\big(R_0(|x_p^n|) - R_0(|x_p^{n-1}|)\big) \\ &+ \mu\big(R_1(|x_p^n| - |x_{p-1}^n|) - R_1(|x_p^{n-1}| - |x_{p-1}^n|) \\ &+ R_1(|x_{p+1}^{n-1}| - |x_p^n|) - R_1(|x_{p+1}^{n-1}| - |x_p^{n-1}|)\big)\Big). \end{aligned} \tag{A.46}$$

Tableau A.2: *Coût de calcul du δ-critère.*

Contribution	Coût de calcul		
	Multiplications	Additions	Autre
$N\,\lvert\delta x_p\rvert^2$	3	3	$1\,\sqrt{\cdot}$
$2\Re\big(\boldsymbol{w}_p^\dagger \overline{\boldsymbol{y}}_{p-1}^n \delta x_p^*\big)$	5	3	
$\delta\mathcal{Q}(\boldsymbol{x}_{p-1}^n, \boldsymbol{x}_p^n)$	0	1	0
$\lvert x_p^n\rvert$	2	1	$1\,\sqrt{\cdot}$
$R_0(\lvert x_p^n\rvert)$	1 ou 2	0 ou 1	1 test
$R_1(\lvert x_p^n\rvert - \lvert x_{p-1}^n\rvert)$	1 ou 2	1 ou 2	1 test
$R_1(\lvert x_{p+1}^{n-1}\rvert - \lvert x_p^n\rvert)$	1 ou 2	1 ou 2	1 test
Terme de régularisation global	3	8	0
Total	$16 \leqslant \cdot \leqslant 19$	$18 \leqslant \cdot \leqslant 21$	3 tests, $2\,\sqrt{\cdot}$

Comme nous l'avons vu au paragraphe précédent, la mise à jour de $\overline{\boldsymbol{y}}_{p-1}^n$ est effectuée à la fin de l'itération $p-1$, à l'aide (A.42). Ainsi, le coût de calcul de $\delta\mathcal{Q}$ se résume principalement à celui de $wb_p^\dagger \overline{\boldsymbol{y}}_{p-1}^n$ qui nécessite $4N$ multiplications et $3N-1$ additions [13]. Les autres coûts sont détaillés dans le tableau A.2, sachant qu'on suppose connues les valeurs des modules $\lvert x_{p-1}^n\rvert$, $\lvert x_{p+1}^{n-1}\rvert$, $\lvert x_p^{n-1}\rvert$, et des fonctions $R_0(\lvert x_p^{n-1}\rvert)$, $R_1(\lvert x_p^{n-1}\rvert - \lvert x_{p-1}^n\rvert)$ et $R_1(\lvert x_{p+1}^{n-1}\rvert - \lvert x_p^{n-1}\rvert)$.

Dans la suite, on néglige le coût d'une addition par rapport à celui d'une multiplication. Par conséquent, pour obtenir $\mathcal{J}(\boldsymbol{x}^n)$ à partir de (A.45)-(A.46), en supposant $\mathcal{J}(\boldsymbol{x}^{n-1})$ connu, il faut dans le pire des cas (zones linéaires de R_0 et R_1)

$$\boxed{P(4N+19) \text{ multiplications,}}$$

Comparativement, le calcul de $\mathcal{J}(\boldsymbol{x}^n)$ une fois $\boldsymbol{x}^n$ déterminé coûte dans le pire des cas

$$\boxed{2P\log_2(2P) + N + 8P \text{ multiplications,}}$$

puisque $\mathcal{Q}$, calculé par **ifft**, requiert $2P\log_2(2P) + N$ multiplications étant donné la nature complexe des amplitudes spectrales. Même si l'on prend en général beaucoup plus d'inconnues que de données, *i.e.*, $P \gg N$, on a quand même $3N + 19 > 2\log_2(2P) + 8$, si bien qu'il est plus intéressant de calculer $\mathcal{J}(\boldsymbol{x}^n)$ une seule fois, après le balayage des amplitudes spectrales. Néanmoins, d'un point de vue pratique, le *critère local* va permettre de converger numériquement plus rapidement vers le minimiseurm global.

A.7.9 Sur-relaxation des amplitudes spectrales

Dans le cas simple de la minimisation de critères quadratiques, des stratégies *sur-* ou *sous-relaxées* [14] convergent plus rapidement (d'un certain facteur quantifiable et calculable) que la

13. une soustraction coûte évidemment le même prix qu'une addition et une division le même qu'une multiplication.

14. Il ne faut pas confondre ce sens de la relaxation avec la définition de l'algorithme de relaxation, qui est une méthode de descente coordonnée par coordonnée.

méthode de Gauss-Seidel de base [Ciarlet, 1988], pourvu que le paramètre de relaxation ω appartienne à l'intervalle $(\omega_{\inf}, \omega_{\sup}) = (0,\, 2)$. Dans notre situation, le critère est *non quadratique*, et il n'est pas envisageable de pouvoir déterminer les bornes $\omega_{\inf}$ et $\omega_{\sup}$. Il se peut d'ailleurs que $\omega_{\inf} > 0$ et/ou $\omega_{\sup} < 2$. Néanmoins, il est possible de tester une condition suffisante de convergence globale, à savoir la *décroissance stricte du critère* (voir [Aoki, 1971, p. 113] pour la démonstration dans le cas de fonctions convexes et C^1, et [Lemaréchal, 1980] pour l'extension aux fonctions convexes sous- différentiables).

Cette stratégie de sur- ou sous-relaxation peut être mise en œuvre de la façon suivante. Lors de l'optimisation de $\mathcal{J}$ par rapport à x_p au $n^{\text{ème}}$ balayage, on définit la variable x_p^n par :

$$x_p^n = x_p^{n-1} + \omega\left(\widehat{x}_p^n - x_p^{n-1}\right),$$

où $\omega \in (0,\, 2)$ et $\widehat{x}_p^n$ minimise (A.27). On teste ensuite si

$$\mathcal{J}(\boldsymbol{x}_p^n) < \mathcal{J}(\boldsymbol{x}_{p-1}^n),$$

Pour vérifier cette dernière inégalité, on peut soit réévaluer le critère global soit vérifier que

$$\delta\mathcal{J}(\boldsymbol{x}_{p-1}^n,\, \boldsymbol{x}_p^n) < 0. \tag{A.47}$$

Comme le calcul de $\delta\mathcal{J}$ coûte beaucoup moins cher que celui de $\mathcal{J}$, il est avantageux de retenir cette solution.

De cette façon, si x_p^n garantit (A.47), on conserve x_p^n, au lieu de $\widehat{x}_p^n$. Pour choisir un paramètre ω garantissant une amélioration significative de la vitesse de convergence, on peut fixer une valeur initiale ω^0, modifiable si (A.47) n'est pas vérifiée suffisamment souvent. En pratique, seule la stratégie sur-relaxée s'est avérée plus efficace que la version standard.

Le pseudo-code de l'algorithme de relaxation par blocs est donné au Tableau A.3. Il permet de calculer le minimiseur $\widehat{\boldsymbol{x}}$ du critère markovien non différentiable, comme nous allons l'illustrer en simulation au prochain paragraphe.

A.7.10 Simulations

Nous illustrons la convergence de l'algorithme dans deux situations distinctes : celle visant à estimer un spectre de raies (régularisation séparable), pour laquelle finalement le Théorème 6 s'applique, et celle visant à estimer un spectre plus doux (régularisation markovienne), où l'on ne peut que constater une convergence numérique. Pour chacune de ces deux situations, nous comparons l'efficacité de la méthode proposée avec celle de la stratégie de gradient/GND (*Graduated Non Differentiability*), présentée au chapitre II.

Au paragraphe II.4.1, nous avons vu que cette démarche consistait à construire à partir d'une séquence décroissante de paramètres $\{\varepsilon_k\}_{k=0}^K$, tendant vers zéro, la suite des minima $\widehat{\boldsymbol{x}}_{\varepsilon_k}$ convergeant vers $\widehat{\boldsymbol{x}}$. Chaque minimiseur $\widehat{\boldsymbol{x}}_{\varepsilon_k}$ est obtenu en minimisant une approximation strictement convexe et de classe C^1 de $\mathcal{J}$, notée $\mathcal{J}_{\varepsilon_k}$. Sur les exemples considérés ici, on a choisi $\varepsilon_0 = 0,01$, et $K = 6$. Comme au chapitre II, on a choisi $\varepsilon_k = \varepsilon_{k-1}/10$ pour $k = 1, \ldots, K$ comme règle de remise à jour du paramètre d'approximation. De plus, l'algorithme utilisé pour minimiser chaque critère $\mathcal{J}_{\varepsilon_k}$ est comme au chapitre II, une méthode de gradient à pas adaptatif, dont les directions de descente sont pseudo-conjuguées [Polak, 1971].

Tableau A.3: *Algorithme de relaxation par blocs pour minimiser le critère (A.22).*

1 initialisation de $\boldsymbol{x}$, ω, calcul de $\mathcal{J}(\boldsymbol{x}^0)$,

2 initialisation des critères d'arrêt : $\Delta\mathcal{J}^0$ et $\Delta\boldsymbol{x}^0$,

3 calcul de $\overline{\boldsymbol{y}} = \boldsymbol{y} - W_{NP}\boldsymbol{x}$,

4 choix d'un balayage des x_p, *i.e.*, définition de $\mathcal{I} = \{i_1, i_2, \ldots, i_P\}$.

5 boucle sur les balayages n tant que $\Delta\mathcal{J}^n > \alpha_1$ ou $\Delta\boldsymbol{x}^n > \alpha_2$:

5.A boucle sur les amplitudes spectrales : $p = i_1, i_2, \ldots, i_P$:

5.A.i calcul de $\overline{\boldsymbol{y}}_{-p} = \overline{\boldsymbol{y}} + x_p\boldsymbol{w}_p$, et de $b_p = \boldsymbol{w}_p^\dagger\overline{\boldsymbol{y}}_{-p}$,

5.A.ii calcul de la phase optimale $\widehat{\theta}_p$ par (A.32),

5.A.iii construction des zones $L_1^\pm, L_2$ (*cf.* (A.36)-(A.37)),

5.A.iv tri croissant des bornes des zones $L_1^\pm, L_2 \to$ intervalles I_p^k juxtaposés,

5.A.v calcul du module signé optimal : $\widehat{m}_{p,k}^*$

5.A.v.a calcul du cœfficient $b_p^{\mathrm{r}}\cos\widehat{\theta}_p + b_p^{\mathrm{i}}\sin\widehat{\theta}_p$ de $P(m_p)$,

5.A.v.b initialisation de a_p et c_p,

5.A.v.c boucle sur les intervalles I_p^k tels que $B_{\text{sup}}^{p,k} > 0$:
- calcul de $\mathsf{mil}_p^k = (B_{\text{inf}}^{p,k} + B_{\text{sup}}^{p,k})/2$,
- positionnement de mil_p^k par rapport à $B_{\text{inf}}^{p,k}$, $B_{\text{sup}}^{p,k}$, $\forall k$,
- mise à jour des coefficients a_p et c_p de $P(m_p)$,
- recherche de $\widehat{m}_{p,k}^*$ sur I_p^k, à l'aide de (A.39)-(A.41),

5.A.vi mise à jour de x_p : $\widehat{x}_p = \widehat{m}_{p,k}^*\exp(j\widehat{\theta}_p)$ [a], et de ρ_p : $\rho_p = |\widehat{m}_{p,k}^*|$,

5.A.vii mise à jour de $\overline{\boldsymbol{y}} = \overline{\boldsymbol{y}}_{-p} - \widehat{x}_p\boldsymbol{w}_p$.

5.B Calcul de $\mathcal{J}(\boldsymbol{x}^n)$ [b] et des critère d'arrêt : $\Delta\mathcal{J}^n$, $\Delta\boldsymbol{x}^n$,

5.C $\mathcal{J}(\boldsymbol{x}^n) \to \mathcal{J}(\boldsymbol{x}^{n-1})$, $\boldsymbol{x}^n \to \boldsymbol{x}^{n-1}$.

a. Sur- ou sous-relxation de x_p effectuée ici, avec calcul de $\delta\mathcal{J}(\boldsymbol{x}_{p-1}^n, \boldsymbol{x}_p^n)$, pour vérifier (A.47).

b. soit directement pour l'algorithme standard, soit par (A.45) pour une version relaxée.

Dans le cas séparable, la Figure A.5 montre qu'une version simplifiée de l'algorithme de relaxation proposé, converge quasiment à la même vitesse que la stratégie de gradient/GND. Néanmoins, en sur-relaxant les amplitudes spectrales ($\omega = 1,6$), la méthode de relaxation par blocs devient encore plus compétitive au cours des premières itérations, et les deux algorithmes atteignent finalement le minimiseur en 100 secondes environ. Du point de vue du nombre d'itérations requises pour la convergence, on a même observé sur plusieurs simulations que l'algorithme

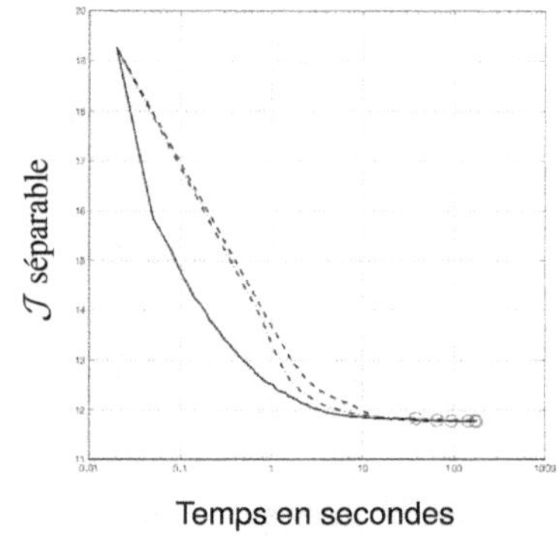

Figure A.5: *Comparaison de l'algorithme de relaxation par blocs avec celui de gradient/GND, dans le cas séparable (spectre de raies). En trait plein, gradient/GND ; en tireté (- -), version standard de l'algorithme de relaxation ; en trait interrompu (-.), version sur-relaxée ($\omega = 1,6$).*

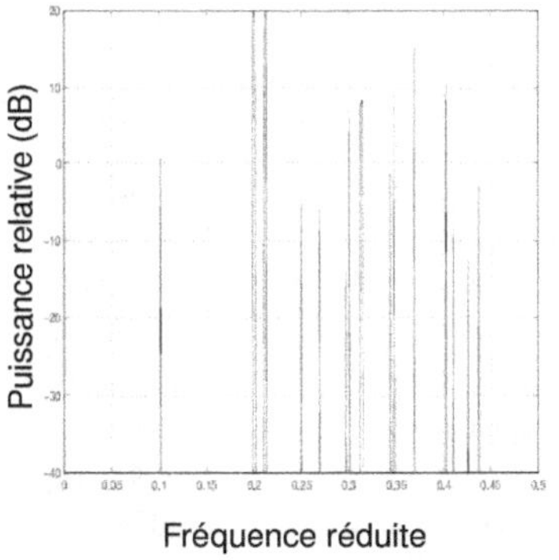

Figure A.6: *Spectre de raies estimé par une regularisation séparable non différentiable en zéro, avec comme paramètres* $(\lambda; \lambda'; \tau_0) = (0,06; 10^{-4}; 0,005)$.

de relaxation supplantait l'algorithme de gradient/GND. C'est donc grâce à un coût par itération moins élevé que cette dernière stratégie atteint $\widehat{x}$ en le même temps de calcul. Ce constat va à l'encontre de l'idée reçue [Tarantola, 1987] selon laquelle les algorithmes déterministes de minimisation effectuant une mise à jour variable par variable sont peu performants, voire à n'utiliser qu'en dernier recours.

Du point de vue du résultat de l'estimation, les deux algorithmes fournissent le même spectre complexe dont le module au carré est représenté à la Figure A.6. Comme attendu, ce résultat, obtenu avec les paramètres $(\lambda; \lambda'; \tau_0) = (0,06; 10^{-4}; 510^{-3})$, est similaire à celui fourni au chapitre II.

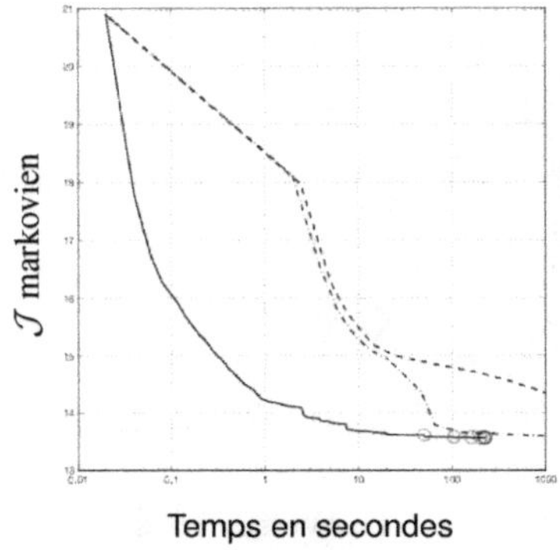

Figure A.7: *Comparaison de l'algorithme de relaxation par blocs avec celui de gradient/GND, dans le cas markovien (spectre régulier). En trait plein, gradient/GND ; en tireté (- -), version standard de l'algorithme de relaxation ; en trait interrompu (-.), version sur-relaxée ($\omega = 1,9$).*

Dans l'étude du cas markovien, nous avons choisi une pénalisation $\mathcal{R}$ strictement convexe où $\mu = \mu_{\text{sup}} = 1/4\tau_1$. La Figure A.7 montre que l'algorithme de relaxation, dans sa version standard, est beaucoup plus lent à converger que la stratégie de gradient/GND. La valeur minimale du critère vaut $\mathcal{J}_{\min} = 13,569$, et celle atteinte par notre algorithme au bout de 10^3 sec. n'est que de 14,34. De notre point de vue, cela ne signifie pas qu'il ne converge pas vers $\widehat{\boldsymbol{x}}$, mais simplement que les potentiels markoviens exercent une force de rappel aux valeurs voisines de la variable courante, ralentissant ainsi la descente du critère.

En effet, comme l'illustre la Figure A.8, la version sur-relaxée ($\omega = 1,9$), atteint la valeur cible $\mathcal{J}_{\min}$ beaucoup « plus rapidement » (2000 sec.) que la version standard (2 10^4 sec.), mais reste néanmoins sensiblement plus lente que la stratégie de gradient/GND (200 sec.). De plus, lorsqu'on laisse évoluer plus longtemps la version standard de l'algorithme, il finit par tendre vers $\mathcal{J}_{\min}$, c'est-à-dire que le spectre complexe obtenu est $\widehat{\boldsymbol{x}}$ (stricte convexité).

Du point de vue de l'estimation, la Figure A.9 montre trois spectres obtenus par la version non relaxée : en (a) après 10^3 secondes, en (b) après 10^4 secondes et en (c) après 2 10^4 secondes. Ce dernier spectre est très proche du résultat fourni par la version sur-relaxée et l'algorithme de gradient/GND, représenté en (d).

Par ailleurs, ces résultats, assez semblables au spectre de la Figure II.4(b) du chapitre II, confirment le fait que le critère markovien non différentiable n'est pas celui qui produit les estimées les plus régulières, du moins dans le cas convexe, c'est-à-dire lorsqu'on choisit $\mu \leqslant \mu_{\text{sup}}$. D'autres travaux [Nikolova, 1997; Chambolle et Lions, 1997] ont déjà montré en traitement d'images que des potentiels de régularisation non dérivables en zéro conduisaient à des estimées présentant des discontinuités (par exemple constantes ou affines par morceaux).

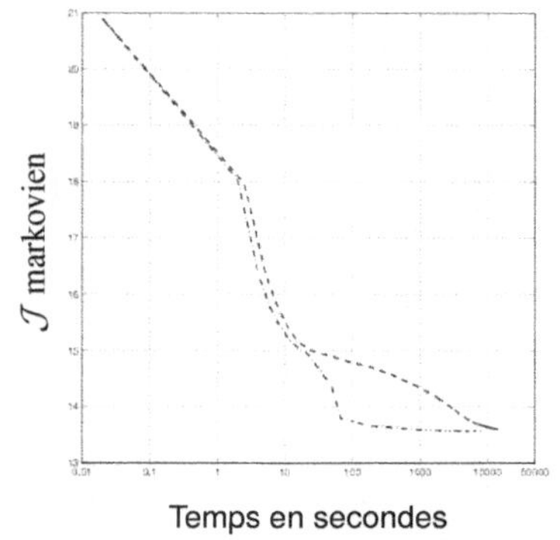

Figure A.8: *Illustration de l'efficacité de la sur-relaxation dans une méthode de descente coordonnée par coordonnée. En tireté (- -), version standard de l'algorithme de relaxation ; en trait interrompu (-.), version sur-relaxée ($\omega = 1,9$).*

A.7.11 Commentaires et conclusion

Pour obtenir des spectres plus réguliers dans le cas convexe, nous avons introduit un paramètre d'approximation ε, et défini ainsi l'estimée comme le minimiseur $\widehat{\boldsymbol{x}}_\varepsilon$ du critère de classe C^1 $\mathcal{J}_\varepsilon$, construit à partir de (II.19) (voir page 45). Toutefois, on a montré qu'il était nécessaire de dépasser le seuil de convexité μ_{sup} pour espérer retrouver fidèlement des composantes spectrales étalées, autrement dit de considérer un critère non convexe. Puisqu'on a mis en évidence que convexité et différentiablilité pouvaient être des propriétés du critère mutuellement exclusives, on peut se demander pourquoi l'on ne se contente pas de calculer un point stationnaire de

$$\widetilde{\mathcal{J}}(\boldsymbol{x}) = \mathcal{Q}(\boldsymbol{x}) + \lambda \sum_{p=0}^{P-1} \left(R_0(\rho_p) + \mu R_1(\rho_{p+1} - \rho_p)\right).$$

où $\mu > \mu_{\text{sup}}$. On évite ainsi de passer par un critère non différentiable (*cf.* (A.22)-(A.24)), puis par une approximation $\mathcal{J}_\varepsilon$ de ce dernier. La justification de notre démarche (critère non différentiable puis approximation) pour déterminer un minimiseur local de $\mathcal{J}$ réside dans l'utilisation d'une stratégie de *Non-Convexité-Graduelle*. Cette dernière nécessite au préalable le calcul d'un *minimiseur global* d'un critère convexe. La fonction de coût $\widetilde{\mathcal{J}}$ n'étant pas convexe, y compris pour $\mu < \mu_{\text{sup}}$, il nous est impossible d'initialiser la procédure de GNC à partir de $\widetilde{\mathcal{J}}$. Puisque $\mathcal{J}_\varepsilon$ est convexe pour $\mu \leqslant \mu_{\text{sup}}$, notre démarche permet au contraire de se placer dans ce cas de figure. Une fois le minimiseur global $\widehat{\boldsymbol{x}}_\varepsilon$ calculé, on déforme $\mathcal{J}_\varepsilon$ à chaque itération en augmentant progressivement μ et l'on calcule alors un point stationnaire du critère déformé en initialisant l'algorithme de descente par la solution obtenue à l'itération précédente. On tend finalement vers un critère adapté à la restauration de spectres réguliers.

En conclusion, ce chapitre a permis de mettre en évidence que la non différentiabilité d'une fonction convexe multivariée introduisait une difficulté pour la minimiser. En particulier, nous

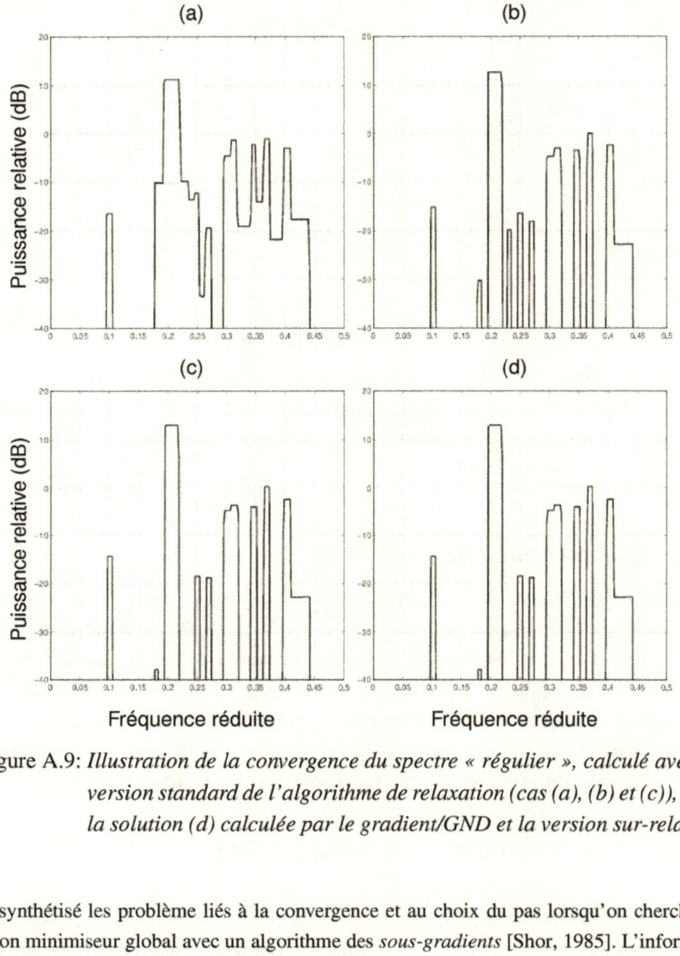

Figure A.9: *Illustration de la convergence du spectre « régulier », calculé avec la version standard de l'algorithme de relaxation (cas (a), (b) et (c)), vers la solution (d) calculée par le gradient/GND et la version sur-relaxée.*

avons synthétisé les problème liés à la convergence et au choix du pas lorsqu'on cherche à calculer son minimiseur global avec un algorithme des *sous-gradients* [Shor, 1985]. L'information à retenir est que cet algorithme ne définit pas une méthode de descente. Pour minimiser une fonction convexe par une méthode de descente [Kiwiel, 1986b; Lemaréchal, 1980; Wolfe, 1975], il faut consentir beaucoup plus d'efforts en termes algorithmique et calculatoire. C'est la raison pour laquelle, nous nous sommes concentrés sur le développement d'une méthode de relaxation, moins complexe à mettre en œuvre, mais dont on ne possède pas de garantie de convergence dans le cas markovien qui nous intéressait.

Nous avons alors comparé l'algorithme proposé avec la stratégie couplée de gradient/GND, retenue au chapitre II, et mis en évidence dans le cas markovien qu'il était plus rentable numériquement de considérer une approximation de classe C^1 du critère, plutôt que de recourir à un algorithme de relaxation. En revanche, on a pu oberver le bon comportement numérique de l'algorithme de relaxation pour la minimisation de critères séparables, notamment dans sa version sur-relaxée.

Compte tenu de cette étude, nous ne rapportons pas dans ce manuscrit la généralisation proposée de l'algorithme de relaxation pour l'estimation de spectres « mixtes » (raies et composantes plus douces juxtaposées).

ANNEXE B

VERS UNE ESTIMATION SPECTRALE EN TEMPS-COURT NON SUPERVISÉE

DANS CETTE ANNEXE, nous abordons le problème de l'estimation non supervisée d'un spectre de raies, dans le contexte temps-court. Le cadre privilégié est celui de l'estimation au sens du maximum de vraisemblance (MV) ou de la moyenne *a posteriori* (MP). Après avoir rappelé la difficulté essentielle de ce type d'approche, *i.e.*, l'évaluation puis la maximisation de la fonction de vraisemblance, nous proposons une contribution originale qui vise à contourner ces difficultés. Elle est basée sur l'échantillonnage stochastique de la loi *a posteriori* obtenue à partir de l'interprétation statistique d'un critère semi-quadratique.

B.1 Introduction

Le problème de l'estimation spectrale en temps-court a été abordé dans cette thèse sous l'angle de la synthèse de Fourier. Plus particulièrement, l'estimation d'un spectre de raies à partir de N données $\boldsymbol{y} = [y_0, \ldots, y_{N-1}]^{\mathrm{t}} \in \mathbb{C}^N$ a été menée par minimisation en $\boldsymbol{X} = [X_0, \ldots, X_{P-1}]^{\mathrm{t}} \in \mathbb{C}^P$ d'un critère pénalisé de la forme

$$\mathcal{J}(\boldsymbol{X}) = \frac{1}{r_b} \|\boldsymbol{y} - W_{NP}\boldsymbol{X}\|^2 + \lambda \sum_{p=0}^{P-1} R_\tau(\rho_p) \tag{B.1}$$

où comme d'habitude $\rho_p = |X_p|$ et $\boldsymbol{\rho} = [\rho_0, \ldots, \rho_{P-1}]^{\mathrm{t}} \in \mathbb{R}_+^P$. Dans la suite, nous notons $\boldsymbol{\phi}$ le vecteur des phases définissant avec $\boldsymbol{\rho}$ les amplitudes complexes $\boldsymbol{X}$.

Dans l'interprétation bayésienne du critère convexe $\mathcal{J}$, le minimiseur $\widehat{\boldsymbol{X}}$ atteint le MAP, pour une loi *a priori indépendante* définie par

$$p(\boldsymbol{X} \,;\, \lambda, \tau) = p(\boldsymbol{\rho} \,;\, \lambda, \tau)\, p(\boldsymbol{\phi}) \prod_{p=0}^{P-1} \rho_p = \prod_{p=0}^{P-1} \left[\rho_p\, p(\rho_p \,;\, \lambda, \tau)\, p(\phi_p)\right], \tag{B.2}$$

où

$$
\begin{aligned}
p(\rho_p\,;\,\lambda,\tau) &= \frac{1}{Z(\lambda,\tau)}\exp\left(-\lambda R_\tau(\rho_p)\right), &\text{(B.3)}\\
p(\phi_p) &= \mathcal{U}([0,\,2\pi)), &\text{(B.4)}
\end{aligned}
$$

avec $\mathcal{U}([0,\,2\pi))$, la loi uniforme sur $[0,\,2\pi)$, et pour un bruit $\boldsymbol{b}$ additif blanc gaussien complexe circulaire, centré de variance r_b, et indépendant de $\boldsymbol{X}$.

Dans (B.3), $Z(\lambda,\tau)$ désigne la constante de normalisation de la densité définie sur $\mathbb{R}_+$, couramment appelée *fonction de partition* du modèle *a priori* dans la communauté du traitement d'images.

Exemple 1 Le choix de $R_\tau(u)=\sqrt{u^2+\tau^2}$ donne $Z(\lambda,\tau)=2\sqrt{\pi}\tau\Gamma(3/2)K_1(\lambda\tau)$, avec [Abramowitz et Stegun, 1970, 6.1.1, 9.6.23]

$$
\begin{aligned}
\Gamma(z) &= \int_0^\infty t^{z-1}\,e^{-t}\,\mathrm{d}t, \quad (\Re(z)>0), &\text{(B.5)}\\
K_\nu(z) &= \frac{\sqrt{\pi}(z/2)^\nu}{\Gamma(\nu+1/2)}\int_1^\infty (t^2-1)^{\nu-1/2}\,e^{-zt}\,\mathrm{d}t \quad (\arg z<\pi/2, \Re(\nu)>-1/2).
\end{aligned}
$$

Dans la suite, nous conservons les hypothèses retenues au chapitre II, à savoir que $R_\tau\in\Omega$ où

$$\Omega=\left\{f:\mathbb{R}\to\mathbb{R}\ \text{convexe, paire}, C^1,\ f'(0^+)=0, 0<\lim_{x\to 0^+} f'(x)/x<\infty,\ \lim_{x\to\infty} f'(x)<\infty\right\}.$$

Dans ces conditions, toute fonction élément de Ω est quadratique au voisinage de zéro, et linéaire à l'infini :

$$0<\lim_{x\to 0^+} f(x)/x^2<\infty,\ \lim_{x\to\infty} f(x)/x<\infty$$

On a vu en effet que ce comportement permettait de restaurer des composantes spectrales impulsionnelles, à condition de choisir correctement le paramètre τ, fixant le seuil de séparation entre les deux comportements.

On s'intéresse maintenant au problème de l'estimation des hyperparamètres $\boldsymbol{\theta}=[r_b,\,\lambda,\,\tau]\in\mathbb{R}_+^3$. Une approche statistique cohérente avec l'interprétation bayésienne du critère (B.1) consiste à maximiser la vraisemblance marginale [Dempster et al., 1977] (ou à données incomplètes [Tanner et Wong, 1987])

$$
\begin{aligned}
p(\boldsymbol{y}\,;\,\boldsymbol{\theta}) &= \int_{\boldsymbol{X}} p(\boldsymbol{y}\,|\,\boldsymbol{X}\,;\,r_b)\,p(\boldsymbol{X}\,;\,\lambda,\,\tau)\,\mathrm{d}\boldsymbol{X} &\text{(B.6)}\\
&= \frac{\int_{\boldsymbol{X}}\exp(\ln p(\boldsymbol{y}\,|\,\boldsymbol{X}\,;\,r_b)-\lambda\sum_p R_\tau(\rho_p))\,\mathrm{d}\boldsymbol{X}}{\prod_p\left[\int_{X_p}\exp(-\lambda\sum_p R_\tau(\rho_p))\,\mathrm{d}X_p\right]}\\
&= \frac{Z(\boldsymbol{y},\,\boldsymbol{\theta})}{Z(\lambda,\,\tau)^P},
\end{aligned}
$$

où $Z(\boldsymbol{y},\,\boldsymbol{\theta})$ est la fonction de partition de la loi *a posteriori* $p(\boldsymbol{X}\,|\,\boldsymbol{y},\,\boldsymbol{\theta})$. Cette approche semble *a priori* fournir un moyen d'estimer $\boldsymbol{\theta}$ à partir des données. Toutefois, la difficulté du problème vient du fait que $Z(\boldsymbol{y},\,\boldsymbol{\theta})$ n'est pas calculable explicitement. Ainsi, chaque évaluation de la vraisemblance nécessite un calcul numérique très coûteux de cette fonction de partition, et sa maximisation n'est réalisable que de manière approchée, ou par une stratégie locale comme en utilisant l'algorithme EM (pour *Expectation Maximisation* [Baum et al., 1970; Dempster et al., 1977]) à condition de pouvoir remettre à jour explicitement les paramètres $\boldsymbol{\theta}$ (modèle gaussien, modèle de la *chaîne faible* (*weak string*) [Blake, 1989; Fayolle, 1998]).

Sous certaines hypothèses, ce problème peut être résolu par échantillonnage stochastique [Robert, 1997; Saquib et al., 1998]. C'est l'approche retenue dans cette thèse.

B.2 Stratégie « totalement bayésienne » standard

B.2.1 Principe

L'objectif ici est de présenter le principe d'une procédure « totalement bayésienne » d'estimation des hyperparamètres $\boldsymbol{\theta}$, le lien avec l'estimation au sens du MV n'étant fait que dans un deuxième temps, au § B.2.3. La première étape d'une telle approche consiste à probabiliser le vecteur $\boldsymbol{\theta}$ par le biais d'une loi *a priori* $p(\boldsymbol{\theta})$. Nous reviendrons plus tard sur le choix de ces lois. Désormais, la loi *a posteriori* jointe

$$p(\boldsymbol{X},\, \boldsymbol{\theta} \,|\, \boldsymbol{y}) \propto p(\boldsymbol{y} \,|\, \boldsymbol{X},\, r_b)\, p(\boldsymbol{X} \,|\, \lambda,\, \tau)\, p(\boldsymbol{\theta})$$

contient toute l'information sur le spectre complexe $\boldsymbol{X}$ et les hyperparamètres $\boldsymbol{\theta}$. La deuxième étape pourrait consister à échantillonner cette loi afin de construire une suite de réalisations pour laquelle s'appliqueraient des estimateurs empiriques. L'idéal serait de pouvoir tirer aléatoirement des échantillons $(\boldsymbol{X}^k,\, \boldsymbol{\theta}^k)$ *indépendants et identiquement distribués* (*i.i.d.*) de $p(\boldsymbol{X},\, \boldsymbol{\theta} \,|\, \boldsymbol{y})$. Du fait de la taille de $\boldsymbol{X}$ et de la forme de cette loi, il est souvent impossible de générer des échantillons de la loi *a posteriori* de cette façon.

B.2.2 Méthode de Monte Carlo par chaîne de Markov

Une alternative connue en méthodes stochastiques est l'utilisation d'une chaîne de Markov. Ce procédé nommé *méthode de Monte Carlo par chaîne de Markov* (MCMC) fournit des échantillons corrélés de la loi *a posteriori* [Robert, 1997]. Les étapes élémentaires d'un tel procédé sont constituées par les échantillonnages successifs des différentes lois *conditionnelles*. Une itération de l'algorithme est exposée au Tableau B.1. Le lecteur intéressé par les justifications théoriques de cette démarche pourra consulter [Geman et Geman, 1984; Gelfand et Smith, 1990; Tierney, 1994].

Tableau B.1: *Schéma d'échantillonnage par la méthode MCMC.*

Échantillonner chacune des lois suivantes :
① $p(\boldsymbol{X}^{k+1} \,|\, \boldsymbol{y},\, \boldsymbol{\theta}^k)$
② $p(r_b^{k+1} \,|\, \boldsymbol{y},\, \boldsymbol{X}^{k+1})$
③ $p(\tau^{k+1} \,|\, \boldsymbol{X}^{k+1},\, \lambda^{k+1})$
④ $p(\lambda^{k+1} \,|\, \boldsymbol{X}^{k+1},\, \tau^k)$

Dans le Tableau B.1, l'ordre des étapes ③ et ④ constitue un degré de liberté fixé par l'utilisateur. Signalons aussi qu'il n'est pas nécessaire de connaître la fonction de partition de chaque loi pour pouvoir en simuler des réalisations.

Pour un nombre K d'itérations tendant vers l'infini, la loi de l'échantillon $(\boldsymbol{X}^K, \boldsymbol{\theta}^K)$ converge en distribution vers $p(\boldsymbol{X}, \boldsymbol{\theta} \mid \boldsymbol{y})$. De plus, la suite $\{\boldsymbol{X}^K, \boldsymbol{\theta}^K\}_{K\in\mathbb{N}}$ est une chaîne de Markov homogène qui possède les propriétés ergodiques adéquates [Gidas, 1985] ; par conséquent, on a un résultat de type loi des grands nombres

$$\text{Si } \mathrm{E}\big[\Psi^2\big] < \infty, \qquad \text{alors} \qquad \lim_{K\to+\infty} \frac{1}{K}\sum_{k=1}^{K} \Psi(\boldsymbol{X}^k, \boldsymbol{\theta}^k) = \mathrm{E}\big[\Psi\big], \qquad \text{presque sûrement.} \tag{B.7}$$

Il est donc important de remarquer que le calcul de l'intégrale

$$\mathrm{E}\big[\Psi\big] = \int_{\boldsymbol{X},\boldsymbol{\theta}} \Psi(\boldsymbol{X}, \boldsymbol{\theta})\, p(\boldsymbol{X}, \boldsymbol{\theta} \mid \boldsymbol{y})\, \mathrm{d}\boldsymbol{X}\, \mathrm{d}\boldsymbol{\theta}$$

peut être remplacé, d'après (B.7), par la génération d'une chaîne de Markov $\{\boldsymbol{X}^K, \boldsymbol{\theta}^K\}_{K\in\mathbb{N}}$. Cette option est d'ailleurs d'autant plus efficace que les lois conditionnelles du Tableau B.1 sont simples à échantillonner.

B.2.3 Inférence : choix d'estimateurs

Par le choix de la fonction Ψ, différentes inférences sont possibles. Par exemple, $\Psi = Id$ permet d'estimer les moyennes *a posteriori* (MP) des variables $\boldsymbol{X}$ et $\boldsymbol{\theta}$ à partir des moyennes empiriques. On peut aussi considérer les MAP marginaux (MAPM) obtenus pour chaque élément de $\boldsymbol{\theta}$, en construisant l'histogramme de sa distribution marginale et en choisissant l'abscisse donnant le maximum global de celle-ci.

Il est intéressant maintenant de faire le lien entre ces estimateurs et celui du MV pour les hyperparamètres. Pour cela, considérons que la loi *a priori* $p(\boldsymbol{\theta})$ vérifie :

$$p(\boldsymbol{\theta}) = s(r_b)\; l(\lambda)\; t(\tau). \tag{B.8}$$

Sans connaissance préalable sur une plage de valeurs *a priori* plus probable, on décide d'attribuer des densités uniformes sur $\mathbb{R}_+$ à chacun des paramètres, *i.e.*, $p(\boldsymbol{\theta}) = \mathcal{U}([0, +\infty))^3$. Ces lois *a priori* ont un rôle purement technique et considérer des distributions impropres pour s, l, t est un choix valide sous réserve que la vraisemblance (B.6) soit normalisable :

$$\int_{\boldsymbol{\theta}} p(\boldsymbol{y} \mid \boldsymbol{\theta})\, \mathrm{d}\boldsymbol{\theta} < \infty. \tag{B.9}$$

Alors, ces choix de s, l, t donnent directement accès à l'estimateur du maximum de vraisemblance $\widehat{\boldsymbol{\theta}}^{\,\mathrm{MV}}$des paramètres à partir de la loi *a posteriori*, puisque

$$p(\boldsymbol{\theta} \mid \boldsymbol{y}) \propto p(\boldsymbol{y} \mid \boldsymbol{\theta}). \tag{B.10}$$

$\widehat{\boldsymbol{\theta}}^{\,\mathrm{MV}}$s'identifiant à l'estimateur du MAPM $\widehat{\boldsymbol{\theta}}^{\,\mathrm{MAPM}}$de $p(\boldsymbol{X}, \boldsymbol{\theta} \mid \boldsymbol{y})$, on peut aborder l'estimation des hyperparamètres au sens du MV par échantillonnage stochastique, sous réserve que (B.9) soit vérifiée.

B.2.4 Limitation

Le schéma d'estimation décrit au Tableau B.1 et le choix d'*a priori* impropres (sous réserve de (B.9)) permettent d'aborder l'estimation des hyperparamètres au sens du MV sans devoir calculer la fonction $Z(\boldsymbol{y}, \boldsymbol{\theta})$. Néanmoins, cette méthode MCMC présente une limitation qui rend son coût de calcul prohibitif. Le Tableau B.1 fait état de quatre lois à échantillonner : trois distributions scalaires (pour chaque hyperparamètre) et une vectorielle, $p(\boldsymbol{X} \mid \boldsymbol{y}, \boldsymbol{\theta})$. La simulation des lois scalaires va dépendre de la distribution *a priori* choisie pour chaque hyperparamètre. Même en supposant que ces trois lois s'avèrent simples à simuler, il reste à tirer des réalisations de $p(\boldsymbol{X} \mid \boldsymbol{y}, \boldsymbol{\theta})$. Compte tenu de la forme (B.1) du critère $\mathcal{J}$, il est impossible d'effectuer un tirage direct d'un vecteur $\boldsymbol{X}$. Sa remise à jour nécessite alors de faire appel à une stratégie nommée *échantillonneur* [Winkler, 1995]. Les plus connus sont l'échantillonneur de Gibbs citepGeman84 et la dynamique de Metropolis-Hastings (MH)[Metropolis et al., 1953; Hastings, 1970].

L'échantillonneur de Gibbs repose sur l'échantillonnage successif des lois conditionnelles scalaires $p(X_p \mid \boldsymbol{X}_{-p}, \boldsymbol{y}, \boldsymbol{\theta})$ où

$$\boldsymbol{X}_{-p} = [X_0, \ldots, X_{p-1}, X_{p+1}, \ldots X_{P-1}] \in \mathbb{C}^{P-1}.$$

Cet algorithme est utilisable en pratique lorsque l'espace des configurations, c'est-à-dire des valeurs que peut prendre X_p, est discret ou si la loi $p(X_p \mid \boldsymbol{X}_{-p}, \boldsymbol{y}, \boldsymbol{\theta})$ est facilement simulable. Son utilisation dans le présent contexte n'est pas envisageable pour deux raisons :

1 X_p est à valeurs complexes ;

2 tirer des échantillons de la loi $p(X_p \mid \boldsymbol{X}_{-p}, \boldsymbol{y}, \boldsymbol{\theta})$ n'est pas réalisable directement.

Le tirage d'une réalisation de $p(X_p \mid \boldsymbol{X}_{-p}, \boldsymbol{y}, \boldsymbol{\theta})$ pourrait alors être effectué à l'aide d'une dynamique de MH [1] définie comme suit. En choisissant une loi de proposition [2], notée $q((\boldsymbol{X}_{-p}^i, X_p^{i-1}), .)$, selon laquelle on sait directement simuler une réalisation X_p^i sachant $\boldsymbol{X}_{-p}^i = \left[X_0^i, \ldots, X_{p-1}^i, X_{p+1}^{i-1}, \ldots, X_{P-1}^{i-1}\right]^{\mathrm{t}}$ à chaque itération i, l'algorithme se décompose en trois temps :

1 simuler un état candidat : $X \sim q((\boldsymbol{X}_{-p}^i, X_p^{i-1}), .)$

2 Évaluer la probabilité d'acceptation

$$\alpha\left((\boldsymbol{X}_{-p}^i\, X_p^{i-1}), X\right) = \min\left\{\frac{p(X \mid \boldsymbol{X}_{-p}^i, \boldsymbol{y}, \boldsymbol{\theta})/q\left((\boldsymbol{X}_{-p}^i, X_p^{i-1}), X\right)}{p(X_p^{i-1} \mid \boldsymbol{X}_{-p}^i, \boldsymbol{y}, \boldsymbol{\theta})/q\left(X, (\boldsymbol{X}_{-p}^i, X_p^{i-1})\right)}, 1\right\}$$

3 Simuler $U \sim \mathcal{U}([0,1])$, si $U \leqslant \alpha\left((\boldsymbol{X}_{-p}^i\, X_p^{i-1}), X\right)$ alors $X_p^i = X$, sinon $X_p^i = X_p^{i-1}$.

Néanmoins, cette stratégie reste très coûteuse si la loi de proposition est mal choisie. On peut en effet être amené à proposer beaucoup d'états candidats avant de modifier la valeur courante. De plus, il faut bien remarquer que cette solution concerne une seule amplitude X_p ; une fois cette variable remise à jour, il faut appliquer le même algorithme sur l'ensemble des composantes du vecteur $\boldsymbol{X}$ pour obtenir des réalisations de $p(\boldsymbol{X} \mid \boldsymbol{y}, \boldsymbol{\theta})$. C'est précisément la nécessité d'un

1. Il s'agit de la version *one-at-atime* de l'algorithme MH, qui peut aussi permettre de tirer des vecteurs aléatoires dans le cas général.

2. on dit aussi distribution instrumentale.

tel cycle et donc l'impossibilité de mener les échantillonnages scalaires en parallèle, qui rend le procédé lent et coûteux numériquement. C'est pourquoi, dans la suite, on s'intéresse plutôt à l'échantillonnage stochastique fondé sur l'interprétation bayésienne d'un critère semi-quadratique déduit de (B.1).

B.3 Stratégie « totalement bayésienne » semi-quadratique

B.3.1 Principe en traitement d'images

Pour la restauration d'une image $\boldsymbol{x} \in \mathbb{R}_+^N$, Geman et Reynolds [1992] et Geman et Yang [1995] ont proposé d'introduire des *variables auxiliaires* $\boldsymbol{b}$ réelles pour transformer la pénalisation initiale $\mathcal{R}(\boldsymbol{x})$ en une variante semi-quadratique $\mathcal{S}(\boldsymbol{x},\, \boldsymbol{b})$, c'est-à-dire quadratique en $\boldsymbol{x}$ à $\boldsymbol{b}$ fixé, et telle que

$$\inf_{\boldsymbol{b}} \mathcal{S}(\boldsymbol{x}, \boldsymbol{b}) = \mathcal{R}(\boldsymbol{x}). \tag{B.11}$$

L'interprétation bayésienne de la fonction $\mathcal{S}$ consiste à définir une loi *a priori* $p(\boldsymbol{x},\, \boldsymbol{b} \,|\, \boldsymbol{\theta}_0)$ *semi-gaussienne*, dépendant des paramètres $\boldsymbol{\theta}_0$, telle que $p(\boldsymbol{x} \,|\, \boldsymbol{b},\, \boldsymbol{\theta}_0)$ est gaussienne et que la loi jointe vérifie une contrainte de cohérence vis-à-vis de la loi *a priori* définie à partir de $\mathcal{R}$:

$$\arg\max_{\boldsymbol{b}} p(\boldsymbol{x},\, \boldsymbol{b} \,|\, \boldsymbol{\theta}_0) \propto p(\boldsymbol{x} \,|\, \boldsymbol{\theta}_0). \tag{B.12}$$

Pourvu que le bruit soit supposé gaussien, la loi *a posteriori* jointe

$$p(\boldsymbol{x},\, \boldsymbol{b},\, \boldsymbol{\theta} \,|\, \boldsymbol{y}) \propto p(\boldsymbol{y} \,|\, \boldsymbol{x},\, r_b)\; p(\boldsymbol{x},\, \boldsymbol{b} \,|\, \lambda,\, \tau)\;\; p(\boldsymbol{\theta})$$

conserve cette structure semi-gaussienne et vérifie une relation analogue à (B.12).

Cette approche permet d'éviter le recours à un échantillonneur comme au § B.2.4. La loi $p(\boldsymbol{x} \,|\, \boldsymbol{b},\, \boldsymbol{\theta}_0)$ étant gaussienne, le tirage d'un échantillon vectoriel $\boldsymbol{X}^k$ est réalisable en une étape. Toutefois, cette approche ne demeure attrayante que si $p(\boldsymbol{b} \,|\, \boldsymbol{x}, \boldsymbol{\theta}_0)$ est facilement simulable. Compte tenu de l'indépendance des variables b_p, cette dernière condition équivaut à savoir générer des réalisations de la loi scalaire $p(b_p \,|\, \boldsymbol{x}, \boldsymbol{\theta}_0)$. Rien n'est dit sur cette étape dans [Geman et Reynolds, 1992].

La solution développée dans [Geman et Yang, 1995] est très coûteuse et peu élégante. Bien que ces auteurs s'arrangent pour obtenir une loi $p(b_p \,|\, \boldsymbol{x}, \boldsymbol{\theta}_0)$ analytique, celle-ci n'est pas directement simulable. Ils choisissent de discrétiser toutes les variables et précalculent des tables de valeurs de probabilité cumulée (*cumulative distribution function* en anglais). À partir d'une telle table et de la génération d'une variable uniforme U, ils utilisent la méthode de la « distribution inverse » [Brémaud, 1999, p. 291]. À partir de la valeur de U, correspondant dans cette approche à la valeur de la fonction de répartition, ils en déduisent par inversion la valeur de b_p. Ce procédé est donc très lourd, et n'est envisageable que dans un cadre supervisé. Pour estimer les hyperparamètres, il serait nécessaire de recalculer à chaque itération, en fonction de $\boldsymbol{\theta}_0$, les tables de probabilité cumulée. Ce problème d'échantillonnage de $p(b_p \,|\, \boldsymbol{x}, \boldsymbol{\theta}_0)$ soulève donc une question :

Comment trouver une loi analytique (ou explicite) $p(b_p \,|\, \boldsymbol{x}, \boldsymbol{\theta}_0)$ et facilement simulable ?

Dans la suite, nous proposons des éléments de réponse novateurs. La solution est présentée dans le cadre de l'estimation de spectres de raies, et se transpose, avec des simplifications, au problème de la restauration d'images.

B.3.2 Application en estimation spectrale

B.3.2.1 Contribution existante

Avant de présenter notre solution, mentionnons néanmoins le cas traité dans [Demoment et Idier, 1999] qui concerne aussi l'estimation non supervisée de spectre de raies. La formulation adoptée dans [Demoment et Idier, 1999] est la même que dans cette thèse mais la pénalisation est L_1, *i.e.*, $R_\tau(.) = |.|$ si bien que $\boldsymbol{\theta}_0 = \lambda$. Ces auteurs proposent alors dans le formalisme de Geman et Reynolds [1992] un schéma d'échantillonnage des variables auxiliaires intéressant. Moyennant un changement de variable, $d_p = \psi(b_p)$, la loi $p(d_p \,|\, \boldsymbol{x}, \lambda)$ est analytique et peut être simulée par une méthode d'acceptation-rejet [Press et al., 1992, p. 203], avec pour loi de proposition, une distribution gamma. Il s'agit donc d'une première réponse à la question précédente. De plus, l'estimation de λ et r_b est abordée avec succès.

Toutefois, pour des raisons déjà évoquées (différentiabilité en zéro, lissage du bruit), nous préférons opter pour un potentiel de régularisation appartenant à Ω. Dans ce cas, même si la loi $p(b_p \,|\, \boldsymbol{x}, \lambda)$ reste analytique, son échantillonnage n'est plus direct (voir [Idier, 1999]). De plus, le formalisme de Geman et Reynolds [1992] ne permet pas d'envisager une éventuelle extension au cas markovien. C'est la raison pour laquelle, nous considérons maintenant des critères semi-quadratiques construits selon le principe de Geman et Yang [1995].

B.3.2.2 Vraisemblance semi-quadratique

Au chapitre III, des variables auxiliaires $\boldsymbol{B} = [B_0, \ldots, B_{P-1}]^{\mathrm{t}} \in \mathbb{C}^P$ ont permis de déterminer un critère semi-quadratique $\mathcal{K}$

$$\mathcal{K}(\boldsymbol{X}, \boldsymbol{B}) = \frac{1}{r_b} \|\boldsymbol{y} - W_{NP}\boldsymbol{X}\|^2 + \lambda \sum_{p=0}^{P-1} \left[\frac{|X_p - B_p|^2}{2} + \zeta_\tau(\beta_p) \right], \tag{B.13}$$

qui avec (B.1) vérifient (B.11). où la fonction circulaire ζ_τ est définie à l'aide d'une relation de conjugaison convexe (voir (III.20), p. 67) par :

$$\begin{aligned} \zeta_\tau(\beta_p) &= \sup_{X_p \in \mathbb{C}} \left(-\frac{1}{2} |X_p - B_p|^2 + R_\tau(\rho_p) \right) \\ &= \sup_{\rho_p \in \mathbb{R}_+} \left(-\frac{1}{2} (\rho_p - \beta_p)^2 + R_\tau(\rho_p) \right). \end{aligned} \tag{B.14}$$

Dans l'interprétation bayésienne du critère $\mathcal{K}$, le minimiseur $(\widehat{\boldsymbol{X}}, \widehat{\boldsymbol{B}})$ atteint le MAP conjoint, pour une loi *a priori* indépendante définie par :

$$p(\boldsymbol{X}, \boldsymbol{B} \,|\, \lambda, \tau) = \prod_{p=0}^{P-1} p(X_p, B_p \,|\, \lambda, \tau)$$

avec

$$p(X_p, B_p \mid \lambda, \tau) = \frac{1}{Z(\lambda, \tau)} \exp\left[-\lambda\left(\left|X_p - B_p\right|^2/2 + \zeta_\tau(\beta_p)\right)\right]. \tag{B.15}$$

Il est alors important de remarquer que la stratégie d'estimation au sens du MV envisagée ici ne s'identifie pas à celle de la section précédente puisque

$$\int_{\boldsymbol{B}} p(\boldsymbol{X}, \boldsymbol{B} \mid \lambda, \tau)\, \mathrm{d}\boldsymbol{B} \neq (B.2).$$

Par conséquent, la nouvelle fonction de vraisemblance $p(\boldsymbol{y} \mid \boldsymbol{\theta})$, baptisée *vraisemblance semi-quadratique*, s'écrit :

$$p(\boldsymbol{y} \mid \boldsymbol{\theta}) = \int_{\boldsymbol{X}, \boldsymbol{B}} p(\boldsymbol{y} \mid \boldsymbol{X}, r_b)\, p(\boldsymbol{X}, \boldsymbol{B} \mid \lambda, \tau)\, \mathrm{d}\boldsymbol{X}\, \mathrm{d}\boldsymbol{B}. \tag{B.16}$$

B.3.2.3 Schéma d'échantillonnage des lois conditionnelles

Le schéma d'échantillonnage susceptible de fournir une méthode non supervisée d'estimation de spectre de raies est décrit au Tableau B.2. Notons que les étapes ② et ③ peuvent être interverties tout comme les étapes ④ et ⑤.

Tableau B.2: *Schéma d'échantillonnage semi-quadratique par la méthode MCMC.*

Échantillonner chacune des lois suivantes :
① $p(\boldsymbol{X}^{k+1} \mid \boldsymbol{y}, \boldsymbol{B}^k, \boldsymbol{\theta}^k)$
② $p(r_b^{k+1} \mid \boldsymbol{y}, \boldsymbol{X}^{k+1})$
③ $p(\boldsymbol{B}^{k+1} \mid \boldsymbol{X}^{k+1}, \lambda^k, \tau^k) = \prod_{p=0}^{P-1} p(B_p^{k+1} \mid X_{p+1}^{k+1}, \lambda^k, \tau^k)$
④ $p(\tau^{k+1} \mid \boldsymbol{B}^{k+1}, \lambda^{k+1})$
⑤ $p(\lambda^{k+1} \mid \boldsymbol{X}^{k+1}, \boldsymbol{B}^{k+1}, \tau^k)$

Ce schéma fonctionne donc *a priori* par simulation de cinq lois conditionnelles pour obtenir des réalisations de la loi *a posteriori* jointe $p(\boldsymbol{X}, \boldsymbol{B}, \boldsymbol{\theta} \mid \boldsymbol{y})$. Notons que pour pouvoir envisager l'échantillonnage des paramètres (λ, τ), la connaissance analytique de $Z(\lambda, \tau)$ qui résulte du choix de ζ_τ, est indispensable. Dans la suite, nous allons analyser quelles fonctions ζ_τ permettent de résoudre ce problème. Nous proposons maintenant de décrire chacune de ces cinq étapes.

B.3.2.4 Échantillonnage de l'objet

Compte tenu de (B.13), on déduit que $p(\boldsymbol{X} \mid \boldsymbol{y}, \boldsymbol{B}, \boldsymbol{\theta})$ suit une distribution gaussienne $\mathcal{N}(\boldsymbol{m_X}, \Sigma_{\boldsymbol{X}})$ où

$$\begin{aligned} \Sigma_{\boldsymbol{X}} &= \left(\lambda I_P + \frac{2}{r_b} W_{NP}^\dagger W_{NP}\right)^{-1} \\ \boldsymbol{m_X} &= \Sigma_{\boldsymbol{X}} \left(\lambda \boldsymbol{B} + \frac{2}{r_b} W_{NP}^\dagger \boldsymbol{y}\right). \end{aligned}$$

Cette simplicité résulte évidemment de l'ajout des variables auxiliaires. L'étape importante consiste maintenant à trouver une alternative au schéma d'échantillonnage des variables auxiliaires proposé par Geman et Yang [1995].

B.3.2.5 Échantillonnage des variables auxiliaires

Tout d'abord, à la différence du problème d'échantillonnage posé en restauration d'images, nous devons générer des variables B_p complexes. Pour l'instant, la difficulté pour simuler une réalisation de

$$p(B_p \,|\, X_p, \lambda, \tau) \propto \exp\left[-\lambda\left(|X_p - B_p|^2/2 + \zeta_\tau(\beta_p)\right)\right]$$

semble liée au caractère implicite de ζ_τ. Nous commençons donc par résoudre ce problème.

Choix de ζ_τ L'idée que nous proposons repose sur la généralisation de la méthode adoptée dans [Geman et Yang, 1995] qui consiste à choisir une fonction ζ_τ analytique pour en déduire le potentiel R_τ implicite, donné par :

$$R_\tau(\rho_p) = \inf_{\beta_p \in \mathbb{R}_+}\left(\frac{1}{2}(\rho_p - \beta_p)^2 + \zeta_\tau(\beta_p)\right). \tag{B.17}$$

Celui-ci n'intervenant pas directement dans le processus d'estimation des paramètres, son expression exacte n'a d'intérêt que pour la phase postérieure de restauration du spectre (minimisation de (B.13)), afin de remettre à jour $\boldsymbol{B}$. Dans la classe de fonctions Ω, le choix d'un potentiel de Huber (défini à la page 170) pour ζ_τ garantit le caractère explicite de R_τ, qui est aussi d'après (B.17) une fonction de Huber [Idier, 1999, Table 1]. L'utilisation de la fonction « équitable » (*fair*) [Rey, 1983; Brette et Idier, 1996]

$$\zeta_\tau(\beta) = \beta/\tau - \log(1 + \beta/\tau), \tag{B.18}$$

introduit un niveau de difficulté légèrement plus grand : la fonction R_τ qui en découle peut être explicitée au prix de la détermination de la racine réelle positive du polynôme du deuxième degré (en $\widetilde{\beta}_\rho$), défini à partir de (B.17) par

$$\widetilde{\beta}_\rho + \zeta'_\tau(\widetilde{\beta}_\rho) = \rho. \tag{B.19}$$

Enfin, pour une fonction ζ_τ hyperbolique, l'équation (B.19) se transforme en polynôme de degré quatre, dont il faut trouver la racine réelle positive. Par conséquent, la remise à jour avec cette fonction devient plus compliquée.

Si l'on s'affranchit du caractère analytique de R_τ, il est important dans la démarche proposée de garantir que son comportement, au voisinage de zéro comme à l'infini, et ses propriétés (convexité, différentiabilité), fixées en fonction des informations *a priori* sur le spectre, sont conservées. La sélection préalable d'une fonction ζ_τ ne doit donc pas remettre en cause les choix opérés sur R_τ. Pour ce faire, une étude au cas par cas est menée dans [Geman et Yang, 1995]. Dans la proposition suivante, nous établissons un lien clair entre les propriétés de ζ_τ et celles de R_τ.

Proposition 5 Si $\zeta_\tau \in \Omega$ alors $R_\tau \in \Omega$.

Preuve 4

(i) Montrons tout d'abord que R_τ est une fonction paire si ζ_τ est paire sur $\mathbb{R}$. On a

$$\begin{aligned}
\forall\, \rho \in \mathbb{R}_+,\ R_\tau(\rho) &= \inf_{\beta \in \mathbb{R}_+}\left(\frac{1}{2}(\rho - \beta)^2 + \zeta_\tau(\beta)\right) \\
&= \inf_{\beta \in \mathbb{R}}\left(\frac{1}{2}(\rho - \beta)^2 + \zeta_\tau(\beta)\right) \\
&= \inf_{\beta \in \mathbb{R}}\left(\frac{1}{2}(\rho + \beta)^2 + \zeta_\tau(-\beta)\right) = R_\tau(-\rho),
\end{aligned}$$

donc R_τ est paire sur $\mathbb{R}$.

(ii) La fonction ζ_τ étant convexe, $g(\beta) = (\rho - \beta)^2/2 + \zeta_\tau(\beta)$ est strictement convexe sur $\mathbb{R}$, si bien que [Rockafellar, 1970, Th. 26.3] permet de conclure que $g^*(\rho) = \rho^2/2 - R_\tau(\rho)$ est C^1, donc R_τ aussi.

(iii) Pour la convexité, supposons pour simplifier que les fonctions ζ_τ et R_τ sont C^2. D'après (B.17), on a

$$R_\tau(\rho) = \frac{1}{2}(\rho - \widetilde{\beta}_\rho)^2 + \zeta_\tau(\widetilde{\beta}_\rho), \tag{B.20}$$

où $\widetilde{\beta}_\rho > 0$ est fini [3], et défini implicitement par (B.19). Alors, il vient successivement

$$\begin{aligned} R'_\tau(\rho) &= \left(\widetilde{\beta}_\rho - \rho\right)\left(\widetilde{\beta}'_\rho - 1\right) + \widetilde{\beta}'_\rho \zeta'_\tau(\widetilde{\beta}_\rho) \\ R''_\tau(\rho) &= \left(\widetilde{\beta}'_\rho - 1\right)^2 + \widetilde{\beta}''_\rho\left[\widetilde{\beta}_\rho + \zeta'_\tau(\widetilde{\beta}_\rho) - \rho\right] + (\widetilde{\beta}'_\rho)^2 \zeta''_\tau(\widetilde{\beta}_\rho). \end{aligned}$$

D'après (B.19), le terme entre crochets ci-dessus est nul. Par ailleurs, le terme $\zeta''_\tau(\widetilde{\beta}_\rho)$ est non-négatif d'après la convexité de ζ_τ, si bien qu'on en déduit que $R''_\tau(\rho) \geqslant 0$, c'est-à-dire que R_τ est convexe sur $\mathbb{R}$. De même si ζ_τ est strictement convexe, R_τ l'est aussi. Par conséquent, le caractère croissant (fonction paire et convexe sur $\mathbb{R}$) sur $\mathbb{R}_+$ de ζ_τ est transmis à R_τ.

(iv) Dire que ζ_τ est une fonction L_{21} équivaut à faire les hypothèses suivantes :

$$\lim_{\beta \to 0} \zeta_\tau(\beta)/\beta^2 = M_1 < \infty \qquad \lim_{\beta \to \infty} \zeta_\tau(\beta)/\beta = M_2 < \infty \tag{B.21}$$

En injectant (B.19) dans (B.20), on obtient

$$R_\tau(\rho + \zeta'_\tau(\beta_\rho)) = (\zeta'_\tau(\beta_\rho))^2/2 + \zeta_\tau(\rho). \tag{B.22}$$

Posons $c = \rho + \zeta'_\tau(\beta_\rho)$, alors

$$c \underset{\infty}{\sim} \rho + M_2 \underset{\infty}{\sim} \rho,$$

si bien que $\lim_{\rho \to \infty} R_\tau(c)/\rho = \lim_{c \to \infty} R_\tau(c)/c = M_2$ d'après (B.21)-(B.22). Par conséquent, R_τ a un comportement linéaire à l'infini. De même au voisinage de 0, on peut écrire

$$c^2 \underset{0}{\sim} (2M_1 + 1)^2 \rho^2,$$

si bien que

$$\lim_{\rho \to 0} R_\tau(c)/\rho^2 = (2M_1 + 1)^2 \lim_{c \to 0} R_\tau(c)/c^2.$$

D'après (B.22), $\lim_{c \to 0} R_\tau(c) = M_1(1 + 2M_1)\rho^2$, d'où

$$\lim_{c \to 0} R_\tau(c)/c^2 = M_1/(1 + 2M_1).$$

On en conclut que le caractère L_2 de ζ_τ au voisinage de 0 est transmis à R_τ à par (B.17), ce qui termine la démonstration [4].

3. puisque g est continue, convexe et infinie à l'infini.

4. En fait, on peut montrer la réciproque. Pour la parité, le résultat est évident ; pour la convexité et le caractère C^1, la preuve est faite dans [Idier, 1999] ; pour le comportement L_{21}, une analyse similaire à celle présentée ici fournit les résultats attendus.

Une application directe de ce résultat conduit ainsi à choisir pour ζ_τ un potentiel L_{21}. Le choix explicite de la fonction ζ_τ doit être opéré en gardant à l'esprit que la fonction de partition $Z(\lambda, \tau)$ de la loi $p(X_p, B_p \,|\, \lambda, \tau)$ doit rester explicite pour pouvoir ensuite envisager d'échantillonner les paramètres λ et τ. Toutefois, plusieurs potentiels satisfont cette contrainte. En fait, puisque l'intégration de (B.15) par rapport à X_p est celle d'une gaussienne, il suffit de savoir intégrer ζ_τ sur $\mathbb{R}_+$ pour obtenir explicitement $Z(\lambda, \tau)$. L'Exemple 1 a montré que la fonction hyperbolique pouvait être envisagée. En fait, la fonction de Huber et la fonction « équitable » conviennent aussi. Il peut donc être opportun d'introduire un autre critère de sélection. Pour justifier le critère que nous avons retenu, il est nécessaire d'identifier clairement quelles lois doivent être échantillonnées.

Compte tenu de la circularité de la fonction ζ_τ, il semble que le schéma le plus pertinent pour tirer aléatoirement une variable B_p soit de procéder par l'échantillonnage de son module β_p et de sa phase $\widetilde{\phi}_p$. Puisque

$$\begin{aligned} p(\beta_p, \widetilde{\phi}_p \,|\, X_p, \lambda, \tau) &\propto p(\beta_p \,|\, \widetilde{\phi}_p, X_p, \lambda, \tau)\, p(\widetilde{\phi}_p \,|\, \lambda) \\ &\propto p(\widetilde{\phi}_p \,|\, \beta_p, X_p, \lambda, \tau)\, p(\beta_p \,|\, \lambda, \tau), \end{aligned}$$

la situation idéale serait de pouvoir séparer ces deux étapes, en déterminant d'abord l'une des deux lois marginales $p(\widetilde{\phi}_p \,|\, \lambda)$ ou $p(\beta_p \,|\, \lambda, \tau)$, et en simulant une réalisation de celle-ci, puis en simulant la seconde variable selon la loi conditionnelle. Toutefois, aucune des deux lois marginales n'est calculable explicitement dans notre cas. Il faut donc procéder autrement, en décomposant l'étape ② du Tableau B.2, en deux sous-étapes, décrites au Tableau B.3.

Tableau B.3: *Décomposition de l'échantillonnage des variables auxiliaires.*

Échantillonner chacune des lois suivantes :
❶ $p(\beta_p^{k+1} \,|\, \widetilde{\phi}_p^k, X_p^{k+1}, \lambda^k, \tau^k)$
❷ $p(\widetilde{\phi}_p^{k+1} \,|\, \beta_p^{k+1}, X_p^{k+1}, \lambda^k)$

Notons que les opérations ❶ et ❷ peuvent être échangées. C'est donc dans l'étape ∘2a que le choix de ζ_τ joue un rôle. En particulier, la simulation de $p(\beta_p^{k+1} \,|\, \widetilde{\phi}_p^k, X_p^{k+1}, \lambda^k, \tau^k)$ semble être plus simple si la densité, définie sur $\mathbb{R}_+$, par

$$f(\beta_p \,|\, \lambda, \tau) = \frac{1}{\widetilde{Z}(\lambda, \tau)} \exp(-\lambda\, \zeta_\tau(\beta_p))$$

est facile à échantillonner, où $\widetilde{Z}(\lambda, \tau)$ est la fonction de partition de f. Parmi toutes les fonctions L_{21} connues [Huber, 1981; Rey, 1983; Hebert et Leahy, 1989; Green, 1990; O'Sullivan, 1994; Künsch, 1994; Li et Huang, 1995; Brette et Idier, 1996; Charbonnier et al., 1997], la fonction (B.18) [5] semble particulièrement bien adaptée car elle conduit à une distribution concave à queue lourde, directement simulable (sans recourir à un échantillonneur) d'après les travaux de [Philippe, 1997] :

$$f(\beta_p \,|\, \lambda, \tau) = \frac{1}{\widetilde{Z}(\lambda, \tau)} (1 + \beta_p/\tau)^\lambda \exp(-\lambda\, \beta_p/\tau). \tag{B.23}$$

5. Notons que la fonction de Huber peut conduire à une loi gaussienne ou Laplace par morceaux, donc restant assez simple à échantillonner.

En effet, en notant $\mathcal{G}(a, b)$ la distribution gamma définie par la densité

$$g(x\,;\,a,\,b) = \frac{b^a}{\Gamma(a)}\,x^{a-1}\,e^{-bx}\mathbb{1}_{\mathbb{R}_+}(x),\quad a,\,b > 0,$$

où $\Gamma(x)$ est défini par (B.5), et $\mathcal{TG}^+(a, b, t)$ la distribution gamma tronquée à gauche en t, $t > 0$, dont la densité s'écrit [Philippe, 1997] :

$$g^+(x\,;\,a,\,b,\,t) = \frac{b^a}{\Gamma(a,\,bt)}x^{a-1}\,e^{-bx}\,\mathbb{1}_{x\geqslant t},$$

on obtient aisément que

$$f(\beta_p\,|\,\lambda,\,\tau) \propto g^+(\beta_p+\tau,\,\lambda+1,\,\lambda/\tau,\,\tau).$$

À l'aide de la définition de la fonction gamma incomplète $\gamma(a, x)$

$$\gamma(a,x) = \int_0^x e^{-t}\,t^{a-1},\qquad (\Re\,(a) > 0),$$

et des relations [Abramowitz et Stegun, 1970, 6.1.15, 6.5.22], un calcul permet d'établir que

$$\widetilde{Z}(\lambda,\,\tau) = \frac{\tau^2}{\lambda}\left[1 + e^{\lambda}\frac{\Gamma(\lambda+1)-\gamma(\lambda+1,\lambda)}{\lambda^{\lambda}}\right]. \tag{B.24}$$

Ainsi, la loi (B.23) est normalisable, et sa fonction de partition $Z(\lambda,\,\tau)$ connue. Ce calcul permet d'en déduire directement la fonction de partition de la loi *a priori* jointe du couple $(X_p,\,B_p) \in \mathbb{C}^2$, puisque

$$Z(\lambda,\,\tau) = \frac{4\pi^2}{\lambda}\widetilde{Z}(\lambda,\,\tau). \tag{B.25}$$

Maintenant que ζ_τ est choisie, il reste à mettre en œuvre les étapes ❶ et ❷.

Simulation des modules : ❶ Il s'agit donc de simuler des réalisations de

$$p(\beta_p\,|\,\widetilde{\phi}_p,\,X_p,\,\lambda,\,\tau) \propto (1+\beta_p/\tau)^{\lambda}\exp\left[-\lambda\left(\left(X_p - \beta_p\exp(j\widetilde{\phi}_p)\right)^2/2 + \beta_p/\tau\right)\right]. \tag{B.26}$$

Une possibilité pour tirer une réalisation de (B.26) est de procéder au changement de variable

$$\widetilde{\beta}_p = \beta_p + \tau \tag{B.27}$$

puis de simuler des réalisations de $p(\widetilde{\beta}_p\,|\,\widetilde{\phi}_p,\,X_p,\,\lambda,\,\tau)$ déduite de (B.26) par la méthode d'acceptation-rejet [Press et al., 1992, p. 203] avec pour loi de proposition $q(\beta_p\,;\,a,\,b,\,t) = \mathcal{TG}^+(a,\,b,\,t)$, puisque

$$\forall\,\widetilde{\beta} \in \mathbb{R}_+,\qquad p(\widetilde{\beta}_p\,|\,\widetilde{\phi}_p,\,X_p,\,\lambda,\,\tau) \leqslant M\,q(\widetilde{\beta}_p\,;\,\lambda+1,\,\lambda/\tau,\,\tau). \tag{B.28}$$

En dernier lieu, on déduit la variable β_p simulée à partir de (B.27).

L'efficacité de cette approche est conditionnée par le taux d'acceptation $1/M$. Pour calculer ce taux et chercher ensuite à l'optimiser, il faut connaître la constante de normalisation $C(\lambda,\,\tau)$ de la loi (B.26), mais ce calcul n'est pas réalisable ici compte tenu du choix de ζ_τ. Un moyen pour obtenir une approximation de $C(\lambda, \tau)$ consiste à approcher (B.18) par une fonction de Huber. Cette dernière permet en effet d'obtenir explicitement la constante $C(\lambda, \tau)$, puisque la loi à intégrer est alors gaussienne « par morceaux ». Une fois la loi (B.26) normalisée, on exploite la connaissance de $C(\lambda, \tau)$ pour adapter les paramètres (a, b, t) de la densité de proposition q de façon à minimiser M.

Au niveau de la mise en œuvre de cette étape, il s'est avéré que le taux d'acceptation était inférieur à 50 %. Il est donc souhaitable à titre de perspectives d'envisager l'adaptation des paramètres (a, b, t) de la loi de proposition q. Une fois cette opération réalisée, une réalisation β_p est disponible ; comme les variables auxiliaires sont indépendantes, l'échantillonnage de $\boldsymbol{\beta} = [\beta_0, \ldots, \beta_{P-1}]^{\mathrm{t}}$ est parallélisable. Il reste alors à générer le vecteur $\widetilde{\boldsymbol{\phi}}$ des phases des variables $\boldsymbol{B}$.

Simulation des phases : ❷ Pour simuler $\widetilde{\phi}_p$, on s'intéresse à l'échantillonnage de la loi conditionnelle

$$\begin{aligned} p(\widetilde{\phi}_p \,|\, \beta_p, X_p, \lambda) &\propto \exp\left[-\lambda\left(X_p - \beta_p \exp\left(j\widetilde{\phi}_p\right)\right)^2/2\right] \\ &\propto \exp\left[\lambda\beta_p\left(\Re(X_p)\cos(\widetilde{\phi}_p) - \Im(X_p)\sin(\widetilde{\phi}_p)\right)\right]. \end{aligned} \tag{B.29}$$

Puisque

$$\int_0^{2\pi} \exp\left(a\cos\phi + b\sin\phi\right)\,\mathrm{d}\phi = 2\pi I_0(\sqrt{a^2+b^2})$$

où I_0 est la fonction de Bessel modifiée d'ordre 0 [Abramowitz et Stegun, 1970, pp. 374-376], la constante de normalisation $C(\beta_p, \rho_p, \lambda)$ de (B.29) est aisée à calculer, elle vaut $I_0(\lambda\beta_p\rho_p)$. Pour autant, la loi (B.29) n'est pas simple à échantillonner. Puisque $\widetilde{\phi}_p \in [0, 2\pi)$, nous proposons de discrétiser cet intervalle pour mettre en œuvre un échantillonneur de Gibbs. L'application de cette stratégie au présent contexte est maintenant décrite.

Soient $(\varphi_1, \varphi_2, \ldots, \varphi_K)$ K valeurs équiréparties ($\varphi_k = 2\pi(k-1)/K$) définissant la discrétisation de $[0, 2\pi)$. En calculant (B.29) pour chaque φ_k, et en prenant leur somme, on déduit la fonction probabilité cumulée, encore appelée fonction de répartition F à valeurs sur $[0, 1]$. Pour générer une réalisation $\widetilde{\phi}_p$ de (B.29), il suffit alors de procéder au tirage aléatoire d'une variable $U \sim \mathcal{U}([0, 1])$, pour en déduire par inversion la valeur $\widetilde{\phi}_p = \varphi_l$ sélectionnée. Là encore, cette étape peut être vectorisée pour simuler directement le vecteur $\widetilde{\boldsymbol{\phi}}$.

Retour à la restauration d'images ... En restauration d'images, les vecteurs $\boldsymbol{x}$ et $\boldsymbol{b}$ sont réels, il suffit donc d'appliquer l'étape $\circ 2a$ à l'échantillonnage de $p(b_p \mid \mathrm{d}_p\boldsymbol{x}, \lambda, \tau)$, où $\mathrm{d}_p\boldsymbol{x}$ décrit par exemple, la p-ème clique d'ordre 1 du champ de Markov utilisé comme modèle *a priori* sur l'image. Les cliques d'ordre 1 correspondent aux différences premières des pixels de l'image suivant les axes horizontaux et verticaux. Compte tenu de (B.23), il s'agit de tirer des réalisations de

$$p(b_p \mid \mathrm{d}_p^k\boldsymbol{x}, \lambda, \tau) \propto \exp\left(-\lambda\left((b_p - \mathrm{d}_p\boldsymbol{x})^2/2 + \zeta_\tau(b_p)\right)\right).$$

Cette étape peut être réalisée par réjection comme au § B.3.2.5.

B.3.2.6 Échantillonnage de la variance

Supposons qu'on considère comme loi *a priori* pour r_b la distribution impropre $s(r_b) = \mathcal{U}([0,\ +\infty))$, ce qui n'est possible qu'à la condition (B.9). Au lieu de vérifier que la vraisemblance $p(\boldsymbol{y} \mid \boldsymbol{\theta})$ est normalisable par rapport à r_b, on peut s'assurer que la loi *a posteriori*

$$p(\boldsymbol{X}, \boldsymbol{B}, \boldsymbol{\theta} \mid \boldsymbol{y}) \propto p(\boldsymbol{y} \mid \boldsymbol{X}, \boldsymbol{\theta})\ p(\boldsymbol{X}, \boldsymbol{B} \mid \boldsymbol{\theta})\ p(\boldsymbol{\theta})$$

est intégrable en $(\boldsymbol{X},\ \boldsymbol{B},\ \boldsymbol{\theta})$, car alors ses marginales le sont aussi, et l'on conclut que (B.9) est vérifiée en exploitant (B.10). Toutefois, cette condition *suffisante* nécessite d'intégrer la loi *a posteriori* en $(\boldsymbol{X},\ \boldsymbol{B})$. Si l'intégration vis-à-vis de $\boldsymbol{X}$ ne pose pas de difficulté, on ne peut pas en dire autant de celle concernant $\boldsymbol{B}$. C'est pourquoi, dans la suite on se contente de vérifier des conditions *nécessaires* mais non suffisantes, du type

$$\int_0^\infty p(r_b \mid \boldsymbol{X},\ \boldsymbol{B},\ \boldsymbol{y},\ \lambda,\ \tau)\,\mathrm{d}r_b < \infty. \tag{B.30}$$

Puisque r_b est indépendant de $(\boldsymbol{B},\ \lambda,\ \tau)$, (B.30) se simplifie en $\int_0^\infty p(r_b \mid \boldsymbol{X},\ \boldsymbol{y})\,\mathrm{d}r_b$, qui est finie puisque

$$p(r_b \mid \boldsymbol{X},\ \boldsymbol{y}) \sim \mathcal{IG}(N/2 - 1, \|\boldsymbol{y} - W_{NP}\boldsymbol{X}\|^2 /2),$$

où $\mathcal{IG}$ désigne la loi inverse gamma c'est-à-dire que $r_b^{-1} \sim \mathcal{G}(N/2 - 1, \|\boldsymbol{y} - W_{NP}\boldsymbol{X}\|^2 /2)$. Par conséquent, la condition (B.30) est satisfaite, et l'échantillonnage de r_b ne pose pas de difficulté puisque $\mathcal{IG}$ est une loi usuelle.

Mentionnons aussi l'utilisation courante d'une loi *a priori* $\mathcal{IG}$ pour r_b, car elle correspond pour des observations gaussiennes et indépendantes à la loi *conjuguée* de la vraisemblance [Robert, 1992, p. 97].

B.3.2.7 Échantillonnage de τ

Nous procédons de la même manière pour τ ($t = \mathcal{U}([0,\ +\infty))$). Il s'agit alors de vérifier si

$$\int_0^\infty p(\tau \mid \boldsymbol{\beta},\ \lambda)\,\mathrm{d}\tau < \infty. \tag{B.31}$$

En exploitant successivement les expressions (B.24)-(B.25) et l'indépendance des couples $(X_p,\ B_p)$ pour $p \in \{0,\ \ldots,\ P-1\}$, on déduit que

$$p(\tau \mid \boldsymbol{\beta},\ \lambda) \propto \tau^{-2P} \left[\prod_{p=0}^{P-1} (1 + \beta_p/\tau)\right]^\lambda \exp\left(-\lambda \sum_{p=0}^{P-1} \beta_p/\tau\right). \tag{B.32}$$

L'étude du comportement en 0 et à l'infini de (B.32) conduit à

$$\lim_{\tau \to 0} p(\tau \mid \boldsymbol{\beta},\ \lambda) = \lim_{\tau \to +\infty} p(\tau \mid \boldsymbol{\beta},\ \lambda) = 0.$$

En découpant l'intégrale (B.31) sur les intervalles $[0,\ 1]$ et $[1,\ +\infty)$, en exploitant le fait que

$$\forall x \in \mathbb{R}^+, \quad 1 + x^{-1} \leqslant e^{-x} \tag{B.33}$$

on obtient

$$\int_0^1 p(\tau \mid \boldsymbol{\beta}, \lambda)\,\mathrm{d}\tau \leqslant L_1 \int_0^1 \tau^{-2P} \exp\left(-2\lambda \sum_{p=0}^{P-1} \beta_p/\tau\right) < \infty, \quad (L_1 > 0)$$

$$\int_1^\infty p(\tau \mid \boldsymbol{\beta}, \lambda)\,\mathrm{d}\tau \leqslant L_2 \int_1^\infty \tau^{-2P}\,\mathrm{d}\tau < \infty, \quad (L_2 > 0,\, P > 1)$$

ce qui permet de conclure que (B.31) est vérifiée.

Le problème d'échantillonnage posé peut sembler complexe. La loi (B.32) n'est évidemment pas simulable directement. Toutefois, en exploitant à nouveau la majoration (B.33), on obtient aisément

$$\forall \tau \in \mathbb{R}_+, \quad p(\tau \mid \boldsymbol{\beta}, \lambda) \leqslant M \tau^{-2P} \exp\left(-2\lambda \sum_{p=0}^{P-1} \beta_p/\tau\right) \sim \mathcal{IG}(2P+1, 2\lambda \sum_{p=0}^{P-1} \beta_p),$$

où M dépend de la constante de normalisation $C(\boldsymbol{\beta}, \lambda)$ de la loi $p(\tau \mid \boldsymbol{\beta}, \lambda)$. Autrement dit, pour simuler des réalisations de $p(\tau \mid \boldsymbol{\beta}, \lambda)$, on peut procéder par réjection [Press et al., 1992, p. 203] avec pour loi de proposition une distribution $\mathcal{IG}(a, b)$, dont le réglage des paramètres permettra d'optimiser le taux d'acceptation $1/M$.

B.3.2.8 Échantillonnage de λ

En considérant de nouveau une loi *a priori* impropre pour λ ($l = \mathcal{U}([0, +\infty))$, nous cherchons à vérifier si

$$\int_0^\infty p(\lambda \mid \boldsymbol{X}, \boldsymbol{B}, \tau)\,\mathrm{d}\lambda < \infty. \tag{B.34}$$

En exploitant successivement les expressions (B.24)-(B.25) et l'indépendance des couples (X_p, B_p) pour $p \in \{0, \ldots, P-1\}$, on déduit que

$$p(\lambda \mid \boldsymbol{X}, \boldsymbol{B}, \tau) \propto \left[\lambda^{-2} + e^{\lambda} \frac{\Gamma(\lambda+1) - \gamma(\lambda+1, \lambda)}{\lambda^{\lambda+2}}\right]^P \left[\prod_{p=0}^{P-1} \left(1 + \frac{\beta_p}{\tau}\right)\right]^\lambda$$
$$\exp\left[-\lambda\left(\frac{\|\boldsymbol{X} - \boldsymbol{B}\|^2}{2} + \sum_{p=0}^{P-1} \frac{\beta_p}{\tau}\right)\right]. \tag{B.35}$$

D'une part, on a

$$p(\lambda \mid \boldsymbol{X}, \boldsymbol{B}, \tau) \leqslant M \left[\lambda^{-2} + e^{\lambda} \frac{\Gamma(\lambda+1) - \gamma(\lambda+1, \lambda)}{\lambda^{\lambda+2}}\right]^P \exp[-\lambda(\frac{\|\boldsymbol{X} - \boldsymbol{B}\|^2}{2} + 2\sum_{p=0}^{P-1} \frac{\beta_p}{\tau})],$$

d'autre part, une étude numérique de la fonction

$$K(\lambda) = \left[\lambda^{-2} + e^{\lambda} \frac{\Gamma(\lambda+1) - \gamma(\lambda+1, \lambda)}{\lambda^{\lambda+2}}\right]$$

a permis de montrer que

$$\lim_{\lambda \to 0} K(\lambda) = +\infty \qquad \lim_{\lambda \to +\infty} K(\lambda) = 0.$$

Apparemment, compte tenu des relations

$$\begin{aligned}
&\forall\,\lambda \in (0,\,1],\ e^{\lambda} \geqslant \lambda^{\lambda}, \qquad \forall\,\lambda \geqslant 1,\ e^{\lambda} \leqslant \lambda^{\lambda},\\
&\lim_{\lambda\to 0}\,[\Gamma(\lambda+1)-\gamma(\lambda+1,\lambda)] = 0\\
&\forall\,\text{a fixé},\ \lim_{\lambda\to+\infty}\,[\Gamma(a)-\gamma(a,\lambda)] = 0,
\end{aligned}$$

on peut déduire qualitativement que le comportement de $e^{\lambda}/\lambda^{\lambda}$ l'emporte sur celui de $\Gamma(\lambda+1) - \gamma(\lambda+1,\lambda)$, aussi bien en zéro qu'à l'infini. Autrement dit, il ne semble pas possible de satisfaire la condition (B.34), ce qui veut dire que le choix d'un *a priori* impropre pour l est à proscrire. À titre de perspectives, il serait donc intéressant de déterminer des lois *a priori* l garantissant (B.34) ou mieux encore (B.9).

Il n'est donc pas question pour l'instant d'envisager l'échantillonnage de $p(\lambda \mid \boldsymbol{X},\, \boldsymbol{B},\, \tau)$.

B.4 Conclusion

En l'état actuel de nos connaissances, il est possible d'échantillonner assez efficacement quatre des cinq lois nécessaires au tirage d'échantillons de la loi *a posteriori* $p(\boldsymbol{X},\, \boldsymbol{B},\, \boldsymbol{\theta} \mid \boldsymbol{y})$, en supposant bien sûr que (B.9) est satisfaite. Pour remédier à l'avenir au problème de la vérification de (B.9), il semble que la stratégie la plus simple consiste à définir des lois *a priori* s, l et t propres mais suffisamment diffuses, car dans ces conditions, on obtient

$$\begin{aligned}
\int_{\boldsymbol{\theta}} p(\boldsymbol{\theta})\,\mathrm{d}\boldsymbol{\theta} &< \infty\\
\int_{\boldsymbol{B}} p(\boldsymbol{B} \mid \boldsymbol{\theta})\,\mathrm{d}\boldsymbol{B} &< \infty\\
\int_{\boldsymbol{X}} p(\boldsymbol{X} \mid \boldsymbol{y},\, \boldsymbol{B},\, \boldsymbol{\theta})\,\mathrm{d}\boldsymbol{X} &< \infty
\end{aligned}$$

ce qui suffit à garantir la normalisation de la loi *a posteriori*

$$p(\boldsymbol{X},\, \boldsymbol{B},\, \boldsymbol{\theta} \mid \boldsymbol{y}) \propto p(\boldsymbol{X} \mid \boldsymbol{y},\, \boldsymbol{B},\, \boldsymbol{\theta})\; p(\boldsymbol{B} \mid \boldsymbol{\theta})\; p(\boldsymbol{\theta}).$$

Si l'on y parvient, on pourra probablement échantillonner le paramètre λ. Mais, pour une distribution $p(\boldsymbol{\theta})$ intégrable, il ne sera plus possible d'obtenir l'estimateur du MV à partir du MMAP. De ce fait, les performances d'une approche standard d'estimation au sens du MV ne pourront pas être comparées avec celles de la méthode proposée dans cette annexe, qui repose sur une vraisemblance non plus définie par (B.6) mais par (B.16).

L'approche que nous avons présentée ne fournit pas encore une procédure non supervisée d'estimation de spectres de raies. Elle est à la fois plus complexe et plus difficile à mettre en œuvre que celle proposée dans [Demoment et Idier, 1999] sur ce même problèmes. L'extension de cette approche au cas markovien ne semble pas non plus aisée. Toutefois, les résultats nouveaux présentés (Proposition 1) vont pouvoir s'appliquer sous une forme plus simple à d'autres domaines que l'estimation spectrale, en particulier la restauration d'images.

ANNEXE C

PROPRIÉTÉS STATISTIQUES DES ESTIMATEURS SPECTRAUX

L'OBJET DE CETTE ANNEXE est double. Il s'agit d'une part d'étudier les propriétés statistiques à nombre fini d'échantillons de l'estimateur de spectres réguliers. Dans un deuxième temps, nous étudions dans le cas séparable et pénalisé quadratiquement, les propriétés statistiques asymptotiques de l'estimateur. Nous en déduisons des conditions de convergence en moyenne quadratique (MQ) vers la densité spectrale de puissance (DSP) du processus partiellement observé.

C.1 Propriétés à nombre fini d'échantillons

En considérant les données y comme un fragment de trajectoire d'un processus aléatoire $\{\mathcal{X}_n\}_{n\in\mathbb{Z}}$, nous comparons les *performances* de l'estimateur $\bar{P}_{\mathcal{X}}$ de spectres réguliers, présenté au chapitre II, avec celles du périodogramme des données $\widetilde{P}_{\mathcal{X}}(\nu)$.

On se limite aux caractéristiques au second ordre ce qui nécessite de calculer le biais et la variance de la fonction aléatoire $\bar{P}_{\mathcal{X}}$. On rappelle que si $P_{\mathcal{X}}$ désigne la densité spectrale de puissance du processus $\{\mathcal{X}_n\}_{n\in\mathbb{Z}}$, définie en (I.1), alors

$$\mathcal{B}_{P_{\mathcal{X}}}(\bar{P}_{\mathcal{X}}) = \mathrm{E}[\bar{P}_{\mathcal{X}}] - P_{\mathcal{X}} \tag{C.1}$$

$$\mathcal{V}(\bar{P}_{\mathcal{X}}) = \mathrm{E}\left[(\bar{P}_{\mathcal{X}} - \mathrm{E}[\bar{P}_{\mathcal{X}}])^2\right] \tag{C.2}$$

définissent respectivement le biais et la variance de l'estimateur $\bar{P}_{\mathcal{X}}^{\lambda}$.

Nous avons choisi d'étudier ces propriétés sur une forme simple et facilement simulable de DSP. C'est pourquoi nous considérons dans la suite des processus $\{\mathcal{X}_n\}_{n\in\mathbb{Z}}$ à temps discret qui sont les versions échantillonnées de processus aléatoires $\{\mathcal{X}(t),\ t \in \mathbb{R}\}$ complexes de DSP gaussienne $P(\nu) \sim \mathcal{N}(m, r_b)$:

$$P(\nu) = (2\pi r_b)^{-1/2}\ \exp(-(\nu - m)^2/2r_b),\ \nu \in \mathbb{R}.$$

La DSP $P_{\mathcal{X}}$ d'un tel processus $\{\mathcal{X}_n\}_{n\in\mathbb{Z}}$ est donc périodique, de période 1. Elle est constituée d'une infinité de gaussiennes :

$$P_{\mathcal{X}}(\nu) = (2\pi r_b)^{-1/2} \sum_{k\in\mathbb{Z}} \exp(-(\nu - m - k)^2/2r_b).$$

Si r_b est suffisamment petite, la forme générale de la DSP $P_{\mathcal{X}}$ reste proche d'une gaussienne, ce qui sera le cas pour les Exemples 1 et 2, et qui restera une bonne approximation pour l'Exemple 3 sauf aux bords du domaine $[-0,5,\ 0,5]$.

Pour générer différentes réalisations (vecteurs de données $\boldsymbol{y}$), nous avons procédé comme suit. À partir d'une densité spectrale gaussienne $\mathcal{N}(0, r_b)$, nous avons construit par transformée de Fourier discrète inverse, la fonction d'autocorrélation $r_{\mathcal{X}}(k)$. L'extraction des N premiers points de $r_{\mathcal{X}}(k)$ permet d'obtenir alors la matrice de covariance $\boldsymbol{R}$, puis sa racine carrée. La génération d'un vecteur $\boldsymbol{b}$, de taille N, blanc gaussien centré complexe circulaire et de variance unité, permet après multiplication par $\boldsymbol{R}^{1/2}$ d'obtenir une réalisation $\boldsymbol{y}$ ayant pour DSP $P_{\mathcal{X}}$. En pratique, nous avons fixé $N = 8$, et considéré $K = 10^3$ réalisations $\{\boldsymbol{y}^k\}_{k=1}^K$. Pour chaque vecteur $\boldsymbol{y}^k$, nous avons ensuite calculé $\widetilde{P}_{\mathcal{X}}^k$, une version discrétisée du périodogramme, ainsi que l'estimateur spectral $\bar{P}_{\mathcal{X}}^k = |\widehat{\boldsymbol{X}}^k|^2$, défini à partir de

$$\widehat{\boldsymbol{X}}^k = ||\boldsymbol{y}^k - W_{NP}\boldsymbol{X}||^2 + \lambda \sum_{p=0}^{P-1} (q_p + \mu R_1(q_p - q_{p+1}))\,,$$

sur une grille de $P = 64$ indices spectraux.

Pour obtenir une approximation de (C.1)-(C.2) pour le périodogramme et l'estimateur proposé, nous avons finalement déterminé les « spectres moyens »

$$\widetilde{P}_{\mathcal{X}}^K = \frac{1}{K}\sum_{k=1}^K \widetilde{P}_{\mathcal{X}}^k \qquad \bar{P}_{\mathcal{X}}^K = \frac{1}{K}\sum_{k=1}^K \bar{P}_{\mathcal{X}}^k, \tag{C.3}$$

et

$$\mathcal{V}(\widetilde{P}_{\mathcal{X}}^K) = \frac{1}{K}\sum_{k=1}^K \left(\widetilde{P}_{\mathcal{X}}^k - \widetilde{P}_{\mathcal{X}}^K\right)^2 \qquad \mathcal{V}(\bar{P}_{\mathcal{X}}^K) = \frac{1}{K}\sum_{k=1}^K \left(\bar{P}_{\mathcal{X}}^k - \bar{P}_{\mathcal{X}}^K\right)^2. \tag{C.4}$$

Nous représentons alors pour chaque exemple le spectre de référence $P_{\mathcal{X}}$, les spectres moyens $\widetilde{P}_{\mathcal{X}}^K$ et $\bar{P}_{\mathcal{X}}^K$ et

$$\begin{aligned}\widetilde{P}_{\mathcal{X}}^{K,\epsilon} &= \widetilde{P}_{\mathcal{X}}^K + \epsilon\sqrt{\mathcal{V}(\widetilde{P}_{\mathcal{X}}^K)} \quad (\epsilon = \pm 1)\\ \bar{P}_{\mathcal{X}}^{K,\epsilon} &= \bar{P}_{\mathcal{X}}^K + \epsilon\sqrt{\mathcal{V}(\bar{P}_{\mathcal{X}}^K)},\end{aligned}$$

pour mesurer les ordres de grandeur du biais et de l'écart type.

C.1.1 Exemple 1

Le premier exemple traité correspond à $r_b = 5\,10^{-3}$: il s'agit donc d'un spectre piqué, afin d'étudier les propriétés de l'estimateur dans une situation peu régulière. En conséquence, les

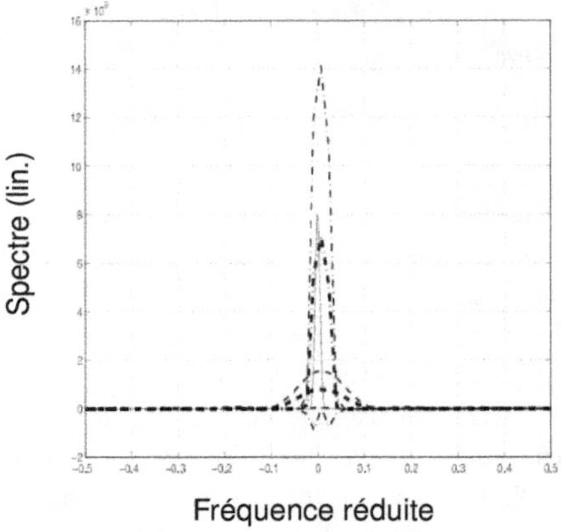

Figure C.1: *Analyse de Monte Carlo. En trait plein, vrai spectre du processus échantillonné : distribution gaussienne centrée de variance* $r_b = 5\,10^{-3}$ *; en trait mixte (-.) spectres* $\bar{P}_{\mathcal{X}}^{K,\epsilon}$ *et en gras spectre moyen* $\bar{P}_{\mathcal{X}}^{K}$ *; en trait pointillé (- -) spectres* $\widetilde{P}_{\mathcal{X}}^{K,\epsilon}$ *et en gras périodogramme moyen* $\widetilde{P}_{\mathcal{X}}^{K}$.

paramètres de régularisation $(\lambda\ ;\ \varepsilon\ ;\ \mu\ ;\ \tau_1)$ [1] ont été choisis de manière à favoriser l'apparition de pics étroits. Pour cet exemple, on a pris $(\lambda\ ;\ \varepsilon\ ;\ \mu\ ;\ \tau_1) = (0,8\ ;\ 0,5\ ;\ 0,05\ ;\ 10)$. Les résultats sont présentés à la Figure C.1. Un premier constat permet de remarquer, au moins sur la forme, que le spectre moyen estimé $\bar{P}_{\mathcal{X}}^{K}$ est plus proche du vrai spectre $P_{\mathcal{X}}$, que ne l'est $\widetilde{P}_{\mathcal{X}}^{K}$. Néanmoins, le support de $\bar{P}_{\mathcal{X}}^{K}$ est légèrement plus grand que celui du vrai spectre et le pic de $\bar{P}_{\mathcal{X}}^{K}$ apparaît légèrement décalé. Ces deux défauts et le fait que $\widetilde{P}_{\mathcal{X}}^{K}$ ne respecte pas l'échelle du vrai spectre $P_{\mathcal{X}}$ font que $\mathcal{B}_{\mathcal{X}}(\bar{P}_{\mathcal{X}}) > \mathcal{B}_{\mathcal{X}}(\widetilde{P}_{\mathcal{X}})$ de part et d'autre de la zone piquée de $P_{\mathcal{X}}$.

Un deuxième constat intéressant consiste à remarquer que la distance séparant $\bar{P}_{\mathcal{X}}^{K,\epsilon}$ de $\bar{P}_{\mathcal{X}}^{K}$ est du même ordre de grandeur que $\bar{P}_{\mathcal{X}}^{K}$, autrement dit, que l'écart type a même unité que le spectre. Il en va de même pour les courbes se rapportant à $\widetilde{P}_{\mathcal{X}}^{K}$, mais ce résultat est bien connu pour le périodogramme : c'est précisément ce qui explique que l'estimateur $\widetilde{P}_{\mathcal{X}}$ ne converge pas en MQ vers $P_{\mathcal{X}}$. Cette analyse conduit à faire la même conjecture sur $\bar{P}_{\mathcal{X}}$. Compte tenu de cette remarque et du fait que $\bar{P}_{\mathcal{X}}^{K} > \widetilde{P}_{\mathcal{X}}^{K}$, on a $\mathcal{V}(\bar{P}_{\mathcal{X}}) > \mathcal{V}(\widetilde{P}_{\mathcal{X}})$.

Le calcul du biais et de la variance permettent d'analyser l'*erreur quadratique moyenne* (EQM) définie par :

$$\begin{aligned} \underset{\mathcal{X}}{\mathrm{EQM}}\left(\bar{P}_{\mathcal{X}}\right) &= \mathrm{E}\left[(P_{\mathcal{X}} - \bar{P}_{\mathcal{X}})^2\right] \\ &= \mathcal{B}_{P_{\mathcal{X}}}(\bar{P}_{\mathcal{X}})^2 + \mathcal{V}(\bar{P}_{\mathcal{X}}). \end{aligned} \tag{C.5}$$

La Figure C.2 montre alors que l'EQM du périodogramme est plus faible que celle de l'estimateur proposé. Ce résultat est la conséquence directe des remarques faites précédemment sur le

1. on rappelle que ε et τ_1 désignent respectivement les seuils de la fonction $\varphi_\varepsilon(x) = \sqrt{\varepsilon^2 + |x|^2}$ (voir p.45) et de R_1.

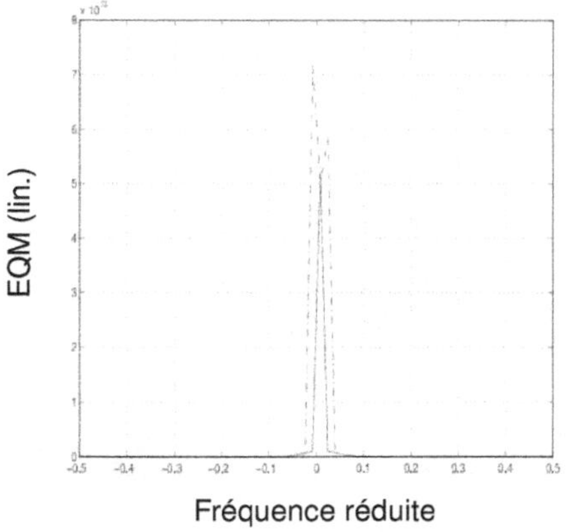

Figure C.2: *Erreur quadratique moyenne : en trait plein,* $\mathrm{EQM}_{\mathcal{X}}(\widetilde{P}_{\mathcal{X}})$ *; en trait mixte (-.),* $\mathrm{EQM}_{\mathcal{X}}(\bar{P}_{\mathcal{X}})$.

biais et la variance.

Finalement, les résultats de cet exemple peuvent paraître paradoxaux. Bien que $\bar{P}_{\mathcal{X}}^{K}$ semble plus proche du vrai spectre $P_{\mathcal{X}}$, les performances statistiques de $\bar{P}_{\mathcal{X}}$ sont moins bonnes que celles de $\widetilde{P}_{\mathcal{X}}$. En fait, compte tenu de la largeur à la base du spectre moyen $\bar{P}_{\mathcal{X}}^{K}$, il est très probable qu'en choisissant plus de points sur la grille fréquentielle ($P = 512$ par exemple), ce défaut soit corrigé.

C.1.2 Exemple 2

Pour ce deuxième exemple, nous avons choisi une variance plus grande ($r_b = 0,1$). La DSP $P_{\mathcal{X}}$ du processus échantillonné reste de forme gaussienne, mais à variations plus lentes. En conséquence, nous avons opté pour un réglage de paramètres favorisant la douceur spectrale : $(\lambda \; ; \varepsilon \; ; \mu \; ; \tau_1) = (1,25 \; ; 50 \; ; 5 \; ; 50)$.

Sur cette forme de spectre plus en adéquation avec l'*a priori* introduit, la Figure C.3 met en évidence cette fois-ci que le spectre moyen $\bar{P}_{\mathcal{X}}^{K}$ est plus proche de $P_{\mathcal{X}}$ que $\widetilde{P}_{\mathcal{X}}^{K}$. Ainsi, on obtient $\mathcal{B}_{\mathcal{X}}(\bar{P}_{\mathcal{X}}) < \mathcal{B}_{\mathcal{X}}(\widetilde{P}_{\mathcal{X}})$. Par ailleurs, en constatant sur la Figure C.3 que $\bar{P}_{\mathcal{X}}^{K,1} \approx \widetilde{P}_{\mathcal{X}}^{K,1}$ et que $\bar{P}_{\mathcal{X}}^{K} > \widetilde{P}_{\mathcal{X}}^{K}$, on déduit que $\mathcal{V}(\bar{P}_{\mathcal{X}}) < \mathcal{V}(\widetilde{P}_{\mathcal{X}})$. En analysant la courbe de $\widetilde{P}_{\mathcal{X}}^{K,-1}$, on remarque de nouveau que l'écart type du périodogramme $wtP_{\mathcal{X}}$ est du même ordre de grandeur que $wtP_{\mathcal{X}}$.

Par conséquent, de manière évidente, on déduit que $\mathrm{EQM}_{\mathcal{X}}(\bar{P}_{\mathcal{X}}) < \mathrm{EQM}_{\mathcal{X}}(\widetilde{P}_{\mathcal{X}})$, ce qui est confirmé par la Figure C.4.

Il est enfin intéressant de signaler que sur une forme spectrale douce telle que celle retenue dans cet exemple, le périodogramme $\widetilde{P}_{\mathcal{X}}$ fournit d'assez bons résultats du point de la qualité d'estimation, comparativement à ceux obtenus dans l'exemple précédent.

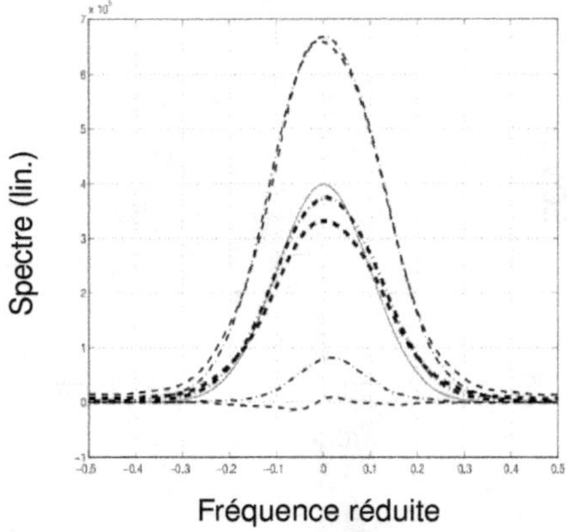

Figure C.3: *Analyse de Monte Carlo. En trait plein, vrai spectre du processus échantillonné : distribution gaussienne centrée de variance* $r_b = 0,1$ *; en trait mixte (-.) spectres* $\bar{P}_{\mathcal{X}}^{K,\epsilon}$ *et en gras spectre moyen* $\bar{P}_{\mathcal{X}}^{K}$ *; en trait pointillé (- -) spectres* $\widetilde{P}_{\mathcal{X}}^{K,\epsilon}$ *et en gras périodogramme moyen* $\widetilde{P}_{\mathcal{X}}^{K}$.

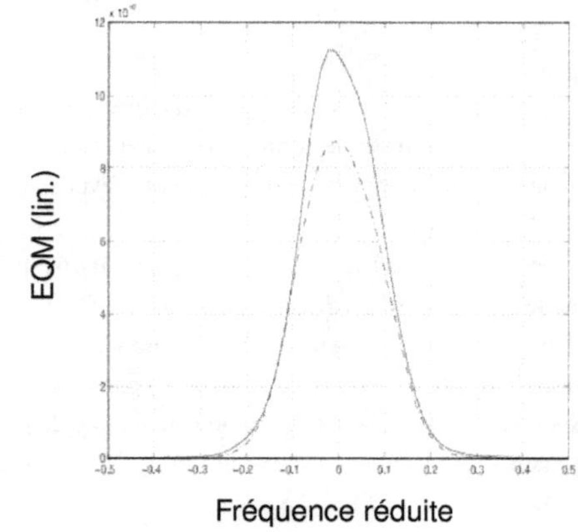

Figure C.4: *Erreur quadratique moyenne : en trait plein,* $\mathrm{EQM}_{\mathcal{X}}(\widetilde{P}_{\mathcal{X}})$ *; en trait mixte (-.),* $\mathrm{EQM}_{\mathcal{X}}(\bar{P}_{\mathcal{X}})$.

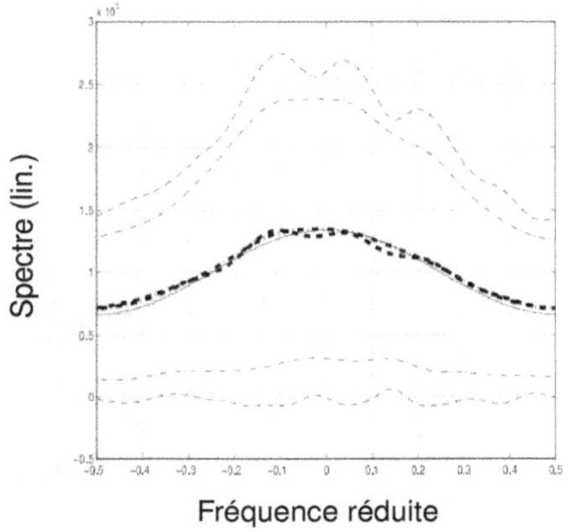

Figure C.5: *Analyse de Monte Carlo. En trait plein, vrai spectre du processus échantillonné : distribution quasi-gaussienne centrée de variance* $r_b = 0,3$ *(tangentes horizontales aux bords) ; en trait mixte (-.) spectres* $\bar{P}_{\mathcal{X}}^{K,\epsilon}$ *et en gras spectre moyen* $\bar{P}_{\mathcal{X}}^{K}$ *; en trait pointillé (- -) spectres* $\widetilde{P}_{\mathcal{X}}^{K,\epsilon}$ *et en gras périodogramme moyen* $\widetilde{P}_{\mathcal{X}}^{K}$.

C.1.3 Exemple 3

Dans les deux premiers exemples considérés, la variance r_b était suffisamment faible pour que la contribution des « autres gaussiennes » soit négligeable. En revanche, dans ce dernier cas, elle est plus grande ($r_b = 0,3$), si bien que les « gaussiennes adjacentes » (centrées en $\nu = \pm 1$) contribuent aux bords de l'intervalle, sous la forme de deux tangentes horizontales.

Sur cet exemple, nous avons fixé les paramètres à $(\lambda\ ;\ \varepsilon\ ;\ \mu\ ;\ \tau_1) = (3\ ;\ 100\ ;\ 6\ ;\ 50)$. La Figure C.5 met en évidence que les spectres moyens $\bar{P}_{\mathcal{X}}^{K}$ et $\widetilde{P}_{\mathcal{X}}^{K}$ sont tous deux très proches du vrai spectre $P_{\mathcal{X}}$, avec toutefois un biais $\mathcal{B}_{\mathcal{X}}(\bar{P}_{\mathcal{X}})$ légèrement plus faible que $\mathcal{B}_{\mathcal{X}}(\widetilde{P}_{\mathcal{X}})$. Signalons également que la remarque de l'exemple précédent sur les performances de $\widetilde{P}_{\mathcal{X}}^{K}$ se confirme : plus la forme de $P_{\mathcal{X}}$ est régulière, meilleure est l'estimation fournie par $\widetilde{P}_{\mathcal{X}}^{K}$.

Du point de vue de la variance, les remarques de l'exemple précédent sont encore valables, autrement dit on a $\mathcal{V}(\bar{P}_{\mathcal{X}}) < \mathcal{V}(\widetilde{P}_{\mathcal{X}})$, et même $\mathrm{EQM}_{\mathcal{X}}(\bar{P}_{\mathcal{X}}) < \mathrm{EQM}_{\mathcal{X}}(\widetilde{P}_{\mathcal{X}})$, ce qui est confirmé par la Figure C.6.

C.1.4 Conclusion

Pour un spectre régulier ($r_b \geqslant 0,1$), il apparaît de manière significative que l'estimateur de spectres réguliers proposé possède un biais et surtout une variance plus faibles à nombre de données fixé, que le périodogramme. L'EQM de notre estimateur est donc plus faible que celle du périodogramme.

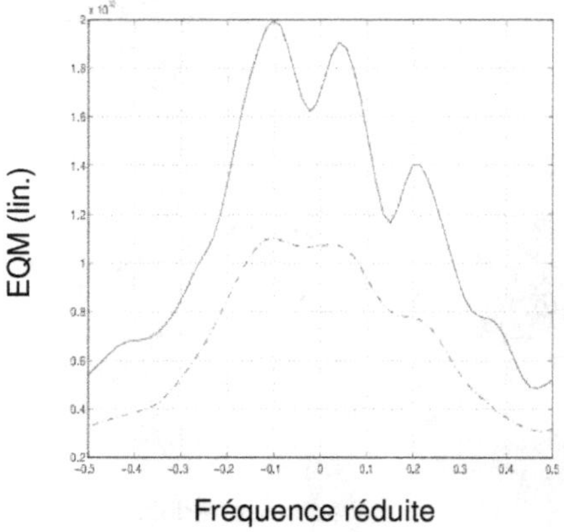

Figure C.6: *Erreur quadratique moyenne : en trait plein,* $\mathrm{EQM}_{\mathcal{X}}(\widetilde{P}_{\mathcal{X}})$ *; en trait mixte (-.),* $\mathrm{EQM}_{\mathcal{X}}(\bar{P}_{\mathcal{X}})$.

C.2 Éléments d'analyse statistique asymptotique

C.2.1 Estimateur standard

Nous étudions maintenant les propriétés statistiques asymptotiques d'un estimateur spectral à fréquence continue, dans un cas simple. Dans ces conditions, la fonction complexe recherchée X est reliée aux données $\boldsymbol{y} = [y_0, \ldots, y_{N-1}]^{\mathrm{t}}$ par la relation

$$y_n = \int_0^1 X(\nu)\, e^{j2\pi\nu n}\, \mathrm{d}\nu, \qquad n \in \mathbb{N}_N = \{0, \ldots, N-1\}.$$

Notons $\mathcal{W}_N$ l'application linéaire de $L^2_{\mathbb{C}}([0,1])$ dans $\mathbb{C}^N$, définie par $\mathcal{W}_N : X \to \boldsymbol{y} = [y_0, \ldots, y_{N-1}]^{\mathrm{t}}$. Il s'agit de la transformée de Fourier inverse tronquée. Dans la suite, on considère plutôt $\widetilde{\mathcal{W}}_N = \sqrt{N}\, \mathcal{W}_N$ comme « opérateur d'observation », dans le but de produire un estimateur spectral régularisé respectant la puissance empirique lorsque $\lambda \to 0$.

Le terme usuel d'adéquation aux données s'écrit alors $Q(X) = (\boldsymbol{y} - \widetilde{\mathcal{W}}_N X)^{\dagger}(\boldsymbol{y} - \widetilde{\mathcal{W}}_N X)$. Le critère fonctionnel considéré dans la suite est simplement un critère de moindres carrés régularisés :

$$J(X) = Q(X) + \lambda N \int_0^1 |X(\nu)|^2\, \mathrm{d}\nu.$$

Ce critère étant strictement convexe, son minimiseur global $\widehat{X}(\nu)$ est explicite, et vaut [Giovannelli et Idier, 1999]

$$\widehat{X}^{\lambda}(\nu) = \frac{1}{\sqrt{N}(\lambda+1)} \sum_{n=0}^{N-1} y_n\, e^{-j2\pi\nu n}.$$

Le spectre estimé $\bar{P}^{\lambda}_{\mathcal{X}}(\nu) = |\widehat{X}^{\lambda}(\nu)|^2$ tend donc vers le périodogramme des données $\widetilde{P}_{\mathcal{X}}(\nu)$ (défini en (I.4), p. 13) lorsque $\lambda \to 0$:

$$\bar{P}^{\lambda}_{\mathcal{X}} = \frac{1}{(\lambda+1)^2} \widetilde{P}_{\mathcal{X}}(\nu). \tag{C.6}$$

Il est clair d'après (C.6) qu'on déduit directement les valeurs de (C.1)-(C.2) à partir du biais et de la variance du périodogramme. Pour mémoire, on rappelle que

$$\mathrm{E}\big[\widetilde{P}_{\mathcal{X}}\big] = P_{\mathcal{X}}(\nu) * \Lambda_{1-N,N-1}(\nu),$$

où $*$ désigne le produit de convolution, et où $\Lambda_{1-N,N-1} = \sin^2(\pi\nu N)/N\sin^2(\pi\nu)$ désigne la transformée de Fourier de la fenêtre de Bartlett (ou triangulaire) définie par

$$t(l) = \begin{cases} 1 - |l|/N & \text{si } l \in \mathbb{N}_N, \\ 0 & \text{sinon.} \end{cases}$$

Puisque $\lim_{N\to+\infty} \Lambda_{1-N,N-1} = \delta(\nu)$, le périodogramme est asymptotiquement non biaisé. Par conséquent, l'estimateur $\bar{P}^{\lambda}_{\mathcal{X}}$ est biaisé asymptotiquement :

$$\lim_{N\to+\infty} \mathcal{B}_{P_{\mathcal{X}}}(\bar{P}^{\lambda}_{\mathcal{X}}) = \left(\frac{1}{(\lambda+1)^2} - 1\right) P_{\mathcal{X}} < 0, \tag{C.7}$$

il ne converge donc pas en moyenne vers la DSP $P_{\mathcal{X}}$. Lorsque le nombre de données N augmente, la condition

$$\lambda \to 0 \tag{C.8}$$

suffit pour obtenir un estimateur $\bar{P}^{0^+}_{\mathcal{X}}$ asymptotiquement non biaisé :

$$\lim_{\lambda\to 0}\left[\lim_{N\to+\infty} \mathcal{B}_{P_{\mathcal{X}}}(\bar{P}^{\lambda}_{\mathcal{X}})\right] = 0,$$

qui n'est rien d'autre que le périodogramme.

On s'intéresse maintenant à la variance de l'estimateur $\mathcal{V}(\bar{P}^{\lambda}_{\mathcal{X}})$. D'après (C.6) et (C.2), on a :

$$\mathcal{V}(\bar{P}_{\mathcal{X}}) = \frac{1}{(\lambda+1)^4}\mathcal{V}(\widetilde{P}_{\mathcal{X}}),$$

si bien qu'à $\lambda > 0$ fixé, la variance de $\bar{P}^{\lambda}_{\mathcal{X}}$ est plus faible que celle du périodogramme. Cela justifie en partie pourquoi les variances observées à nombre fini d'échantillons sont plus faibles pour notre approche que pour le périodogramme. tte remarque est intéressante, car si la réduction de variance compense l'augmentation du biais de manière significative, on peut espérer que l'erreur quadratique moyenne de $\bar{P}_{\mathcal{X}}$: soit plus faible que celle de $\widetilde{P}_{\mathcal{X}}$.

Asymptotiquement, on sait que la variance du périodogramme ne tend pas vers 0, donc il en va de même pour $\mathcal{V}(\bar{P}_{\mathcal{X}})$ à λ fixé. Pour obtenir une variance asymptotique nulle, il faut introduire une phase de moyennage, comme dans le cas du périodogramme [Marple, 1987]. Autrement dit, à λ fixé, l'estimateur $\bar{P}^{\lambda}_{\mathcal{X}}$ ne converge ni en moyenne, ni en MQ vers la DSP $P_{\mathcal{X}}$.

C.2.2 Estimateur moyenné

En posant $N = L\ K$, où K désigne la largeur de chaque fenêtre (segment) d'observations et L le nombre de fenêtres, et en notant

$$y^i_n = y_{n+iK} \text{ avec } i \in \mathbb{N}_L,\ n \in \mathbb{N}_K,$$

on calcule pour chaque segment

$$\bar{P}^{i,\lambda}_{K,\mathcal{X}}(\nu) \triangleq \frac{1}{(\lambda+1)^2}\widetilde{P}^{i}_{K,\mathcal{X}}(\nu) = \frac{1}{K(\lambda+1)^2}\left|\sum_{k=0}^{K-1} y^i_n\, e^{-j2\pi\nu n}\right|^2 \quad \forall i \in \mathbb{N}_L,$$

et l'estimateur moyenné est défini par :

$$\bar{P}^{L,\lambda}_{\mathcal{X}}(\nu) \triangleq \frac{1}{L}\sum_{i=0}^{L-1} \bar{P}^{i,\lambda}_{K,\mathcal{X}}(\nu) = \frac{1}{(\lambda+1)^2}\widetilde{P}_{L,\mathcal{X}}(\nu), \tag{C.9}$$

où $\widetilde{P}_{L,\mathcal{X}}(\nu)$ désigne le périodogramme moyenné sur les L fenêtres. En supposant que les segments de K échantillons successifs sont décorrélés [2] et donc qu'ils ne se chevauchent pas, on obtient pour le biais

$$\begin{aligned} \mathcal{B}_{\mathcal{X}}(\bar{P}^{L,\lambda}_{\mathcal{X}}) &= \mathcal{B}_{\mathcal{X}}(\bar{P}^{i,\lambda}_{K,\mathcal{X}}), \quad \forall i \in \mathbb{N}_L, \\ &= \frac{1}{(\lambda+1)^2}P_{K,\mathcal{X}}(\nu) * \Lambda_{1-K,K-1}(\nu) - P_{\mathcal{X}}(\nu). \end{aligned}$$

En imposant la condition (C.8), on obtient un biais asymptotique nul pour l'estimateur moyenné $\bar{P}^{\lambda}_{L,\mathcal{X}}$.

D'après cette hypothèse de décorrélation entre les segments d'observations, la variance de l'estimateur vaut :

$$\begin{aligned} \mathcal{V}(\bar{P}^{\lambda}_{L,\mathcal{X}}) &= \frac{1}{L}\mathcal{V}(\bar{P}^{i,\lambda}_{K,\mathcal{X}}), \quad \forall i \in \mathbb{N}_L. \\ &= \frac{1}{(\lambda+1)^4}\mathcal{V}(\widetilde{P}_{L,\mathcal{X}}). \end{aligned}$$

Par ailleurs, sous hypothèse d'ergodicité, on sait que $\lim_{N,L\to\infty} \mathcal{V}(\widetilde{P}_{L,\mathcal{X}}) = 0$, d'où

$$\lim_{N,L\to\infty} \mathcal{V}(\bar{P}^{\lambda}_{L,\mathcal{X}}) = 0.$$

Il est intéressant de constater à nouveau que $\forall\,\lambda > 0,\ \mathcal{V}(\bar{P}^{\lambda}_{L,\mathcal{X}}) < \mathcal{V}(\widetilde{P}_{L,\mathcal{X}})$. De plus, la condition (C.8) n'est pas nécessaire pour faire tendre la variance asymptotique vers zéro.

Finalement, sous les hypothèses de décorrélation des observations des différents segments de longueur K et d'ergodicité du processus $\{\mathcal{X}_n\}_{n\in\mathbb{Z}}$, on obtient que l'estimateur $\bar{P}^{\lambda}_{L,\mathcal{X}}$ converge en moyenne quadratique vers $P_{\mathcal{X}}$:

$$\lim_{N,L\to\infty} \mathrm{EQM}_{\mathcal{X}}\left(\bar{P}^{\lambda}_{\mathcal{X}}\right) = 0,$$

si la condition (C.8) est satisfaite. Cette dernière condition exprime seulement la convergence en MQ du périodogramme moyenné.

Dans le cas où (C.8) n'est pas vérifiée, l'estimateur $P_{\mathcal{X}}$ souffre d'un biais asymptotique. Une première perspective de ce travail consiste à étudier, au moins en simulation, si pour une pénalisation séparable L_{21} ou L_1, dont le régime de croissance asymptotique est plus faible que la norme

2. autrement dit que la largeur K de la fenêtre est supérieure au temps de corrélation du processus [Clergeot, 1982]

L_2, l'estimateur spectral résultant est à biais asymptotique nul. Enfin, concernant l'estimateur de spectres réguliers, dont l'expression n'est pas explicite, il serait intéressant de simuler la situation asymptotique pour voir si le comportement observé à faible nombre de données (biais faible, variance inférieure à celle du périodogramme) se confirme lorsque $N \to \infty$, ce qui permettrait de conjecturer une convergence en MQ de l'estimateur moyenné.

Bibliographie

[Abramowitz et Stegun, 1970] M. Abramowitz et I. A. Stegun. *Handbook of mathematical functions*. Dover publications, New York, 1970.

[Acar et Vogel, 1994] R. Acar et C. R. Vogel. Analysis of bounded variation penalty methods for ill-posed problems. *Inverse Problems*, 10 : 1217–1229, 1994.

[Akaike, 1974] H. Akaike. A new look at the statistical model identification. *IEEE Trans. Automat. Contr.*, AC-19 (6) : 716–723, décembre 1974.

[Alberti, 1999] G. Alberti. *Variational Models for Phase Transitions, an Approach via Gamma-Convergence*. in Differential Equations and Calculus of Variations. Springer-Verlag, G. Buttazzo *et al.* edition, 1999.

[Allen, 1977] J. B. Allen. Short term spectral analysis, synthesis, and modification by discrete Fourier transform. *IEEE Trans. Acoust. Speech, Signal Processing*, ASSP-25 (3) : 235–238, juin 1977.

[Allen et Rabiner, 1977] J. B. Allen et L. R. Rabiner. A unified approach to short-time Fourier analysis and synthesis. *Proc. IEEE*, 65 (11) : 1558–1564, 1977.

[Alliney, 1992] S. Alliney. Digital filters as absolute norm regularizers. *IEEE Trans. Signal Processing*, SP-40 (6) : 1548–1562, juin 1992.

[Alliney et Ruzinsky, 1994] S. Alliney et S. A. Ruzinsky. An algorithm for the minimization of mixed l_1 and l_2 norms with application to Bayesian estimation. *IEEE Trans. Signal Processing*, SP-42 (3) : 618–627, mars 1994.

[Andrieu et Doucet, 1999] C. Andrieu et A. Doucet. Joint Bayesian model selection and estimation of noisy sinusoids via reversible jump MCMC. *IEEE Trans. Image Processing*, 47 (10) : 456–463, octobre 1999.

[Aoki, 1971] M. Aoki. *Introduction to optimizations techniques*. Macmillan, New York, 1971.

[Armijo, 1966] L. Armijo. Minimization of funtions having Lipschitz continuous first partial derivatives. *Pacific J. Math.*, 16 : 1–3, 1966.

[Aubert et Vese, 1997] G. Aubert et L. Vese. A variational method in image recovery. *SIAM J. Num. Anal.*, 34 (5) : 1948–1979, octobre 1997.

[Bartlett, 1948] M. S. Bartlett. Smoothing periodograms from time series with continuous spectra. *Nature*, 171 : 686–687, mai 1948.

[Basseville, 1989] M. Basseville. Distance measures for signal processing and pattern recognition. *Signal Processing*, 18 (4) : 349–369, décembre 1989.

[Baum et al., 1970] L. E. Baum, T. Petrie, G. Soules et N. Weiss. A maximization technique occuring in the statistical analysis of probabilistic functions of Markov chains. *Annals of Mathematical Statistics*, 41 (1) : 164–171, 1970.

[Bertsekas, 1975] D. Bertsekas. Nondifferentiable optimization approximation. In *Mathematical Programming Studies*, volume 3, pages 1–25. Balinski, M.L. and Wolfe, P., North-Holland : Amsterdam, 1975.

[Bertsekas et Mitter, 1973] D. Bertsekas et S. K. Mitter. A descent numerical method for optimization problems with nondifferentiable cost functionals. *siamJC*, 11 (4) : 637–652, novembre 1973.

[Bertsekas, 1995] D. P. Bertsekas. *Nonlinear programming*. Athena Scientific, Belmont, Massachussetts, 1995.

[Bienvenu et Kopp, 1980] G. Bienvenu et L. Kopp. Adaptative to background noise spatial coherence for high resolution passive methods. In *Proc. IEEE ICASSP*, pages 307–310, 1980.

[Bishop et Djurić, 1996] W. Bishop et P. Djurić. Model order selection of damped sinusoids in noise by predictive densities. *IEEE Trans. Signal Processing*, 44 (3) : 611–619, mars 1996.

[Blake, 1989] A. Blake. Comparison of the efficiency of deterministic and stochastic algorithms for visual reconstruction. *IEEE Trans. Pattern Anal. Mach. Intell.*, PAMI-11 (1) : 2–12, janvier 1989.

[Blake et Zisserman, 1987] A. Blake et A. Zisserman. *Visual reconstruction*. The MIT Press, Cambridge, 1987.

[Bouman et Sauer, 1993] C. A. Bouman et K. D. Sauer. A generalized Gaussian image model for edge-preserving MAP estimation. *IEEE Trans. Image Processing*, IP-2 (3) : 296–310, juillet 1993.

[Bouman et Sauer, 1996] C. A. Bouman et K. D. Sauer. A unified approach to statistical tomography using coordinate descent optimization. *IEEE Trans. Image Processing*, 5 (3) : 480–492, mars 1996.

[Brémaud, 1991] P. Brémaud. *Signal et communications. Élément de théorie du signal*. Mathématiques appliquées. Service d'édition de l'École Polytechnique, 1991.

[Brémaud, 1993] P. Brémaud. *Signaux aléatoires pour le traitement du signal et les communications*. Ellipses, Paris, 1993.

[Brémaud, 1999] P. Brémaud. *Markov Chains. Gibbs fields, Monte Carlo Simulation, and Queues*. Texts in Applied Mathematics 31. Spinger, New-York, 1999.

[Bresler et Macovski, 1986] Y. Bresler et A. Macovski. Exact maximum likelihood parameter estimation of superimposed exponential signals in noise. *IEEE Trans. Acoust. Speech, Signal Processing*, ASSP-34 (5) : 1081–1089, octobre 1986.

[Brette et Idier, 1996] S. Brette et J. Idier. Optimized single site update algorithms for image deblurring. In *Proc. IEEE ICIP*, pages 65–68, Lausanne, Switzerland, septembre 1996.

[Bretthorst, 1988] G. L. Bretthorst. *Bayesian Spectrum Analysis and Parameter Estimation*, volume 48 de *Lecture Notes in Statistics*. J. Berger, S.Fienberg, J. Gani, K. Krickeberg, and B. Singer, Springer-Verlag edition, 1988. JFG.

[Bretthorst, 1990a] L. Bretthorst. Bayesian Analysis. II. signal detection and model selection. *J. of Magnetic Resonance*, 88 : 552–570, 1990.

[Bretthorst, 1990b] L. Bretthorst. Bayesian Analysis. III. model selection and parameter estimation. *J. of Magnetic Resonance*, 88 : 571–595, 1990.

[Burg, 1967] J. P. Burg. Maximum entropy spectral analysis. In *Proc. of the 37th Meeting of the Society of Exploration Geophysicists*, pages 34–41, Oklahoma City, octobre 1967.

[Byrd et Payne, 1979] R. H. Byrd et D. A. Payne. Convergence of the iteratively reweighted least squares algorithm for robust regression. Rapport Interne Tech. Rep. 313, The Johns Hopkins Univ., Baltimore, MD, juin 1979.

[Cabrera et Parks, 1991] S. D. Cabrera et T. W. Parks. Extrapolation and spectral estimation with iterative weighted norm modification. *IEEE Trans. Signal Processing*, SP-39 (4) : 842–851, avril 1991.

[Camerini et al., 1975] P. Camerini, L. Fratta et F. Maffioli. On improving relaxation methods by modifed gradient techniques. In *Mathematical Programming Studies*, chapitre 3, pages 26–34. Balinski, M. L. and Wolfe, P., North Holland : Amsterdam, 1975.

[Carfantan, 1996] H. Carfantan. *Approche bayésienne pour un problème inverse non linéaire en imagerie à ondes diffractées*. Thèse de doctorat, Université de Paris-Sud, Orsay, décembre 1996.

[Carfantan et al., 1997] H. Carfantan, A. Mohammad-Djafari et J. Idier. A single site update algorithm for nonlinear diffraction tomography. In *Proc. IEEE ICASSP*, pages 2837–2840, München, Germany, avril 1997.

[Cea et Glowinski, 1973] J. Cea et R. Glowinski. Sur des méthodes d'optimisation par relaxation. *Revue française d'automatique, informatique, recherche opérationnelle*, R-3 : 5–32, décembre 1973.

[Chambolle, 1999] A. Chambolle. Finite-differences discretizations of the Mumford-Shah functional. *Math. Model. Numer. Anal.*, 33 (2) : 261–288, 1999.

[Chambolle et Dal Maso, 1999] A. Chambolle et G. Dal Maso. Discrete approximation of the mumford-shah functional in dimension two. *Modélisation mathématique et analyse numérique*, 33 (4) : 651–672, 1999.

[Chambolle et Lions, 1997] A. Chambolle et P.-L. Lions. Image recovery via total variation minimization and related problems. *Numer. Math.*, 76 : 167–188, 1997.

[Champagnat et al., 1998] F. Champagnat, J. Idier et Y. Goussard. Stationary Markov random fields on a rectangular finite lattice. Rapport interne, IGB-LSS, 1998.

[Charbonnier et al., 1994] P. Charbonnier, L. Blanc-Féraud, G. Aubert et M. Barlaud. Two deterministic half-quadratic regularization algorithms for computed imaging. In *Proc. IEEE ICIP*, volume 2, pages 168–172, Austin, TX, USA, novembre 1994.

[Charbonnier et al., 1997] P. Charbonnier, L. Blanc-Féraud, G. Aubert et M. Barlaud. Deterministic edge-preserving regularization in computed imaging. *IEEE Trans. Image Processing*, IP-6 (2) : 298–311, février 1997.

[Ciarlet, 1988] P. G. Ciarlet. *Introduction à l'analyse numérique matricielle et à l'optimisation*. Collection mathématiques appliquées pour la maîtrise. Masson, Paris, 1988.

[Ciuciu et al., 1996] P. Ciuciu, J.-F. Giovannelli et J. Idier. Analyse spectrale post–moderne. application aux signaux radars. Rapport de contrat (confidentiel) CNRS–Société THOMSON, GPI–LSS, 1996.

[Ciuciu et Idier, 1999] P. Ciuciu et J. Idier. A Half-Quadratic block-coordinate descent method for spectral estimation. Rapport technique, GPI–LSS, 1999.

[Ciuciu et al., 2000] P. Ciuciu, J. Idier et J.-F. Giovannelli. High resolution spectral estimation using a Gibbs-Markov model. Rapport technique soumis à *IEEE Trans. Signal Processing*, GPI–LSS, 2000.

[Clarke, 1975] F. H. Clarke. Generalized gradients and applications. *Transactions of the American Mathematical Society*, 205 : 247–262, 1975.

[Clergeot, 1982] H. Clergeot. Estimation du spectre d'un signal aléatoire gaussien par le critère du maximum de vraisemblance ou du maximum *a posteriori*. Thèse d'état, Université de Paris-Sud, 1982.

[Daniell, 1946] P. J. Daniell. Discussion of "on the theoretical specification and sampling properties of autocorrelated time-series". *J. R. Statist. Soc. B*, 8 : 88–90, 1946.

[Delaney et Bresler, 1998] A. H. Delaney et Y. Bresler. Globally convergent edge-preserving regularized reconstruction : an application to limited-angle tomography. *IEEE Trans. Image Processing*, IP-7 (2) : 204–221, février 1998.

[Demoment, 1989] G. Demoment. Image reconstruction and restoration : Overview of common estimation structure and problems. *IEEE Trans. Acoust. Speech, Signal Processing*, ASSP-37 (12) : 2024–2036, décembre 1989.

[Demoment et Idier, 1999] G. Demoment et J. Idier. *Chapitre III : Approche bayésienne pour la résolution des problèmes inverses en imagerie*, pages 59–77. ARAGO, vol. 22. Observatoire français des Techniques avancées, Paris, TEC & DOC edition, 1999.

[Dempster et al., 1977] A. P. Dempster, N. M. Laird et D. B. Rubin. Maximum likelihood from incomplete data via the EM algorithm. *J. R. Statist. Soc. B*, 39 : 1–38, 1977.

[Djurić, 1996] P. Djurić. A model selection rule for sinusoids in white Gaussian noise. *IEEE Trans. Signal Processing*, 44 (7) : 1744–1751, juillet 1996.

[Dou et Hodgson, 1995] L. Dou et R. Hodgson. Bayesian inference and Gibbs sampling in spectral analysis and parameter estimation : I. *Inverse Problems*, 11 : 1069–1085, 1995.

[Dou et Hodgson, 1996] L. Dou et R. Hodgson. Bayesian inference and Gibbs sampling in spectral analysis and parameter estimation : II. *Inverse Problems*, 12 : 121–137, 1996.

[Dublanchet, 1996] F. Dublanchet. *Contribution de la méthodologie bayésienne à l'analyse spectrale de raies pures et à la goniométrie haute résolution*. Thèse de doctorat, Université de Paris-Sud, Orsay, octobre 1996.

[Duvaut et Dublanchet, 1995] P. Duvaut et F. Dublanchet. Une méthode d'analyse de sinusoïdes complexes par déconvolution du périodogramme : EXPULSE. *Traitement du Signal*, 12 (3) : 239–253, septembre 1995.

[Fayolle, 1998] M. Fayolle. *Modélisation unilatérale composite pour la restauration d'images*. Thèse de doctorat, Université de Paris-Sud, Orsay, octobre 1998.

[Fletcher et Reeves, 1964] R. Fletcher et C. M. Reeves. Function minimization by conjugate gradients. *Comp. J.*, 7 : 149–157, 1964.

[Fuchs, 1988] J.-J. Fuchs. Estimating the number of sinusoids in additive white noise. *IEEE Trans. Signal Processing*, SP-36 (12) : 1846–1853, décembre 1988.

[Fuchs, 1997] J.-J. Fuchs. Une approche à l'estimation et à l'identification simultanées. In *Actes du 16e colloque GRETSI*, pages 1273–1276, Grenoble, France, septembre 1997.

[Fuchs, 1999a] J.-J. Fuchs. Détection d'une cible moblie en présence de fouillis à l'aide d'un radar très large bande. In *Actes du 17e colloque GRETSI*, pages 531–534, Vannes, France, septembre 1999.

[Fuchs, 1999b] J.-J. Fuchs. An inverse problem approach to robust regression. In *Proc. IEEE ICASSP*, pages ? ?– ? ?, Phoenix, AZ, mars 1999. IEEE.

[Fuchs, 1999c] J.-J. Fuchs. Multipath time-delay estimation. *IEEE Trans. Signal Processing*, SP-47 (1) : 237–243, juin 1999.

[Fuchs et Chuberre, 1994] J.-J. Fuchs et H. Chuberre. A Deconvolution Approach to Source Localization. *IEEE Trans. Signal Processing*, SP-42 (6) : 1462–1470, juin 1994.

[Gelfand et Smith, 1990] A. E. Gelfand et A. F. M. Smith. Sampling based approaches to calculating marginal densities. *J. Am. Statist. Ass.*, 85 : 398–409, 1990.

[Geman et Reynolds, 1992] D. Geman et G. Reynolds. Constrained restoration and recovery of discontinuities. *IEEE Trans. Pattern Anal. Mach. Intell.*, PAMI-14 (3) : 367–383, mars 1992.

[Geman et Yang, 1995] D. Geman et C. Yang. Nonlinear image recovery with half-quadratic regularization. *IEEE Trans. Image Processing*, IP-4 (7) : 932–946, juillet 1995.

[Geman et Geman, 1984] S. Geman et D. Geman. Stochastic relaxation, Gibbs distributions, and the Bayesian restoration of images. *IEEE Trans. Pattern Anal. Mach. Intell.*, PAMI-6 (6) : 721–741, novembre 1984.

[Gerchberg, 1974] R. W. Gerchberg. Superresolution through error energy reduction. *Optical Acta*, 21 (9) : 709–720, 1974.

[Gidas, 1985] B. Gidas. Nonstationary Markov chains and convergence of the annealing algorithm. *Journal of Statistical Physics*, 39 : 73–131, 1985.

[Giovannelli, 1995] J.-F. Giovannelli. *Estimation de caractéristiques spectrales en temps court. Application à l'imagerie Doppler*. Thèse de doctorat, Université de Paris-Sud, Orsay, février 1995.

[Giovannelli et al., 1996] J.-F. Giovannelli, G. Demoment et A. Herment. A Bayesian method for long AR spectral estimation : a comparative study. *IEEE Trans. Ultrasonics Ferroelectrics and Frequency Control*, 43 (2) : 220–233, mars 1996.

[Giovannelli et Idier, 1994] J.-F. Giovannelli et J. Idier. Caractérisation spectrale du fouillis de radar Doppler. Méthodes autorégressives adaptatives régularisées. Rapport de contrat (confidentiel) CNRS–Société THOMSON, GPI–LSS, 1994.

[Giovannelli et Idier, 1995] J.-F. Giovannelli et J. Idier. Une nouvelle approche non–paramétrique de l'imagerie radar Doppler. Rapport de contrat (confidentiel) CNRS–Société THOMSON, GPI–LSS, 1995.

[Giovannelli et Idier, 1999] J.-F. Giovannelli et J. Idier. Bayesian interpretation of periodograms. soumis à *IEEE Trans. Signal Processing*, GPI–LSS, 1999.

[Giovannelli et al., 2000] J.-F. Giovannelli, J. Idier, G. Desodt et D. Muller. Regularized adaptive autoregressive spectral analysis. soumis à *IEEE Trans. Geosci. Remote Sensing*, GPI–LSS, 2000.

[Glowinski et al., 1976] R. Glowinski, J. L. Lions et R. Trémolières. *Analyse numérique des inéquations variationnelles, tome 1 : Théorie générale, Méthodes mathématiques pour l'informatique*. Dunod, Paris, 1976.

[Golub et Van Loan, 1989] G. H. Golub et C. F. Van Loan. *Matrix computations (2nd Edition)*. xxx, xxx, 1989.

[Goussard et al., 1990] Y. Goussard, G. Demoment et J. Idier. A new algorithm for iterative deconvolution of sparse spike trains. In *Proc. IEEE ICASSP*, pages 1547–1550, Albuquerque, NM, USA, avril 1990.

[Goutsias et Mendel, 1986] J. K. Goutsias et J. M. Mendel. Maximum-likelihood deconvolution : An optimization theory perspective. *Geophysics*, 51 : 1206–1220, 1986.

[Green, 1990] P. J. Green. Bayesian reconstructions from emission tomography data using a modified EM algorithm. *IEEE Trans. Medical Imaging*, MI-9 (1) : 84–93, mars 1990.

[Green, 1995] P. J. Green. Reversible jump MCMC computation and Bayesian model determinaion. *Biometrika*, 82 : 711–732, 1995.

[Gull et Daniell, 1978] S. F. Gull et G. J. Daniell. Image reconstruction from incomplete and noisy data. *Nature*, 272 : 686–690, 1978.

[Hastings, 1970] W. K. Hastings. Monte Carlo sampling methods using Markov chains and their applications. *Biometrika*, 57 : 97, janvier 1970.

[Hebert et Leahy, 1989] T. Hebert et R. Leahy. A generalized em algorithm for 3-D Bayesian reconstruction from poisson data using gibbs priors. *IEEE Trans. Medical Imaging*, 8 (2) : 194–202, juin 1989.

[Higdon et al., 1997] D. M. Higdon, J. E. Bowsher, V. E. Johnson, T. G. Turkington, D. R. Gilland et R. J. Jaszczak. Fully Bayesian estimation of Gibbs hyperparameters for emission computed tomography data. *IEEE Trans. Medical Imaging*, 16 (5) : 516–526, octobre 1997.

[Hildebrand, 1956] B. P. Hildebrand. *Introduction to numerical analysis*. McGraw-Hill, New York, 1956.

[Huber, 1981] P. J. Huber. *Robust Statistics*. Wiley, John, New York, 1981.

[Idier, 1999] J. Idier. Convex half-quadratic criteria and interacting auxiliary variables for image restoration. Rapport technique soumis à *IEEE Trans. Image Processing*, GPI–LSS, 1999.

[Idier et al., 1997] J. Idier, J.-F. Giovannelli et P. Ciuciu. Interprétation régularisée des périodogrammes et extensions non quadratiques. In *Actes du 16e colloque GRETSI*, pages 695–698, Grenoble, France, septembre 1997.

[Jain et Ranganath, 1981] A. K. Jain et S. Ranganath. Extrapolation algorithms for discrete signals with application in spectral estimation. *IEEE Trans. Acoust. Speech, Signal Processing*, ASSP-29 : 830–845, 1981.

[Jaynes, 1978] E. T. Jaynes. Where do we stand on maximum entropy ? In R. D. Levine et M. Tribus, éditeurs, *The Maximum Entropy Formalism*. M.I.T. Press, Cambridge (MA), 1978.

[Katkovnik, 1998] V. Katkovnik. Robust m-periodogram. *IEEE Trans. Signal Processing*, SP-46 : 3104–3108, novembre 1998.

[Kavalieris et Hannan, 1994] L. Kavalieris et E. J. Hannan. Determining the number of terms in a trigonoetric regression. *J. Time Series Analysis*, 15 : 613–625, 1994.

[Kay, 1988] S. M. Kay. *Modern Spectral Estimation*. Prentice-Hall, Englewood Cliffs, 1988.

[Kay et Marple, 1981] S. M. Kay et S. L. Marple. Spectrum analysis – a modern perpective. *Proc. IEEE*, 69 (11) : 1380–1419, novembre 1981.

[Kitagawa et Gersch, 1985a] G. Kitagawa et W. Gersch. A smoothness priors long AR model method for spectral estimation. *IEEE Trans. Automat. Contr.*, AC-30 (1) : 57–65, janvier 1985.

[Kitagawa et Gersch, 1985b] G. Kitagawa et W. Gersch. A smoothness priors time-varying AR coefficient modeling of nonstationary covariance time series. *IEEE Trans. Automat. Contr.*, AC-30 (1) : 48–56, janvier 1985.

[Kiwiel, 1986a] K. C. Kiwiel. A method for minimizing the sum of a convex function and a continuously differentiable function. *Journal of Optimisation Theory and Applications*, 48 (3) : 437–449, mars 1986.

[Kiwiel, 1986b] K. C. Kiwiel. *Methods of descent for nondifferentiable optimization*. Lecture notes in Mathematics. Springer Verlag, New York, NY, 1986.

[Kolba et Parks, 1983] D. P. Kolba et T. W. Parks. Optimal estimation for band-limited signals including time domain considerations. *IEEE Trans. Acoust. Speech, Signal Processing*, ASSP-31 (1) : 113–122, février 1983.

[Kormylo et Mendel, 1978] J. Kormylo et J. M. Mendel. On maximum-likelihood detection and estimation of reflection coefficients. In *Proc. 48th Ann. Meeting of the Soc. of Exploration Geophysicists*, pages 341–342, San Francisco, California, 1978.

[Kormylo et Mendel, 1982] J. J. Kormylo et J. M. Mendel. Maximum-likelihood detection and estimation of Bernoulli-Gaussian processes. *IEEE Trans. Inf. Theory*, IT-28 : 482–488, 1982.

[Künsch, 1994] H. R. Künsch. Robust priors for smoothing and image restoration. *Annals of Institute of Statistical Mathematics*, 46 (1) : 1–19, 1994.

[Kwakernaak, 1980] H. Kwakernaak. Estimation of pulse heights and arrival times. *Automatica*, 16 : 367–377, 1980.

[Lascaux et Theodor, 1987] P. Lascaux et R. Theodor. *Analyse numérique matricielle appliquée à l'art de l'ingénieur*, volume 2. Masson, Paris, 1987.

[Lemarechal, 1975] C. Lemarechal. An extension of Davidon methods to nondiffertentiable problems. In *Mathematical Programming Studies*, volume 3, pages 95–100. Balinski, M. L. and Wolfe, P., North Holland : Amsterdam, 1975.

[Lemaréchal, 1980] C. Lemaréchal. *Nondifferentiable optimization*, pages 149–199. Dixon, L. C. W. and Spedicato, E. and Szeg :o, G. P., Boston : Birkhauser, non linear optimization edition, 1980.

[Li et Huang, 1995] S. Z. Li et J. S. F. Huang. Convex MRF potential functions. In *Proc. IEEE ICIP*, volume 2, pages 296–299, 1995.

[Li et Santosa, 1996] Y. Li et F. Santosa. A computational algorithm for minimizing total variation in image restoration. *IEEE Trans. Image Processing*, 5 : 987–995, 1996.

[Marcos, 1998] S. Marcos. *Les méthodes à haute-résolution. traitement d'antenne et analyse spectrale*. Hermes, Paris, 1998.

[Marple, 1987] S. L. Marple. *Digital Spectral Analysis with Applications*. Prentice-Hall, Englewood Cliffs, 1987.

[Marroquin et al., 1987] J. Marroquin, S. Mitter et T. Poggio. Probabilistic solution of ill-posed problems in computational vision. *J. Amer. Stat. Assoc.*, 82 : 76–89, 1987.

[McDonough et Huggins, 1968] R. N. McDonough et W. H. Huggins. Best least-squares representation of signals by exponentials. *IEEE Trans. Automat. Contr.*, AC-13 : 408–412, août 1968.

[Metropolis et al., 1953] N. Metropolis, A. W. Rosenbluth, M. N. Rosenbluth, A. H. Teller et E. Teller. Equations of state calculations by fast computing machines. *Journal of chemical physics*, 21 : 1087–1092, juin 1953.

[Mine et Fukushima, 1981] H. Mine et M. Fukushima. A minimization method for the sum of a convex function and a continuously differentiable function. *Journal of Optimisation Theory and Applications*, 33 (1) : 9–23, janvier 1981.

[Moal et Fuchs, 1999] N. Moal et J.-J. Fuchs. Détection et estimation de sinusoïdes dans du bruit coloré de matrice de covairance inconnue. In *Actes du 17ᵉ colloque GRETSI*, pages 571–574, Vannes, France, septembre 1999.

[Munier et Delisle, 1991] J. Munier et G. Delisle. Spatial analysis using new properties of the cross-spectral matrix. *IEEE Trans. Signal Processing*, 39 (3) : 746–9749, mars 1991.

[Nashed et Scherzer, 1997] M. Z. Nashed et O. Scherzer. Stable approximation of nondifferentiable optimization problems with variational inequalities. *American Mathematical Society*, 204 : 155–170, 1997.

[Nikolova, 1997] M. Nikolova. Estimées localement fortement homogènes. *Compte-rendus de l'académie des sciences*, t. 325 : 665–670, 1997.

[Nikolova, 1999] M. Nikolova. Markovian reconstruction using a GNC approach. *IEEE Trans. Image Processing*, 8 (9) : 1204–1220, septembre 1999.

[Nikolova et al., 1998] M. Nikolova, J. Idier et A. Mohammad-Djafari. Inversion of large-support ill-posed linear operators using a piecewise Gaussian MRF. *IEEE Trans. Image Processing*, 7 (4) : 571–585, avril 1998.

[Ortega et Rheinboldt, 1970] J. Ortega et W. Rheinboldt. *Iterative Solution of Nonlinear Equations in Several Variables*. Academic Press, New York, 1970.

[O'Sullivan, 1994] J. A. O'Sullivan. Divergence penalty for image regularization. In *Proc. IEEE ICASSP*, volume V, pages 541–544, Adelaide, Australia, avril 1994.

[Papoulis, 1975] A. Papoulis. A new algorithm in spectral analysis and band-limited extrapolation. *IEEE Trans. Circuits and Systems*, CS-22 (9) : 735–742, septembre 1975.

[Patriksson, 1993] M. Patriksson. Partial linearization methods in nonlinear programming. *Journal of Optimisation Theory and Applications*, 78 : 227–246, 1993.

[Patriksson, 1997] M. Patriksson. Cost approximation : a unified framework od descent algorithms for nonlinear programs. *SIAM J. Optimization*, 8 (2) : 561–582, mai 1997.

[Patriksson, 1999] M. Patriksson. *Nonlinear programming and variational inequality problems. A unified approach.* Applied Optimization. Kluwer Academic Publishers, Dordrecht, mai 1999.

[Philippe, 1997] A. Philippe. Simulation of right and left truncated gamma distributions by mixtures. *Statistics and Computing*, 7 : 295–314, 1997.

[Pisarenko, 1973] V. Pisarenko. The retrieval of harmonics from a covariance function. *J. of the Royal Astronomical Society*, 33 : 347–360, 1973.

[Polak, 1971] E. Polak. *Computational methods in optimization.* Academic Press, New York, 1971.

[Potter et Arun, 1989] L. C. Potter et K. S. Arun. Energy concentration in band-limited extrapolation. *IEEE Trans. Acoust. Speech, Signal Processing*, ASSP-37 (7) : 1027–1041, juillet 1989.

[Press et al., 1992] W. H. Press, S. A. Teukolsky, W. T. Vetterling et B. P. Flannery. *Numerical recipes in C, the art of scientific computing, second edition.* Cambridge Univ. Press, New York, 1992.

[Rey, 1983] W. J. Rey. *Introduction to robust and quasi-robust statistical methods.* Springer-Verlag Berlin Heidelberg New York Tokyo, 1983.

[Rissanen, 1978] J. Rissanen. Modeling by shortest data description. *Automatica*, 14 : 465–471, 1978.

[Robert, 1992] C. Robert. *L'analyse statistique Bayésienne.* Economica, 1992.

[Robert, 1997] C. Robert. *Simulations par la méthode MCMC.* Economica, Paris, 1997.

[Rockafellar, 1970] R. T. Rockafellar. *Convex Analysis.* Princeton University Press, 1970.

[Roy et al., 1986] R. Roy, A. Paulraj et T. Kailath. ESPRIT–A subspace rotation approach to estimation of parameters of cisods in noise. *IEEE Trans. Acoust. Speech, Signal Processing*, ASSP-34 (5) : 1340, 1986.

[Rudin et al., 1992] L. Rudin, S. Osher et C. Fatemi. Nonlinear total variation based noise removal algorithm. *Physica D*, 60 : 259–268, 1992.

[Ruzinsky et Olsen, 1989] S. A. Ruzinsky et E. T. Olsen. L_1 and L_∞ minimization via a variant of Karmarkar's algorithm. *IEEE Trans. Signal Processing*, SP-37 (2) : 245–253, février 1989.

[Sacchi et al., 1998] M. D. Sacchi, T. J. Ulrych et C. J. Walker. Interpolation and extrapolation using a high-resolution discrete Fourier transform. *IEEE Trans. Signal Processing*, SP-46 (1) : 31–38, janvier 1998.

[Sanz, 1984] J. L. C. Sanz. On the reconstruction of band-limited multidimensional signals from algebraic sampling contours. Research report RJ 4351 (47429), IBM, 1984.

[Sanz et Huang, 1983] J. L. C. Sanz et T. S. Huang. Some aspects of band-limited signal extrapolation : Models discrete approximations and noise. *IEEE Trans. Acoust. Speech, Signal Processing*, ASSP-31 : 1492–1501, 1983.

[Sanz et Huang, 1984] J. L. C. Sanz et T. S. Huang. A unified approach to noniterative linear signal restoration. *IEEE Trans. Acoust. Speech, Signal Processing*, ASSP-32 : 403–409, 1984.

[Saquib et al., 1998] S. S. Saquib, C. A. Bouman et K. D. Sauer. ML parameter estimation for Markov random fields with applications to Bayesian tomography. *IEEE Trans. Image Processing*, IP-7 (7) : 1029–1044, juillet 1998.

[Sauvageot, 1982] H. Sauvageot. *Radar météorologie. Télédetection active de l'atmosphère.* Eyrolles, Paris, 1982.

[Schwartz, 1978] G. Schwartz. Estimating the Dimension of a Model. *The Annals of Statistics*, 6 : 461–464, 1978.

[Shor, 1985] N. Z. Shor. *Minimization methods for Non-differentiable functions.* Springer-Verlag, Berlin, Germany, 1 edition, 1985.

[Tanner et Wong, 1987] M. A. Tanner et W. H. Wong. The calculation of posterior distributions by data augmentation. *J. Amer. Statist. Soc.*, 82 (398) : 528–540, juin 1987.

[Tarantola, 1987] A. Tarantola. *Inverse problem theory : Methods for data fitting and model parameter estimation.* Elsevier Science Publishers, Amsterdam, 1987.

[Tierney, 1994] L. Tierney. Markov chain for exploring posterior distribution. *The Annals of Statistics*, 22 (4) : 1701–1762, décembre 1994.

[Tikhonov et Arsenin, 1977] A. Tikhonov et V. Arsenin. *Solutions of Ill-Posed Problems.* Winston, Washington DC, 1977.

[Ulrych et Clayton, 1976] T. J. Ulrych et R. W. Clayton. Time series modelling and maximum entropy. *Physics of the Earth and Planetary Interiors*, 12 : 188–200, 1976.

[Vogel et Oman, 1996] R. V. Vogel et M. E. Oman. Iterative methods for total variation denoising. *SIAM J. Sci. Comput.*, 17 (1) : 227–238, janvier 1996.

[Vogel et Oman, 1998] R. V. Vogel et M. E. Oman. Fast, robust total variation-based reconstruction of noisy, blurred images. *IEEE Trans. Image Processing*, IP-7 (6) : 813–823, juin 1998.

[Wang, 1993] X. Wang. An AIC type estimator for the number of cosinusoids. *J. Time Series Analysis*, 14 : 433–440, 1993.

[Wax et Kailath, 1985] M. Wax et T. Kailath. Detection of signals by information theoretic criteria. *IEEE Trans. Acoust. Speech, Signal Processing*, ASSP-33 (2) : 387–392, avril 1985.

[Weir, 1997] I. Weir. Fully Bayesian reconstructions from single photon emission computed tomography. *J. Amer. Statist. Soc.*, 92 : 49–60, 1997.

[Welch, 1967] P. D. Welch. The use of fast Fourier transform for the estimation of power spectra : A method based on time averaging over short modified periodograms. *IEEE Trans. Audio. ElectroAcoust.*, AU-15 : 70–73, juin 1967.

[Winkler, 1995] G. Winkler. *Image Analysis, Random Fields and Dynamic Monte Carlo Methods.* Springer Verlag, P.O. Box 31 13 40, D-10643 Berlin, Germany, 1995.

[Wolfe, 1975] P. Wolfe. A method of conjugate subgradients for minimizing nondifferentiable functions. In *Mathematical Programming Studies*, volume 3, pages 145–173. Balinski, M. L. and Wolfe, P., North Holland : Amsterdam, 1975.

[Yarlagadda et al., 1985] R. Yarlagadda, J. B. Bednar et T. L. Watt. Fast algorithms for l_p deconvolution. *IEEE Trans. Acoust. Speech, Signal Processing*, ASSP-33 (1) : 174–182, février 1985.

[Yosida, 1971] K. Yosida. *Functional Analysis*. Springer-Verlag, 1971.

Table des matières

Liste des figures

Listes des tableaux

www.ingramcontent.com/pod-product-compliance
Lightning Source LLC
Chambersburg PA
CBHW021038210326
41598CB00016B/1057